法式料理醬汁聖經

SAUCES

Tout sur les sauces de la cuisine française

TK

前言

Introduction

法式料理的代名詞－醬汁，近30年間有了很大的變革。從「餐盤的主角」轉變成爲「提升食材風味的要角」。不僅是製作方法不同，連其既有的形式亦有所改變。在我踏入法式料理世界之時，是使用油糊（roux）製作貝夏美醬汁（béchamel）和多明格拉斯醬（demi-glace又稱半釉醬汁）的全盛時期。但在活用輕盈食材、新潮烹調（nouvelle cuisine）時代來臨時，高湯（fond）和原汁（jus）即成了主流，至今仍朝著更爲輕簡的方向追求。

眼看著持續不斷的變遷，可以得知這些變化並非偶然產生。只要食材的質量提升，那麼將其活化運用更是理所當然的。因此我們必須要先能夠理解「醬汁反映出時代」。

現今，料理以超乎想像快速地呈現多樣化的改變，對於新世代而言，何爲基礎何爲新知，應該已經無法辨別了。就現今而言已經沒有「非得如此做不可」的醬汁了。實際上，反而是在法國的廚師們將日本的食材加入製作烹調的時代，這也是處於食材成爲全球國際化，時代背景中必然的現象。但另一方面，絕不能忘記的是，挑戰創新仍是踏循在基礎之上。本書當中，大範圍地收錄了自前菜以至甜點的基本醬汁。作爲料理專業人員必須熟知的經典醬汁也都確實收錄其中。希望在這百家爭鳴的紛亂時代，能有幸成爲大家的小小助力。

料理人　　上柿元　勝

出版之前

À la publication de ce livre

初次到訪法國時，驚訝連連地看到、接觸到完全不同於日本的所有事物。其中，在我手忙腳亂地修習法式料理時，大力支持的就是一直關照著我的恩師及同事。在料理由經典法式轉變成新潮烹調（nouvelle cuisine）的現在，我深信正因爲有著教會我何謂法式料理醬汁的恩師，以及一同學習的同事們，才能成就今日的我。

上照片：與已故 Alain Chapel 先生（1986 年）
右照片：在「PIC」廚房，中為已故的 Jacques Pic 先生。

與上柿元勝先生相識已久。
因爲對於優質葡萄酒與美味料理的熱情，是位每回見面都會帶給我莫大喜悅的料理人。我們曾經一同在里昂聞名世界的餐廳「Alain Chapel」共事過兩年。當時都是想要在這美食殿堂內累積經歷的年輕人。但那段歲月，不僅是工作上的學習，更構築了我們長達三十年的深厚友誼。
上柿元先生不只是一位出色的料理人、熟知且具備各種料理的知識，讓我抱持敬意且視爲重要友人的，更是他紳士風範。
由衷獻上我的敬意。

Le gavroche　Michel Roux

上柿元先生跨越日本與法國國界，與我們友情相連，回憶當時一起與父親間共渡的歲月。法國與日本文化之間，「隨時且緊密的相互學習，相互尊重各自所擁有的智慧及技術」，讓我深刻地感受到彼此相互的憧憬。

LA MAISON PIC　Anne-Sophie Pic

就我個人而言，上柿元先生不只是一位廚師。
越是深入交往，越是眞心希望能與其更加親近地成爲摯友。上柿元先生是重視傳統，同時具有革新思維以及熱愛工作的人。對我來說，上柿元先生在日本是法國料理象徵性的存在。因爲上柿元先生的人格以及對料理的追求，永無止息堪稱完美地持續著。
上柿元先生非常瞭解爲使工作人員們發揮其最大能力，最重要的就是助其「一臂之力」。飯店業或餐飲業的工作，體貼及微笑、從心出發的服務…等國際化經驗的提供，正是最重要的待客之道。當然，「體驗美食」也是不能遺忘的一環，同時氣氛及現場環境，都是充滿自信的工作人員們必須提供的整體服務。對於將這樣的心態傳達給客人、傳承給工作人員的上柿元先生，由衷地表示感謝之意。

La Pyramide　Patrick Henriroux

恭禧上柿元先生的新書出版。
在日本料理業界中，您結合法國料理的 savoir-faire（know how）與技巧廣爲人知。我們兩人四手共同在歐洲飯店的品嚐會”美食週”創作，這美好的經驗連同珍貴的友誼，至今仍深刻地存留在我心中。

Restaurant Gill　Gilles Tournadre

連同在神戶「Alain Chapel」一年半間一起工作時的回憶，我深信這本『法式料理醬汁聖經』—法式料理基礎精髓—，是上柿元先生將他由已故 Alain Chapel 先生所學習到的技術及知識，集大成傳授給讀者們。

ALAIN CHAPEL　Philippe Jousse

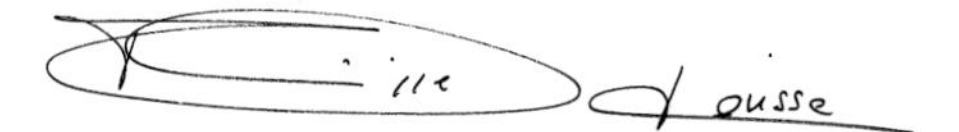

親愛的上柿元先生，
此次了不起的『法式料理醬汁聖經』令人讚賞。本書勢必會成爲年輕料理人的引導，同時也能讓具經驗者更爲安心的一本書。
由衷地從美食的亞爾薩斯傳送出我眞摯的友誼。

Le Cerf　Michel Husser

致上柿元先生
偉大的 Artisan（料理人）、Saucier、最重要的朋友。
與您兩年間共事於「Alain Chapel」，是我們共同分享歡樂的時光，至今仍是如此。您是永遠追求著最高境界的料理人。
您新書當中賦予年輕料理人的靈感，令我們不禁喝采神往。
致上無限的親愛敬意。

De Karmeliet　Geet Van Hecke

致親愛的朋友及兄弟 勝
在此次『法式料理醬汁聖經』書籍出版之際，誠摯地獻上由衷的祝福。
所謂醬汁，您不覺得就是完成料理盛盤時「糕點上的櫻桃（會改變整體的重要細節）」嗎？
向日本法國料理界中最優秀的專家致上最高的敬意。

Restaurant ANDRÉ BARCET　Andre Barcet

致親愛的上柿元先生

我們的相識可以追溯至 1980 年，兩人共事於「Alain Chapel」之時。之後發展出深厚的友誼，無論是摩納哥、尼斯的內格雷斯科酒店（Negresco），甚至是 Mérenda 都不曾遺漏地遠到來訪。這是我心中非常引以爲傲的事。

我衷心地期盼您這本『法式料理醬汁聖經』的鉅著，能成功地引起更大的共鳴。

致上無限的親愛敬意。

La Mérenda　Dominique Le Stanc

經過「Alain Chapel」一起共事的數年時光，對於您的人品、靈巧以及知性深感推崇。同時覺得能您能將這些食譜加以集結成冊，發自內心地深感敬佩。

Le Vivarais　Robert Duffaud

首先，在『法式料理醬汁聖經』付梓之際，眞摯地獻上我的祝賀。

與您深交多年，也共同分享了經典正統料理技法與革新技術的熱忱，對此更有無上的喜悅。以結果而言，本書當中製作美味醬汁的部分，讓醬汁華麗地躍升爲要角。因爲誠如大家所知，無論是多厲害的專業料理人，製作醬汁是門藝術，同時也是能夠測試出自己是否具備料理才能的關鍵。

由我個人尊敬激賞的專業主廚所著作的本書，不僅是給專業料理人，也誠心地推薦給大家。

Restaurant Daniel　Jean François Bruel

目錄

table des matières

Fond and Jus 基本高湯與原汁

Sauces　　醬汁

■ 酒精基底醬汁

■ 基本高湯與原汁製作的醬汁（魚貝類）

■ 基本高湯與原汁製作的醬汁（肉類）

■料理

範例說明

■ 本書中所提及的醬汁類，完成時的份量：高湯爲 10L、原汁爲 300cc、甜點醬汁則以 400cc 爲原則（除部分例外）。這些完成的份量除部分例外者，皆以體積標示。

■ 關於高湯與原汁（24 ～ 77 頁），除液體狀態外，關於冷卻並於液體中添加膠質使其凝固者，亦標示出其狀態（照片右側爲液體狀態、左側爲凝固狀態）。

■ 關於醬汁（94 ～ 295 頁），除了該物質的狀態外，也會載明其盛盤的狀態（照片右側爲醬汁本身狀態、左側爲盛盤後狀態）。請參考實際上盛盤時的色澤、黏度、硬度及質感等。

■ 醬汁類的材料或份量、熬煮時間…等，僅爲參考標準。實際上會因食材備量、使用材料及廚房環境等，使得風味及狀態因而改變。請依必要的份量及喜好風味來進行調整。

■ 奶油使用的是無鹽奶油。

■ E.V. 橄欖油是指「特極初榨橄欖油 Extra Virgin Olive oil」。

■ 關於鹽、胡椒、奶油、油脂類，有部分沒有特別訂定出份量，而僅以「少量」、「適量」來標示。請依個人喜好進行調整。

■ 本書當中的烹調用語，部分使用法文。關於法文的烹調用語，敬請參照 298 頁解說。另外，關於蔬菜的切法相關用語請參照 19 頁。

■ 以中文醬汁名稱檢索時，請參照 300 ～ 303 頁的「醬汁名稱索引」。

■ 醬汁中文譯名依原書法文爲優先，其次爲日文，若無約定俗成之中文醬汁名，則以音譯或意譯擇一，並加註在後。例：sauce demi-glace 多明格拉斯醬汁（半釉醬汁）。

Tour sur les sauces de la cuisine française

FONDS ET JUS

基本高湯與原汁

簡而言之，基本高湯是肉類或魚類煮出的湯汁。原汁則是利用原料本身的水分，經加熱後所形成的肉汁。想要用圓融美味的基本高湯完成醬汁製作，必須要有幾個必要步驟，但直接利用原料本身特性直接完成的原汁，則只需熬煮或以液體稀釋，即可成爲醬汁。原汁其實是更接近醬汁的，雖然二者間有這樣的差異，但不變的是，無論哪一種，都是醬汁重要的一環。在進入醬汁這個主題之前，對於基本高湯與原汁，有必要加以深入瞭解。

基本高湯與原汁的基礎知識

Connaissances basiques des fonds et des jus

■所謂基本高湯—
可以作為湯品或醬汁基底的「高湯」

基本高湯與原汁。無論哪一種，大多被翻譯成「高湯」，但這其實與原意略有出入。基本高湯（fond）直接翻譯就是「高湯湯汁」。小牛基本高湯（fond de veau）或魚高湯（fumet de poisson）（fumet與fond幾乎是同義詞）等，指的是將食材與mirepoix（調味蔬菜）一起燉煮，以萃取其美味而成（而Bouillon與fond也很近似，但Bouillon多是用於湯品，不太運用於醬汁，在名詞上即以此爲區隔使用）。

作爲醬汁基底所不可或缺的就是基本高湯（fond），但其深入日本飲食生活當中，僅在最近30年左右，歷史出乎意外地短。在此之前，提到醬汁的基底，不外乎是依思班紐醬汁（sauce Espagnole）或多明格拉斯醬汁（sauce demi-glace半釉醬汁）。在我個人剛踏入此業界時，一般餐廳幾乎一面倒地都採用這些醬汁，使用基本高湯（fond）的僅有少部分的飯店而已。這個情況到了1970～80年代時有了驟然改變。開始覺得使用依思班紐醬汁或多明格拉斯醬汁是「已完成的風味，因此無論再製作哪種醬汁，味道都相同」、「油糊過於濃重」…等敬而遠之。在法國也被稱爲盛行新潮烹調（nouvelle cuisine）的時代，醬汁會因其本身的美味程度，而得以提升烘托出食材的美味，因而更顯重要。此時大放異彩的就是基本高湯（fond）類。特別是風味柔和且無特殊氣味的小牛基本高湯（fond de veau），因爲沒有多明格拉斯醬汁的濃郁，反而能不損及食材美味地廣泛被運用，因此得到大家支持，成爲「中庸型的基本高湯」。但這樣的基本高湯也會隨著時代而開始有了變化。此時因各種重要因素而產生改變，例如：因物流交通的改善而提升了食材的品質，所以追求風味更加純淨的高湯。因小規模的店舗增加，難以同時預備幾種耗費時間成本的基本高湯，因此對於特性能廣泛被運用的高湯需求增加。受到健康取向的影響，而更傾向排除濃重口感的基底等等。無法一言以敝之的種種原因，使得基本高湯有了更多樣化的風貌。

次頁圖表當中，是我在飯店餐廳擔任總料理長時，歸納出主要基本高湯的陣容與用途。關於這個部分，最重要的不是備齊多種基本高湯，而是依照自己的料理、店舗規模，齊全地預備出符合成本、以及人力所能製作的基本高湯。若是個人經營的店舗，就要集中品項，而配合這些品項所預備的基本高湯，就要具有廣泛運用且熬煮時間較短等特性，之後再進行各別調整即可。預備出自己所在環境中最適當的材料，並巧妙地將其區分使用才是最重要的事。

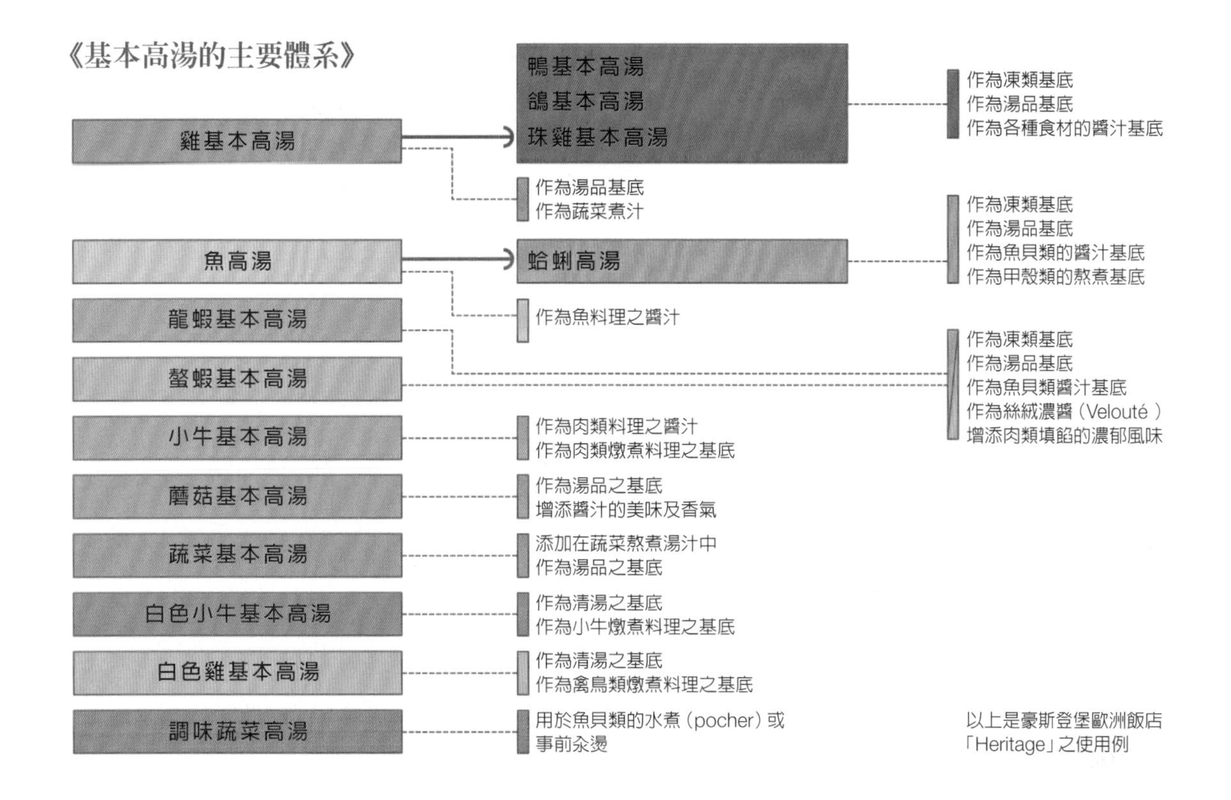

■所謂原汁—
直接賦予醬汁豐郁香氣的「肉汁」

原汁（jus）是汁液，意思就是「食材的水分」。水果搾取的汁液也是原汁，也可以是「煎烤原汁」的意思。若是用刀子劃切入煎烤好的肉類，所滲出的肉汁液體來說明，可能會比較容易想像吧。但直接以這樣的原汁或是僅加入奶油製作成的美味醬汁，用於餐廳時，其用量卻是壓倒性地不敷使用。以此原理，用定量食材製作而成的，就稱之爲「原汁」。原汁與基本高湯的材料預備步驟非常相近，但原汁的目的是「著眼於食材本身所擁有的風味，並將其直接提引出來」。這個部分與重視廣泛使用的基本高湯是有所不同的。在此，原汁的重點在於如何有效地提引出食材本身的香氣及風味。食材的香氣會因長時間的加熱而逐漸揮發，爲避免此狀況，必須短時間熬煮。同時，也爲了不致影響作爲原汁基底食材本身所擁有的風味，大部分也會減少調味蔬菜的使用。

濃縮了食材特性的原汁，無法像基本高湯般運用在各式各樣的料理當中，用途幾乎僅限於醬汁而已。在以「重視食材」、「簡樸原味」、「口感輕盈」爲關鍵的時代裡，現在原汁幾乎可以說是高湯的主流，並且運用在大部分的料理中， 除了對於原汁的鮮度及清澄的追求外再無其他。時至今日，原汁如此地深入料理中也是必然之勢。具體的使用方法，如同 195 頁起介紹的「基本高湯與原汁的醬汁」內容般，以原汁作爲基底地加入酒類、調味蔬菜與辛香料以增添風味，是最基本的製作方式。使用時，像是雞料理當中使用雞原汁等，以相同食材整合兩種風味，更易於突顯其美味。此外，如同 89 頁開始的介紹，經常會將原汁加入煎燒肉類的鍋底，以去漬（déglacer）溶出鍋底精華，將沾黏在鍋中的精華（美味）煮開後，以完成醬汁的製作。

預備製作基本高湯與原汁

■ 預備材料

● 骨架（骨頭、筋肉、魚骨）

沒有特殊味道且富有膠質的仔牛經常被使用。照片中是踝骨部分。

筋肉部分也富含膠質。營業購入使用的肉類所切下的碎肉也能隨時加以利用。

基本高湯或原汁的美味基礎，就是來自家禽類的骨架、家畜類的骨頭或筋肉，以及魚骨的部分。包括購入用於製作基本高湯的雞骨架或仔牛骨，也有儲存累積來自廚房烹調時取下的肉骨或魚骨。無論是哪種情況，只要有品質狀態不佳者摻雜於其中，就會讓辛苦製作出的基本高湯付之一炬，因此使用新鮮的骨架非常重要。特別是野生的肉類食材或魚貝類、甲殼類較容易產生氣味，必須要逐一確認後才能使用。除此之外，帶血或髒污也會損及風味及其透明度，所以事前處理也非常重要。骨架先以流動的水沖洗，魚骨也必須沖水並仔細地去除掉所含的髒污。另外，骨架或骨頭中所含的美味成分及膠質的含量，會因肉的種類及部位而各有不同。一般而言，動物越是經常活動到的部位（筋或踝、頸部等）所含的膠質越是豐富。膠質會賦予高湯濃度及圓融口感，但也有人會將其視為濃重口味，因此不需此口感時，可以減少筋肉部位，以進行適度的調整。

● Mirepoix（調味蔬菜）

像肉類基本高湯般長時間熬煮時，必須切成如照片中的大小。

調味蔬菜會帶給高湯蔬菜的香氣及甜味，也具有消除肉類或魚類腥味的作用。主要指的是洋蔥、紅蘿蔔、西洋芹、韭蔥，但在本書當中，蘑菇與大蒜也列於其中。希望基本高湯較甜口時，可以多添加洋蔥；想要具有纖細香氣的基本高湯，則可以減少西洋芹等，何種蔬菜要添加多少的分量判斷非常重要。此外，一旦將蔬菜煮至軟爛，會是造成高湯混濁及氣味混雜的原因，所以必須根據熬煮時間地改變切法。

《調味蔬菜的切法》

骰子狀（dé）
切成1.5～2cm的骰子狀。用於原汁或醬汁等熬煮時間相對較短時。

丁狀（concasser）
指的是切成1～2cm的粗丁狀。主要用於番茄或裝飾等。

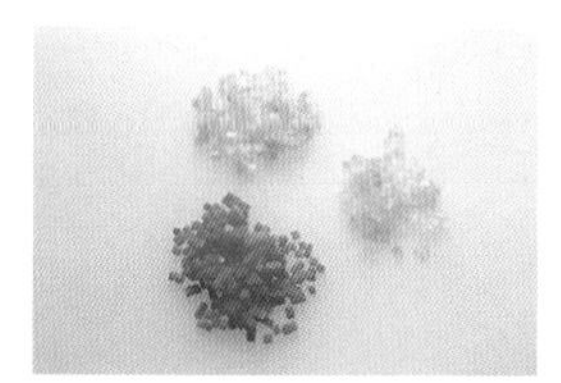
細丁狀（brunoise）
切成2mm左右的小方塊。主要用於清湯或凍類完成時，或短時間製作的醬汁。

薄片狀（émincé）
厚2～3mm的薄片。用於魚貝類或甲殼類等，利用短時間熬煮出的基本高湯類。

厚片狀（émincé）
厚5～7mm的薄片。用於蘑菇或調味蔬菜高湯。

斜切
用於以小牛基本高湯為首，需要長時間熬煮的基本高湯類的蔬菜切法。

紅蔥的切法
左邊的細碎狀（hache）是指切成細小的碎末，主要用於醬汁。右邊是片狀（émincé）。

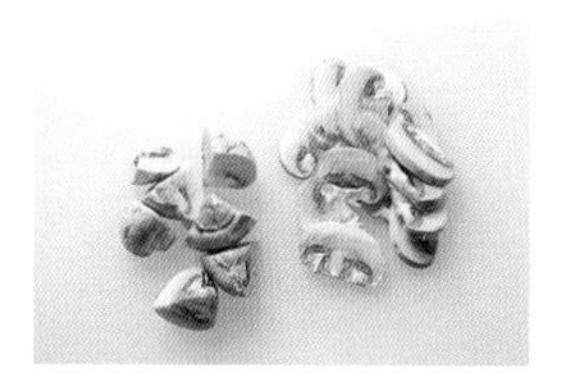
蘑菇的切法
左邊是本書當中經常出現的四切法（quartier）。切成四等分。右邊是片狀（émincé）。

●其他

【水】

用於基本高湯與原汁熬煮時。因無臭無味，所以能直接提引出食材風味。但僅只用水無法展現其美味時，也會改用雞基本高湯或蔬菜基本高湯來熬煮。

【鹽】

熬煮基本高湯或原汁時添加的鹽，其目的並不是爲了調味，而是爲了更加提引出肉類或調味蔬菜的風味。同樣地，在預備製作原汁，拌炒骨頭或筋肉時也會略撒上鹽分。此時爲能增加礦物質，會使用風味較柔和的粗鹽。

【胡椒】

預備製作基本高湯或原汁時使用的胡椒，因爲會長時間加熱，所以會使用整顆或粗粒胡椒（mignonnette）。大部分較具特色風味的會用黑胡椒，食材風味較爲纖細時，會選擇白胡椒。

基本高湯或原汁不可或缺的粗粒黑胡椒。依食材來區隔使用黑胡椒或白胡椒。

【香料束 bouquet garni】

是由平葉巴西里莖、百里香、迷迭香等香草與西洋芹或韭蔥綁束而成。在製作基本高湯或原汁時添加，可以除去肉類或魚類的腥味，增添風味。在最切時加入，其香氣會隨著浮渣逸出，所以會在加入水或基本高湯，並撈除浮渣後才加入。

註）本書中使用的香料束，基本上是西洋芹（細的部分、5cm）1枝、平葉巴西里枝（4cm）1枝、百里香（4cm）2枝、月桂葉1/4片，用一片韭蔥（16cm）包覆，繫上綁線製成。

■ 煎烤上色

利用煎烤香氣使材料更能呈現出美味

用烤箱烘烤出色澤的踝骨部位。即使是骨頭原形的食材，烘烤至香氣四溢後就更能釋出其中的美味。

筋肉上色的狀態。當肉類釋出的脂肪呈透明狀時，就是煎烤至恰到好處的證明。

調味蔬菜也確實地上色後，更能充分提引出其中的香氣和甜味。

除了部分「白色基本高湯」之外，大部分的基本高湯或原汁的基底，都是利用煎烤過的骨頭或調味蔬菜熬煮出來的。預先煎烤的目的之一，就是形成熬煮後的高湯色澤。而使用骨頭與筋肉時，利用高溫汆燙使蛋白質產生變性，使其成爲容易釋出美味及膠質的狀態；而調味蔬菜則在於提引出香氣及甜味。另外，用於肉類或魚貝類時，煎烤也包含了排出多餘脂肪及消除腥味的目的。此時的重點是，骨頭或肉類必須以高溫（直火煎烤時採大火，烤箱烘烤時爲 230 ～ 250℃）煎烤，並且使其整體呈現均勻烤色。骨架或骨頭等以其原形放入時，煎烤易有受熱不均而造成釋出風味無法均等的狀況，所以必須避免重疊地排放在鍋中或烤盤上，適度地變化其方向再仔細地進行煎烤（最初不宜翻動，待其漸漸上色即可）。煎烤時，一旦骨頭或肉質燒乾後容易燒焦，所以需隨時補足油脂。骨頭和肉類的上色方式不同，可以各別煎烤。一同煎烤時，可以先行放入骨頭，中途再加入肉類。以大型塊狀煎烤時因需要花點時間，雖然也可以用烤箱烘烤，但在尚未習慣之前，以直火煎烤的方式，可以立即目視煎烤狀態地進行。調味蔬菜更是需要用大火煎烤，用同樣的感覺煎烤至上色爲止。

■ 出水（suer）

拌炒至釋出水分，提引出甜味

出水是將食材拌炒至釋出水分變軟。

出水（suer）本來是「出汗」的意思。指的是拌炒至食材中的水分釋出（像使食材出汗般）。不需要煎烤至上色，用在想要提引出蔬菜、魚骨香氣及甜味時，所使用的手法。會利用此方法，主要包括魚貝類、甲殼類的基本高湯；或魚類的醬汁。爲使水分容易釋出，會將蔬菜切成薄片狀（émincé）或細碎狀（hache）等較小的形狀。

■ 除去油脂 dégraiser
排除多餘的油脂

煎烤出色澤的食材在進行熬煮前先以濾網瀝去油脂。

除去油脂 dégraiser，是指去除掉多餘的油脂。在預備製作基本高湯與原汁時，骨頭或筋肉煎烤上色後除去油脂的步驟，或是熬煮高湯過濾後，輕舀撈出再次加熱時，浮出油脂的步驟都可以此名詞稱之。特別是羔羊等容易產生脂肪的食材，在進入熬煮前若沒有先以濾網濾出油脂，熬煮時油脂流入湯汁就會產生雜味，冷卻後油脂會變白且凝固。這是一項需要大家仔細進行的步驟。

■ 去漬 déglacer 溶出鍋底精華
用液體煮溶沾黏在鍋底或烤盤上的精華

除去油脂後的鍋子。可見處處附著鍋底精華。

加熱後倒入水等液體，用木杓將這些美味精華刮起。

除去油脂後的鍋子當中，還沾有肉類或蔬菜的鍋底精華（suc）。這個部分正是食材的精萃所在，因此可以添加水等液體後將其刮起再次煮溶，煮溶出的液體（deglaçage）可以運用於基本高湯或原汁中。重點在於離火降溫後的鍋子必須以大火加熱，使其成爲易於溶出鍋底精華的狀態後再添加水分。可以使用木杓等工具仔細地攪起使其溶出。溶出鍋底精華的液體，可依基本高湯的種類來決定使用水、醋或葡萄酒等。此外，也可以不添加液體地將調味蔬菜放入除去油脂的鍋內拌炒。當調味蔬菜的水分逐漸釋出後，沾黏在鍋中的精華自然會隨之溶出，是很有效率的作法。此外，溶出的deglaçage加入基本高湯使用前，必須先過濾。

■ 撈除浮渣
徹底地撈除以排除雜味及混濁

沸騰時就會產生浮渣，先將浮渣撈除後，再進行燉煮。

爲了製作清澄的基本高湯或原汁，仔細地撈除浮渣是非常重要的關鍵。首先，在骨架或骨頭上注入水分後用大火煮至沸騰，確實除去產生的浮渣是第一個重點。接著煨燉（mijoter）過程中產生的浮渣也必須隨時去除。雖然很花工夫，但是否確實地進行步驟，會大幅左右成品狀態，希望大家能仔細進行。

■ 燉煮

慢慢地燉煮確實地釋出美味

燉煮時間會依食材而有所不同。容易燉煮出苦味及腥味的魚貝類、或甲殼類則要以短時間完成步驟。

不論是否先煎烤過，將骨頭或調味蔬菜放入鍋中，注入水分（或是雞基本高湯等）後先用大火加熱至沸騰，撈除浮渣。確實地撈除浮渣後，調整火力使液體表面保持噗咕噗咕的煨燉（mijoter）狀態，並保持此狀態地進行燉煮。火力過強，在釋出美味之前，苦味和雜味會先釋出，因此改以小火緩慢地燉煮是非常重要的關鍵。而在燉煮過程中也必須隨時撈除浮渣。

■ 過濾

因應基本高湯的特徵及用途進行的過濾方法

小牛基本高湯以圓錐形濾杓過濾，輕輕敲扣使液體自然滴落。

龍蝦的殼也能釋出美味成分，因此邊壓碎邊過濾，更能濾出其中的美味。

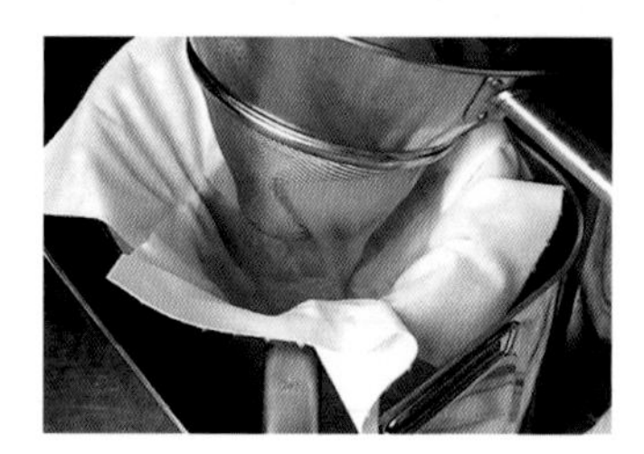

蛤蜊基本高湯為避免貝類中殘有土沙，因此用布巾過濾。

燉煮完成後的基本高湯或原汁，必須經過濾（passer）步驟才算完成。因長時間的燉煮，可能導致調味蔬菜或其他材料煮至軟爛，因此過濾前的煮汁無論如何都帶有濁度，這就必須藉由過濾來排除。過濾的方法有幾種，會因目的區隔使用。一是將煮出的液體與骨架移至圓錐形濾杓（chinois），避免壓碎骨架或調味蔬菜地使液體自然落下的過濾方式。這樣的方法可以避免釋出混濁或雜味，燉煮過程中已充分釋出美味的基本高湯類經常採用。過度用力地倒入圓錐形濾杓，會造成湯汁混濁，所以必須徐緩地進行過濾。第二個是用擀麵棍等壓碎骨架或調味蔬菜，再瀝出湯汁精華的方法。龍蝦基本高湯或原汁類會採用此過濾方法，此時可以重疊兩個網目粗細不同的圓錐形濾杓，以儘量避免釋出雜味。或是用布巾鋪放在圓錐形濾杓內以進行過濾，是種極盡可能地將湯汁清澄化的過濾方法。清湯就是最具代表性的例子，如蛤蜊基本高湯使用貝類時，用布巾過濾更能徹底地排除土沙或浮渣。再者，無論是基本高湯或是原汁，經過濾的湯汁再加熱，仍會浮出浮渣和油脂。將其撈除再次以圓錐形濾杓過濾，就能得到更爲澄徹的湯汁。

■散熱

為避免風味散失必須迅速地墊放冰水降溫

像原汁般製作量較少時，也可以放入方型淺盤下墊冰水散熱。

大量製作時，也可用裝水的水槽來應對。

過濾完成的基本高湯或原汁，除非是立刻使用，否則都必須要移至缽狀容器內，用紙巾拭去表面油脂。接著立刻墊放冰水，使其迅速散熱降溫。這個步驟的最大目的，是爲了避免特地由食材中萃取出的香氣散失，所以必須迅速地將風味收入。如果僅是放置慢慢冷卻，隨著冷卻的同時，香氣也會隨之散失。此外，急速冷卻也具有防止湯汁風味受損的意義。整批製作醬汁，也跟製作基本高湯或原汁一樣，墊放冰水急速冷卻，較能確保不損風味。

■保存

不立刻使用的部分，以真空密封、冷凍保存

立即使用的部分，可放入缽狀容器內冷藏保存。

不立即使用的部分，可以分成小份以真空密封方式冷凍保存。

某個程度上整批製作的基本高湯或原汁，需要仔細保存才能不浪費地完全使用。散熱後的基本高湯或原汁，可以隨即分成立刻使用與不立刻使用的部分。使用的部分可以放入密閉容器內，或是深缽中確實覆蓋上保鮮膜，儘量避免接觸空氣地放入冷藏。基本高湯與原汁在冷藏下都能保存約 3 天。另一方面，不立刻使用的部分則是眞空密封後放入冷凍。雖然依品項會有所差異，但基本高湯眞空冷凍約可保存 2 個月，原汁則約爲 1 個月（野生動物或魚貝、甲殼類的基本高湯，請於 1 個月內使用完畢）。眞空密封可以節省空間，非常方便。話雖如此，但仍希望能儘早使用完畢。此外，冷藏、冷凍會使含有膠質的品項成爲軟凝狀態。用於料理時，以隔水加熱等方法稍稍加熱，回復液體後即可使用。此外，表面凝固成白色的油脂則必須去除。

小牛基本高湯
fond de veau
【仔牛のフォン】

是法式料理中最基本的高湯。經過仔細熬煮後製作出含小牛肉柔和的美味，無論是搭配什麼食材都適合。可用於燉肉、醬汁基底等，廣泛運用的基本高湯。

材料（完成時約 10L）
小牛骨　10kg
小牛、成牛的筋肉與脛肉　3kg
紅蘿蔔　1.3kg
洋蔥　1.3kg
西洋芹　400g
韭蔥　500g
蘑菇　500g
大蒜（帶皮）　1 整顆
水　18L
番茄　6 個
番茄糊　50g
香料束　1 束
粗鹽　少量
花生油、奶油　各適量

1. 小牛骨使用的是踝骨。可以請業者將關節各別切開（使用脛骨時，也切成相同程度的大小）。沖水洗淨血污等，瀝乾水分備用。

2. 筋肉與脛肉，適度切成 7 ～ 8cm 的塊狀。使用成牛的肉，是為了增添美味及濃郁風味。因應個人喜好，也可以僅使用小牛肉。

3. 洋蔥、紅蘿蔔、西洋芹各別斜切成 1.5cm 厚，韭蔥也切成與其他蔬菜相同之大小。蘑菇切成四等分。

4. 在烤盤上倒入花生油，避免層疊地將小牛骨排放在烤盤上。放進 240 ～ 250℃的烤箱內，烘烤 1 小時～ 1.5 小時。以高溫可以烘烤出香氣及烤色，更容易煮出美味高湯。

5. 在平底鍋中倒入花生油，充分加熱。避免筋肉及脛肉層疊地排放在鍋中，煎出烤色。用平底鍋進行，能夠直接目視確認狀況。但若與骨頭一樣以烤箱進行烘烤也沒有關係。

6. 待全部煎出烤色後，用濾網瀝乾多餘的油脂。

7. 在其他平底鍋中加入花生油，以中火加熱。首先放入不易受熱的紅蘿蔔，拌炒至飄出香味並上色為止。

8. 接著加入洋蔥、大蒜、西洋芹、韭蔥，拌炒至確實上色。也可以與紅蘿蔔分開拌炒，最後再一起加入。

9. 蘑菇則是加入另一只放有花生油的平底鍋拌炒。拌炒過程中添加少量奶油以增添風味。

10. 當踝骨烘烤至焦香呈現烤色時，由烤箱中取出。照片中是烘烤了 1.5 小時左右的成品。為使全體能均勻受熱，烘烤過程中必須翻面。

11. 以濾網瀝去骨頭的油脂。烤盤上釋出的油脂也要瀝出。

12. 加熱烤盤。注入適量的水分（用量外），利用木杓等將沾黏在烤盤上的精華美味（suc）刮落下來去漬（déglacer）。

13. 將瀝乾油脂的骨頭、筋肉和脛肉、調味蔬菜放入直筒圓鍋中。

14. 將 **12** 溶出的鍋底精華煮汁過濾加入。注入水分。

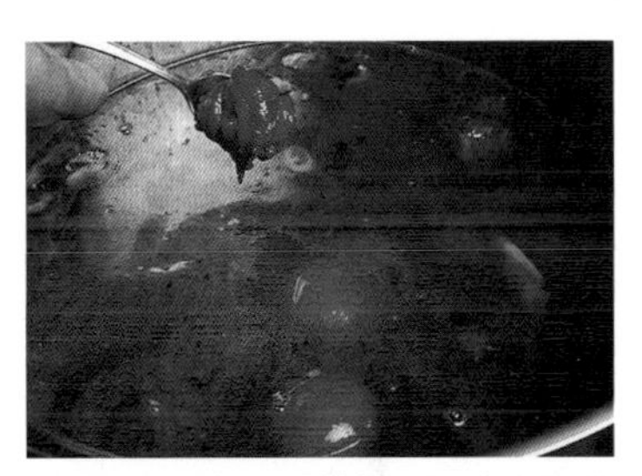

15. 加入番茄及番茄糊，以大火加熱使其沸騰。

16. 沸騰時會產生浮渣，所以必須隨時撈除浮渣。

17. 撈除浮渣後，加入香料束和粗鹽，改以小火。靜靜地煨煮 10～12 小時。

18. 加熱 7 小時後的狀態。持續保持液體表面呈現噗咕噗咕的煨燉（mijoter）狀態。不時地確認狀態同時將沾黏在鍋邊的蔬菜等刮落。

19. 經過 12 小時熬煮後的小牛基本高湯。會熬煮至最初份量的一半左右。試味道，若味道不足可以再稍加熬煮，釋出的風味已足夠時，即可熄火。

20. 以圓錐形濾杓過濾。一旦肉類或調味蔬菜壓爛，會造成基本高湯的雜味及混濁，因此輕輕敲扣圓錐形濾杓的杓柄，使液體自然地濾出流下。

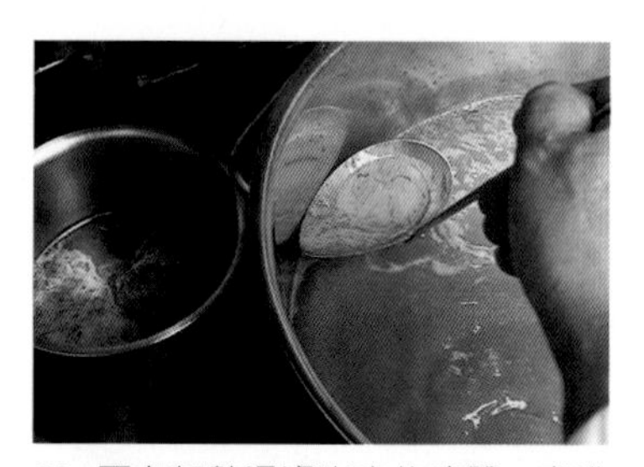

21. 再次加熱過濾出來的液體。煮沸後轉小火，仔細地撈出浮起的油脂和浮渣。若沒有進行此步驟，一旦冷卻浮渣和油脂就會向下沈澱，即是造成雜味及混濁的原因。

22. 再次以細網目的圓錐形濾杓過濾。

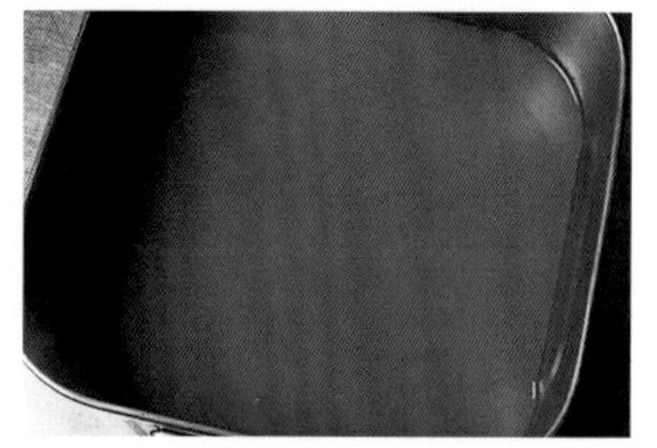

23. 完成小牛基本高湯。墊以冰水急速散熱。冷藏可以保存 3 天。不立即使用時，可以分成小份各別以真空密封冷凍，則能保存 2 個月左右。使用時，要先除去表面凝固的油脂。

熬出第二次高湯

小牛基本高湯濾出的材料，仍存留著美味。將水加入其中，再次熬煮數小時，就是第二次的小牛基本高湯。用於小牛等肉類料理或燉煮蔬菜，可以增添濃郁風味。更加熬煮，就能成爲醬汁的基底。不浪費材料也是料理人最重要的信念。

a. 將小牛基本高湯濾出的材料放入鍋中，加入足以浸過食材的水分。

b. 加熱，沸騰後轉小火，煨煮約 2 個半小時。

c. 以圓錐形濾杓過濾。此時要避免搗碎肉或調味蔬菜。

d. 完成第二次高湯。同樣地墊放冰水冷卻，立即使用部分密封後冷藏，不立刻使用的部分真空密封冷凍。冷藏約可保存 3 天，冷凍約可保存 1 個月。

使用小牛基本高湯

黑醋栗風味煮牛頰肉，佐松露薯泥和炸牛蒡

Joue de veau braisée aux cassis,
Purée de pommes de terre aux truffes, salsifis frits

牛頰肉用紅酒等燉煮的一道料理，是法式料理的經典菜色。小牛的頰肉以干邑白蘭地、馬德拉酒（Madeira）、紅酒、黑醋栗香甜酒（Crème de Cassis）、黑醋栗果泥等浸漬 3 小時。炒香調味蔬菜，倒入浸漬液體和紅酒，待酒清揮發後加入表面已有烤色（rissoler）的牛頰肉。再加入紅酒醋、小牛基本高湯、粗粒胡椒、香料束，燉約 2 小時。醬汁就取其煮汁，稍加熬煮後過濾，再以奶油調味製成。盛盤搭配上，則是用加了松露碎的馬鈴薯泥、油封紅蔥與炸牛蒡進行裝飾。

雞基本高湯

fond de volaille

【鶏のフォン】

顏色、風味都溫和的白色高湯代表。爲了完成後保持清澄狀態，將骨架與蔬菜都切成大塊狀，長時間熬煮也不會煮至軟爛。除了雞骨架外，也能添加頸部增加美味。

材料（完成時約 10L）

雞骨架　5kg
雞頸　2.5kg
調味蔬菜
- 洋蔥　500g
- 紅蘿蔔　500g
- 西洋芹　200g

水　15L
香料束　1 束
粗鹽　少量
沙拉油　少量

製作方法

1. 沖洗雞骨架與雞頸。沾黏在肋骨內側的脂肪和血塊是造成基本高湯混濁及腥味的原因，務必要清洗乾淨。雞骨架切成 7 ～ 8cm 的不規則塊狀，雞頸切成 5cm 寬度的大小。

2. 洋蔥和紅蘿蔔對半切開，西洋芹 1 枝切成 3 等分。取 1 個對半切開的洋蔥，切口朝下地擺放在塗有沙拉油的烤盤上。放入 240 ～ 250℃的烤箱中，烘烤至切口呈焦色。

3. 將雞骨架和雞頸放入直筒圓鍋中，注入水分後用大火加熱。煮沸並撈除浮渣，改以小火，添加香料束和粗鹽。

4. 加入烤至焦色的洋蔥，以煨燉方式煮約 3 小時。洋蔥的作用，是為基本高湯添加香氣及甘甜，也能賦予高湯更柔和的口感。

5. 先以圓錐形濾杓過濾，將液體移至其他鍋內再次煮至沸騰。除去浮出於表面的浮渣及油脂，再次以圓錐形濾杓過濾。

用途·保存

可作為雞料理的醬汁或白醬燉蔬菜的基底。也可用於製作禽鳥或家畜類基本高湯時的熬煮液體。冷藏約可保存 2 ～ 3 天，以真空密封冷凍約可保存 2 個月。

肉濃縮凍

glace de viande

【肉のグラス】

小牛基本高湯緩慢地熬煮至肉凍狀態，風味及濃度也一起濃縮於其中。熬煮出美味濃郁的精華，可以少量用於醬汁等完成時。

材料（完成時約 1L）

第二次小牛基本高湯（→ 26 頁）　10L

用途・保存

用於肉類的醬汁或肉料理的內餡（farce），是為增添其濃郁口感。冷藏約可保存 10 天。

製作方法

1. 在鍋中放入第二次小牛基本高湯，加熱。保持煨燉狀態並隨時撈除浮渣地慢慢熬煮。避免鍋壁燒焦，當液體減少時，將其移至較小鍋中，熬煮成原來的 1/10 左右。
2. 以圓錐形濾杓過濾。倒入方型淺盤內，冷卻使其凝固。

雞濃縮凍

glace de volaille

【鶏のグラス】

只需將雞基本高湯熬煮成濃縮精華即可。與肉濃縮凍功能相同，加入可增添其美味濃郁。凝固後的濃縮凍切成骰子狀更方便使用。

材料（完成時約 1L）

雞基本高湯（→ 28 頁）　16L

用途・保存

少量地添加於雞或蔬菜料理中，混入法式凍派或肉類內餡時，也能增添濃郁口感。冷藏約可保存 10 天。

製作方法

1. 在鍋中放入雞基本高湯，加熱。保持煨燉狀態並隨時撈除浮渣地慢慢熬煮。避免鍋壁燒焦地當液體減少時，將其移至較小鍋中，熬煮濃縮至約 1L 左右。
2. 以圓錐形濾杓過濾。倒入方型淺盤內，冷卻使其凝固。

鴨基本高湯

fond de canard

【鴨のフォン】

是有著鴨肉豐富美味及香氣的基本高湯。在此，爲了將基本高湯確實地熬煮使其飽含美味濃郁口感，所以使用雞基本高湯進行熬煮，用水熬煮也沒有關係。

材料（完成時約 10L）

鴨骨架（骨頭和鴨頸） 6kg

調味蔬菜

- 洋蔥 500g
- 紅蘿蔔 500g
- 西洋芹 200g
- 蘑菇 200g
- 大蒜（帶皮） 3 瓣

雞基本高湯（→ 28 頁） 20L

香料束 1 束

粗鹽 少量

粗粒胡椒（白） 少量

奶油 適量

製作方法

1. 鴨骨架切成 6cm 的不規則塊狀。洋蔥、紅蘿蔔和西洋芹切成 5mm 厚的片狀，蘑菇切成四等分。大蒜略略壓碎。

2. 在平底鍋內放入奶油，將鴨骨架煎烤成黃金色澤（也可以排放在烤盤上放入烤箱烘烤）。以濾網瀝乾油脂，放入直筒圓鍋中。

3. 在另外的平底鍋中放入奶油，加入調味蔬菜煎烤至呈金黃烤色。以濾網瀝乾油脂，放入 2 的直筒圓鍋中。

4. 在直筒圓鍋中注入雞基本高湯後用大火加熱。煮沸並撈除浮渣，改以小火，添加香料束和粗鹽、粗粒胡椒。邊撈除浮渣邊以煨燉狀態煮 1 個半至 2 小時。

5. 先以圓錐形濾杓過濾，將液體移至其他鍋內再次煮至沸騰。除去浮出於表面的浮渣及油脂，再次以圓錐形濾杓過濾。

用途・保存

可作為鴨醬汁或高湯凍（→ 137 頁）的基底。冷藏約可保存 3 天，以真空密封冷凍約可保存 2 個月。

珠雞基本高湯

fond de pintade

【ホロホロ鳥のフォン】

珠雞是風味略淡的禽鳥。因脂肪較少，肉不需經過煎烤可以直接與雞原味高湯一起熬煮。雖然清淡卻有著濃醇風味，很適合搭配奶油濃湯或加了鮮奶油的菜餚。

材料（完成時約 10L）

珠雞（1.5kg） 5 隻

調味蔬菜

- 洋蔥 300g
- 紅蘿蔔 400g
- 西洋芹 100g
- 韭蔥 250g
- 蘑菇 200g

雞基本高湯（→ 28 頁） 20L

丁香（clove） 3 顆

平葉巴西里莖 3 枝

粗鹽 少量

粗粒胡椒（白） 少量

製作方法

1. 除去珠雞內臟，用水沖洗掉血污。洋蔥對半切開，刺入丁香，紅蘿蔔從蒂頭上劃切十字切紋。西洋芹和韭蔥切半。蘑菇切成四等分。

2. 將整隻珠雞放入鍋內，注入雞基本高湯，以大火加熱。

3. 煮沸並撈除浮渣，改以小火，加入調味蔬菜和平葉巴西里莖。添加粗鹽和粗粒胡椒。以煨燉方式煮約 2 小時至 2 個半小時。邊撈除浮渣邊進行燉煮。

4. 先以圓錐形濾杓過濾，將液體移至其他鍋內再次煮至沸騰。除去浮出於表面的浮渣及油脂，再次以圓錐形濾杓過濾。

用途・保存

可作為珠雞醬汁（清湯或奶油濃湯）或奶油燉煮等的基底。冷藏約可保存 3 天，以真空密封冷凍約可保存 2 個月。

火雞基本高湯

fond de dindon

【七面鳥のフォン】

一款會想在聖誕節時製作的基本高湯。具有獨特的香味，味道柔和卻紮實的基本高湯。與白蘿蔔一起熬煮，還能增添微微的甜味。

材料（完成時約 10L）

火雞　2 隻（8kg）

調味蔬菜

- 洋蔥　900g
- 紅蘿蔔　400g
- 塊根芹（céleri-rave）　200g

白蘿蔔　100g

丁香（clove）　2 顆

雞基本高湯（→ 28 頁）　5L

香料束　1 束

粗鹽　少量

粗粒胡椒（白）　少量

製作方法

1. 除去火雞內臟，洗去血污。洋蔥對半切開，紅蘿蔔從蒂頭上劃切十字切紋。塊根芹對半切開，白蘿蔔切成兩等分並刺入丁香。
2. 將火雞和雞基本高湯放入直筒圓鍋內，用大火加熱。
3. 煮沸並撈除浮渣，改以小火，加入香料束、粗粒胡椒和鹽。以煨燉方式煮約 2 小時至 2 個半小時。過程中浮出的浮渣，要立刻撈除。
4. 先以圓錐形濾杓過濾，將液體移至其他鍋內再次煮至沸騰。除去浮出於表面的浮渣及油脂，再次以圓錐形濾杓過濾。

用途・保存

用於火雞湯品或醬汁。冷藏約可保存 3 天，以真空密封冷凍約可保存 2 個月。

鴿基本高湯

fond de pigeon

【ハトのフォン】

家禽類當中，風味較強烈獨特的鴿基本高湯，柔和中仍能感受到其特殊香氣。想要更強調風味時，可用雞基本高湯取代水分進行熬煮。

材料（完成時約 10L）

鴿骨架（骨頭和頸部） 6kg

調味蔬菜

- 洋蔥 200g
- 紅蘿蔔 300g
- 韭蔥 400g
- 蘑菇 300g
- 大蒜（帶皮） 3 瓣

雞基本高湯（→ 28 頁） 20L

香料束 1 束

粗鹽 少量

粒狀黑胡椒 5g

花生油 適量

奶油 適量

製作方法

1. 鴿骨架和頸部切成 5cm 的不規則塊狀。洋蔥、紅蘿蔔和韭蔥切成 5mm 厚的片狀，蘑菇切成四等分。大蒜略略壓碎。

2. 在平底鍋內放入花生油和奶油，將鴿骨架煎烤成金黃色澤。待充分上色後以濾網瀝乾油脂，放入直筒圓鍋中。在平底鍋中加入少量的雞基本高湯以煮溶鍋底精華，並將此液體過濾加入直筒圓鍋內。

3. 在另外的平底鍋中放入奶油，加入調味蔬菜煎炒至呈金黃色。以濾網瀝乾油脂，放入 **2** 的直筒圓鍋中。

4. 注入雞基本高湯後用大火加熱。煮沸並撈除浮渣，改以小火，添加香料束和粒狀黑胡椒、粗鹽。以煨燉狀態燉煮 1 個半至 2 小時。隨時撈除浮渣。

5. 先以圓錐形濾杓過濾，將液體移至其他鍋內再次煮至沸騰。除去浮出於表面的浮渣及油脂，再次以圓錐形濾杓過濾。

用途・保存

可用於鴿肉的湯品或原汁（→ 136 頁）、醬汁的基底。冷藏約可保存 3 天，以真空密封冷凍約可保存 2 個月。

白色小牛基本高湯

fond blanc de veau

【仔牛の白いフォン】

主要作爲清湯的基底來使用，是奢華的「白色基本高湯」。骨頭和蔬菜切成較大塊狀，藉由不斷撈除浮渣，即使長時間熬煮也不會造成高湯混濁。

材料（完成時約 10L）

小牛骨　6kg
小牛脛肉（帶骨）　2kg
小牛筋肉　1kg
調味蔬菜
- 洋蔥　600g
- 紅蘿蔔　500g
- 西洋芹　100g
- 韭蔥　300g
- 大蒜（帶皮）　5 瓣

水　20L
香料束　1 束
粗鹽　少量

製作方法

1. 小牛骨切成 10 ～ 15cm 的不規則塊狀，以水充分沖洗淨。脛肉和筋肉切成 6 ～ 7cm 的不規則塊狀。

2. 洋蔥和紅蘿蔔對半切開，西洋芹切成 3cm 寬、韭蔥縱向對切。大蒜略微壓碎。

3. 將小牛骨、脛肉和筋肉放入直筒圓鍋中，注入水分。用大火加熱，煮沸後仔細撈除浮渣。改以小火，添加調味蔬菜、香料束和粗鹽。保持煨燉方式煮約 5 小時。期間隨時撈除浮渣。

4. 以圓錐形濾杓過濾。

用途・保存

可做為製作清湯時的基底，或是燉小牛肉料理的基底。冷藏約可保存 3 天，以真空密封冷凍約可保存 2 個月。

白色雞基本高湯

fond blanc de volaille

【鶏の白いフォン】

用雞製成的白色基本高湯。雞肉的風味較簡約單純，因此加上小牛脛肉能補足其柔和的口感和膠質。慢慢地保持澄徹狀態熬煮後即完成。

材料（完成時約 10L）

雞架　4kg

雞頸　2kg

小牛脛肉（帶骨）　1.5kg

調味蔬菜

- 洋蔥　600g
- 紅蘿蔔　500g
- 西洋芹　100g
- 韭蔥　300g

水　15L

香料束　1 束

粗鹽　少量

製作方法

1. 雞骨架用水充分沖洗淨血污。雞骨架和雞頸都儘可能地不要切開地大塊使用，小牛脛肉切成 7 ～ 8cm 的不規則塊狀。

2. 洋蔥和紅蘿蔔對半切開，西洋芹直接使用。韭蔥縱向對切。

3. 將雞骨架、雞頸和小牛脛肉放入直筒圓鍋中，注入水分用大火加熱。煮沸後仔細撈除浮渣，改以小火並添加調味蔬菜、香料束和粗鹽。保持煨燉方式加熱約 3 小時。期間隨時撈除浮渣。

4. 以圓錐形濾杓過濾。

用途・保存

可做為製作清湯時的基底或燉煮雞肉料理的基底。冷藏約可保存 3 天，以真空密封冷凍約可保存 2 個月。

小牛清湯

consommé de veau

【仔牛のコンソメ】

以白色小牛基本高湯作爲基底的清湯。爲了能提引出小牛肉的純淨風味，所以不使用增添甜味的洋蔥和香氣強烈的西洋芹，以完成簡約的美好風味。

材料（完成時約 10L）

白色小牛基本高湯（→ 34 頁） 12L

牛脛肉 3.75kg

調味蔬菜

- 紅蘿蔔 250g
- 韭蔥 500g

蛋白 5 個

粗鹽 少量

製作方法

1. 牛脛肉絞成絞肉狀，紅蘿蔔和韭蔥切成細丁狀。
2. 將牛脛絞肉、調味蔬菜、蛋白放入鍋中用手充分使其混拌。
3. 加入白色小牛基本高湯與粗鹽，邊用大火加熱邊用木杓混拌。蛋白與牛脛肉的蛋白質約在 60℃左右開始凝固時，就停止混拌動作。蛋白會吸附浮渣凝固，當其浮出於表面時即可轉為小火，用湯杓在中央處撥出空洞（直徑 6～7cm）。保持煨燉方式加熱約 1 個半小時。
4. 以墊放布巾的圓錐形濾杓，少量逐次地進行過濾。

用途・保存

可用於清湯湯品或肉凍等。冷藏約可保存 3 天，以真空密封冷凍約可保存 2 個月。

雞清湯

consommé de volaille

【鶏のコンソメ】

以白色雞基本高湯爲基底，再加入全雞或雞骨架熬煮出的珍貴清湯。全雞或雞骨架先加熱，使其成爲容易釋出美味的狀態後才使用。

材料（完成時約 10L）

白色雞基本高湯（→ 35 頁） 12L

牛脛肉 3.75kg

調味蔬菜

- 紅蘿蔔 250g
- 韭蔥 500g

全雞 2 隻

雞翅和雞腳 各 15 隻（3kg）

雞骨架（※） 5 隻（2kg）

蛋白 5 個

粗鹽 少量

※ 雞骨架，使用的是烤雞處理過的雞骨，已先加熱過一次的材料。

製作方法

1. 牛脛肉絞成絞肉。全雞除去內臟，以 220℃的烤箱加熱約 10 分鐘，至表皮呈烤色。雞翅和雞腳直接使用，骨架則是依關節進行分切。紅蘿蔔和韭蔥切成細丁狀。

2. 將牛脛絞肉、調味蔬菜、雞翅和雞腳、雞骨架和蛋白，放入鍋中用手充分使其混拌。待充分混拌後放入全雞，混拌。加入白色雞基本高湯和粗鹽加熱。蛋白與肉的蛋白質約在 60℃左右會開始凝固，當開始凝固時就停止混拌動作。蛋白會吸附浮渣凝固，當其浮出表面時即可轉為小火，用湯杓在中央處撥出空洞（直徑 6 ～ 7cm）。保持煨燉方式煮約 1 個半小時。

3. 以墊放布巾的圓錐形濾杓，少量逐次地進行過濾。

用途・保存

可用於清湯湯品或雞肉、蔬菜凍等。冷藏約可保存 3 天，以真空密封冷凍約可保存 2 個月。

野味基本高湯

fond de gibier

【ジビエのフォン】

用幾種野味組合製作的基本高湯，風味柔和且用途廣泛，在小規模的餐廳只要有這款基本高湯，就足以適用於全部的野味料理。只是必須避免使用風味過強的野兔或山豬肉。

材料（完成時約 10L）

鹿骨與筋肉　3.5kg
野味骨架和頸部
- 小山鶉（perdreau）（※）　1kg
- 雉雞（faisan）　1kg
- 綠頭鴨（colvert）　1kg
- 野鴿（pigeon ramier）　500g

調味蔬菜
- 洋蔥　450g
- 紅蘿蔔　450g
- 西洋芹　200g
- 蘑菇　250g
- 大蒜　1 整顆
- 紅蔥　200g

雞基本高湯（→ 28 頁）　18L
白酒　1.5L
香料束　1 束
粗粒胡椒（黑）　適量
杜松子（genievre）　20 粒
丁香　20 顆
紅酒醋焦糖醬（gastrique）（※）適量
花生油　適量
奶油　適量

※ 小山鶉是鷓鴣（perdrix）（岩鷓鴣）幼鳥的總稱。有灰山鶉（perdix robusta）、山鶴鶉（perdreau rouge）（紅足岩鷓鴣）等種類，灰山鶉的味道較為濃郁，在此是二者搭配使用。
※ 紅酒醋焦糖醬是 50g 細砂糖和少量的水加熱，使其焦糖化後加入150cc 的紅酒醋混拌製作而成（此為方便製作的份量。再由其中取適量使用）。

1. 鹿骨（左邊照片。在此使用的是背骨）切成 5cm 左右的不規則塊狀，鹿筋肉（右）也切成相同程度的大小。鹿約是 2～3 歲的母鹿較沒有氣味，方便使用。

2. 由左下開始順時針方向依序為野鴿、綠頭鴨、小山鶉、雉雞。各別將其骨架及頭頸部切成 5cm 左右的不規則塊狀。野味儘可能混合四足動物和禽鳥類，同時使用 3 種以上。

3. 洋蔥、紅蘿蔔、西洋芹、紅蔥各切成 1cm 厚的片狀。蘑菇對切，大蒜橫向對切。

4. 在鍋中倒入花生油，加進鹿骨拌炒使其沾裹上油脂。放入230℃的烤箱烘烤至呈烤色後，放入筋肉，繼續烘烤。若一開始就放入筋肉，會因其釋出的水分而不易上色。

5. 在厚平底鍋中倒入花生油，放入小山鶉仔細地煎烤表面。至整體上色後，以濾網除去油脂。

6. 加熱留有鍋底精華的鍋子，注入適量的白酒。刮落沾黏在鍋壁上的精華（美味），使其溶於白酒當中。

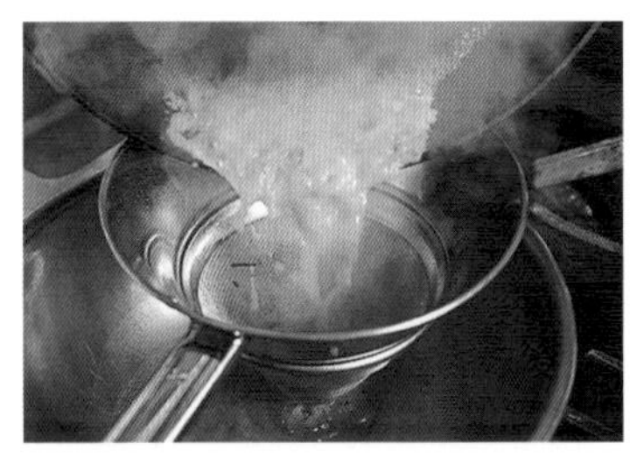

7. 將 **6** 溶有鍋底精華的液體（溶出的鍋底精華）以圓錐形濾杓過濾。將此液體取出備用（**8** 和 **9** 的鍋底精華也同樣處理）。

8. 雉雞也同樣地以厚平底鍋煎至表面上色。因雉雞的油脂較多會不斷地釋出，若過多時則需將其倒出。待煎至表面上色時，除去油脂，以白酒溶出鍋底精華。

9. 綠頭鴨與野鴿因肉質近似，可以一同放入以花生油煎至上色（也可以各別進行）。同樣地以濾網除去油脂，用白酒溶出鍋底精華。

10. 以花生油和奶油拌炒大蒜、洋蔥、紅蘿蔔、西洋芹，拌炒後加入蘑菇。待全體上色並拌炒出甜味後，加入紅蔥，完成時再添加少量奶油。

11. 鹿筋肉也烘烤出漂亮烤色後，由烤箱取出。骨頭和肉以濾網除去油脂，用大火加熱鍋子注入白酒溶出烤盤內的盤底精華。過濾後備用。

12. 將炒過的鹿骨和筋肉、小山鶉、雉雞、綠頭鴨、野鴿以及調味蔬菜放入直筒圓鍋內，混拌全體。加入雞基本高湯，以大火加熱。

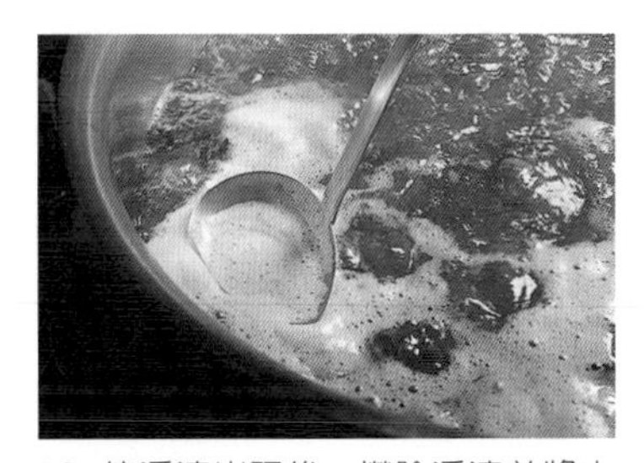

13. 待浮渣出現後，撈除浮渣並將火力轉小。放入香料束、粗粒胡椒、杜松子和丁香。

14. 加入過濾後各材料的鍋底精華液和紅酒醋焦糖醬。

15. 保持煨燉（微沸騰）的狀態並靜靜地燉煮3小時～3個半小時。期間隨時除去浮出的浮渣。

16. 待確認其風味確實熬煮出來後，先用粗孔濾網過濾。

17. 按壓殘留在圓錐形濾杓內的骨架或蔬菜，確實將其美味成分完全過濾。過濾後的液體以圓錐形濾杓再次過濾。過濾後的殘留骨架，也可以再次熬煮成第二次高湯（骨架中加入 10L 的水或雞基本高湯，燉煮 1 小時）。

18. 將第二次過濾好的基本高湯移入鍋中，以大火加熱，撈除表面的油脂和浮渣。

19. 以細孔的圓錐形濾杓過濾，墊以冰水冷卻。

20. 完成野味基本高湯。冷藏可保存 3 天。不立刻使用時，可以分成小份，以真空密封冷凍，約可保存 1 個月。使用前，若有白色凝固的油脂，去除後再使用。

鹿基本高湯

fond de chevreuil

【鹿のフォン】

用鹿骨和鹿肉製作的基本高湯，以波瓦普拉醬汁爲首，至野味醬汁，都是不可或缺的基底。使用了大量紅酒，在口中留下力道十足的美味，濃郁風味是最大特徵。

材料（完成時約 10L）

鹿骨與碎肉　10kg

調味蔬菜

- 洋蔥　1.2kg
- 紅蘿蔔　1.2kg
- 西洋芹　400g
- 蘑菇　200g
- 大蒜　2 整顆

紅酒　3 瓶（2.25L）

雞基本高湯（→ 28 頁）　14L

香料束　1 束

粗粒胡椒（黑）　2g

杜松子（genievre）　20 粒

粗鹽　少量

奶油　適量

製作方法

1. 鹿骨與碎肉切成 5cm 左右的不規則塊狀。洋蔥、紅蘿蔔、西洋芹各切成 5mm 厚的片狀。蘑菇切成四等分，大蒜橫向對切。

2. 在鍋中放入奶油（或花生油），加進鹿骨和碎肉拌炒至出現香氣產生漂亮上色（也可以排放在烤盤上以烤箱烘烤）。以濾網除去油脂，分次將紅酒加入鍋中，溶出鍋底精華。過濾後備用。

3. 在另外的鍋中放入奶油拌炒調味蔬菜。炒至出現香氣產生漂亮上色後，以濾網除去油脂。

4. 將 **2** 和 **3** 放入直筒圓鍋內，注入雞基本高湯，以大火加熱。待沸騰後撈除浮渣並轉成小火，放入香料束、粗粒胡椒、杜松子和粗鹽。加入鍋底精華液，保持煨燉（微沸騰）的狀態約燉煮 2 個半小時。期間隨時除去浮出的浮渣。

5. 邊按壓骨架與蔬菜，邊以圓錐形濾杓過濾。過濾後的液體再次加熱，撈除表面的油脂和浮渣。再以細孔的圓錐形濾杓過濾一次。

用途・保存

用於胡椒醬汁（→ 210 頁）、鹿肉料理。冷藏約可保存 3 天，以真空密封冷凍約可保存 1 個月。

雉雞基本高湯

fond de faisan

【キジのフォン】

雉雞的基本高湯是野味當中風味較溫和的。適合帶點甜味搭配，調味蔬菜僅使用洋蔥，並採用較具甜味的馬德拉酒溶出鍋底精華，使其更能烘托出雉雞的美味。

材料（完成時約 10L）

雉雞（faisan） 2 隻
雉雞骨架（骨頭和頸部） 5kg
洋蔥 1.5kg
大蒜 1 整顆
馬德拉酒（Madeira ） 1.2L
雞基本高湯（→ 28 頁） 18L
香料束 1 束
粗粒胡椒（白） 少量
粗鹽 少量
奶油 適量

製作方法

1. 除去整隻雉雞的內臟，帶骨地切成四等分。骨架（骨頭和頸部）切成 5cm 左右的不規則塊狀。洋蔥切成 5mm 厚的片狀。大蒜橫向對切。

2. 在鍋中放入奶油，放入洋蔥和大蒜拌炒至出水（suer）。

3. 在平底鍋內放入奶油，加進雉雞骨架拌炒至出現香氣產生漂亮上色。瀝去油脂，放進 **2** 的鍋中。

4. 混拌鍋內材料，注入雞基本高湯，以大火加熱使其沸騰，撈除浮渣。轉成小火，放入香料束、粗粒胡椒和粗鹽、切成四等分的雉雞。保持煨燉的狀態約燉煮 2 小時。隨時除去浮出的浮渣。

5. 不要壓碎骨架和調味蔬菜地以圓錐形濾杓過濾。過濾後的液體再次放入鍋中加熱，撈除表面的油脂和浮渣。再次以圓錐形濾杓過濾。

用途・保存

用在雉雞為首的各種禽鳥類的野味料理。冷藏約可保存 3 天，以真空密封冷凍約可保存 1 個月。

使用雉雞基本高湯

奶油煮雉雞胸肉佐菊苣

Poitrine de poule faisan à la crème d'endives

脂肪較少的雉雞肉，以鮮奶油來製作，能增添滑順且具濃郁口感。與略帶苦味的菊苣一同蒸煮，更能使其飽含美味。雉雞肉先與培根一起拌炒，能補充油脂同時增加上色，再以馬德拉酒溶出鍋底精華。在此加入的是雉雞基本高湯，燉煮至湯汁收半，放入菊苣後加蓋，略爲燜蒸。完成時添加鮮奶油，更添滑順口感。用義大利平葉巴西里增加香氣及色澤。

野兔基本高湯

fond de lièvre

【野ウサギのフォン】

野兔（lièvre）用調味蔬菜和紅酒浸漬，再充分的與紅酒及辛香料一同燉煮，能抑制其獨特的氣味，做出類似野味的濃郁基本高湯。

材料（完成時約 10L）

野兔　2 隻（約 3.6kg）
野兔的骨頭、筋肉、碎肉　7kg
雞頸　1kg
調味蔬菜
- 洋蔥　800g
- 紅蘿蔔　800g
- 西洋芹　200g

百里香　8 枝
月桂葉　2 片
丁香　10 顆
平葉巴西里莖　5 枝
紅酒（浸漬用）　6L
紅酒（※）　6L
野味基本高湯（→ 38 頁）　5L
水　2L
番茄（※）　10 個
大蒜　1 整顆
紅蔥　600g
培根　600g
杜松子　30 粒
粒狀黑胡椒　20 粒
粗鹽　少量
花生油　適量

※ 其中的 4L 在加熱時，酒精會隨之揮發。
其餘的 2L 留待溶出鍋底精華時使用。
※ 番茄用熱水汆燙去皮，再挖除番茄籽後使用。

製作方法

1. 除去整隻野兔的內臟。將骨、筋肉、碎肉和雞頸切成不規則塊狀。調味蔬菜、紅蔥、培根切成丁狀。

2. 整隻的野兔、骨、筋肉、碎肉、調味蔬菜、百里香、月桂葉、丁香、平葉巴西里莖一起放入方型淺盤中，注入紅酒 4L。浸漬一夜。

3. 用濾網瀝乾浸漬液（待用）。分切整隻野兔，兔肉取下留做料理用。骨架切成碎丁。

4. 在烤盤上放入花生油，排放上 **3** 的骨架，放入 240°C的烤箱烘烤。烘烤中再加入筋肉和碎肉一起烘烤至上色。以濾網除去油脂。

5. 浸漬過的野兔骨和雞頸放入另外的鍋子，以花生油煎至上色。瀝去油脂。

6. 將 1L 的紅酒倒入 **4** 的烤盤和 **5** 的鍋中，溶出鍋底精華。過濾備用。

7. 浸漬過的調味蔬菜、大蒜、紅蔥、培根，以平底鍋炒至上色。

8. 將 **4.5.7.** 的材料放入直筒圓鍋內，注入野味基本高湯加熱。撈除浮渣，加入番茄、杜松子、粗鹽、其餘的 1L 紅酒、**2** 的浸漬液、各別溶出的鍋底精華，約燉煮 3 個半小時。熄火前加入粒狀黑胡椒，再煮約 10 分鐘。

9. 邊壓碎骨架邊以圓錐形濾杓過濾，再次放入鍋中加熱，撈除表面的油脂和浮渣。再次以圓錐形濾杓過濾。

用途‧保存

用於野兔醬汁或燉煮料理的基底。冷藏約可保存 3 天，以真空密封冷凍約可保存 1 個月。

小山豬基本高湯

fond de marcassin

【仔イノシシのフォン】

小山豬（marcassin）的基本高湯，因具強烈特色，所以需使用較多的調味蔬菜，添加杜松子更能中和高湯風味。膠質較少，即使冷卻也是極爲鬆軟滑動的凝固狀態。

材料（完成時約 10L）

小山豬（marcassin）的骨頭和筋肉（※）　10kg

調味蔬菜

- 洋蔥　2kg
- 紅蘿蔔　1kg
- 西洋芹　500g
- 蘑菇　800g
- 大蒜　1 整顆

白酒　2.5L

水　18L

杜松子　20 粒

香料束　1 束

花生油　適量

※ 骨頭和筋肉的比例約是 7：3。

製作方法

1. 小山豬的骨頭和筋肉約切成 5cm 左右的不規則塊狀。洋蔥、紅蘿蔔、西洋芹各切成 1.5cm 的骰子狀。蘑菇切成四等分，大蒜橫向對切。

2. 在烤盤上放入花生油，避免層疊地排放上小山豬的骨頭。放入 230℃的烤箱烘烤（中間要翻面）。烘烤過程中再加入筋肉，一起確實地烘烤至上色。

3. 以濾網過濾骨頭和筋肉，除去油脂。將白酒（用量的一半左右）倒入烤盤，溶出鍋底精華。

4. 在平底鍋中放入花生油，將調味蔬菜確實炒至上色。以濾網除去油脂。

5. 將小山豬的骨頭和筋肉、調味蔬菜、溶出的鍋底精華液，注入水分後以大火加熱。沸騰後仔細地撈除浮渣，轉為小火，加入杜松子和香料束。保持煨燉的狀態約煮 4 小時。之間隨時撈除浮渣。

6. 先用圓錐形濾杓過濾，液體再次放入鍋中加熱。撈除表面的油脂和浮渣，再次以圓錐形濾杓過濾。

用途・保存

主要用於山豬的燉煮料理。冷藏約可保存 3 天，以真空密封冷凍約可保存 1 個月。

龍蝦基本高湯
fond de homard

【オマールのフォン】

使用新鮮的龍蝦，就是製作出清澄基本高湯的最重要關鍵。完成時添加上海帶，更能強化其美味。因爲會略有苦味，所以甲殼類或魚類高湯切記不可過度熬煮。

材料（完成時約 10L）
龍蝦（帶殼）　8kg
調味蔬菜
- 洋蔥　900g
- 紅蘿蔔　900g
- 西洋芹　300g
- 韭蔥　300g
- 蘑菇　300g
- 大蒜（帶皮）　5 瓣

白酒　1.2L
干邑白蘭地　適量
魚鮮高湯（→ 54 頁）　10L
雞基本高湯（→ 28 頁）　3L
番茄（完全成熟）　8 個
番茄糊　少量
香料束　1 束
粗粒胡椒（白）　少量
海帶　200g
粗鹽　少量
橄欖油　適量
奶油　少量

1. 龍蝦必須使用新鮮的。冷凍過容易釋出腥臭，應儘量避免。用水沖洗，連殼切成大塊，除去頭部沙囊。瀝乾水分備用。

2. 洋蔥、紅蘿蔔、西洋芹各切成 1.5cm 的骰子狀。韭蔥也切成相同的大小，蘑菇切成四等分。番茄對半切開去籽，海帶泡水除去鹽分。

3. 在平底鍋中加熱橄欖油，放入龍蝦以大火拌炒。為使表面能漂亮上色，最初不宜過度翻拌，使其靜靜地加熱。

4. 當外殼變紅，整體上色後轉為小火，混拌全體使其均勻受熱。油脂不夠時必須隨時添加。

5. 拌炒至散發香氣，呈現金黃色澤後，用濾網過濾龍蝦瀝乾油脂（除去油脂）。

6. 拌炒過的鍋子，加入部分白酒。也可以用水取代白酒。

7. 用木杓將沾黏在平底鍋內的美味精華刮落（溶出鍋底精華），以圓錐形濾杓過濾。將此煮溶出的液體（deglaçage）備用。

8. 用另外的平底鍋加熱橄欖油，添加風味地加入少量奶油。放入稍加壓碎的大蒜使香氣移至油脂當中。

9. 放入洋蔥、紅蘿蔔、西洋芹，以中火仔細拌炒。務使方塊的每個平面都上色地不斷翻動鍋子使全體均勻加熱。

10. 容易受熱的韭蔥較遲再加入。添加蘑菇並拌炒。

11. 油脂不足時容易炒焦，因此必要時可以追加奶油或橄欖油。

12. 待整體炒出香氣上色，蔬菜充分散發出香氣後熄火。

13. 將瀝出油脂的龍蝦放入直筒圓鍋內，加入**12**的蔬菜。粗略地混拌全體。

14. 以大火加熱，注入干邑白蘭地和其餘的白酒，煮至酒精揮發。

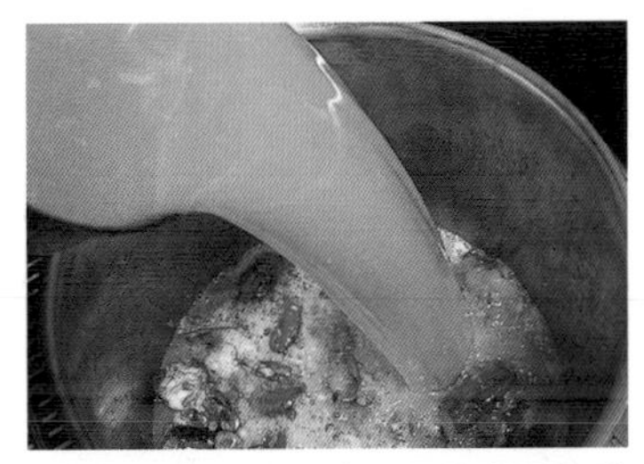

15. 加入鍋底精華液、魚鮮高湯和雞基本高湯。添加雞基本高湯是為增加濃郁。

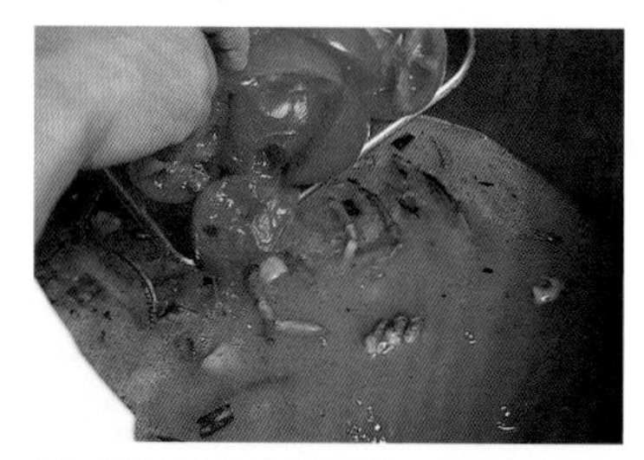

16. 加入番茄和番茄糊。番茄能增加基本高湯的色澤和酸味，同時賦予高湯甜味，所以必須選用成熟的番茄。

17. 煮至沸騰後，仔細地撈除浮渣。

18. 加入香料束、粗粒胡椒和少量的粗鹽。粗鹽是為了提引出食材的風味。為避免影響調味，所以只添加少許。

19. 轉為小火，保持煨燉的狀態並靜靜地燉煮 1 個半小時。期間隨時除去浮出的浮渣。

20. 在燉煮 1 小時 20 分鐘時（完成的前 10 ～ 15 分鐘），添加海帶。這是為了強化風味。為使美味高湯能清澄地完成，添加後儘量不要混拌地靜靜燉煮。

21. 經過燉煮 1 個半小時的龍蝦基本高湯。甲殼類過度燉煮會煮出苦味，因此約 1 個半小時，即可確認風味，以避免過度燉煮。

22. 用圓錐形濾杓過濾。用擀麵棍等搗碎高湯內的材料，以釋出龍蝦的精華美味。大量製作時，也可以將煎烤過的龍蝦搗碎後再進行燉煮。

23. 完成的龍蝦基本高湯。立刻墊放冰水使其冷卻。冷藏可保存 3 天。不立刻使用時，可以分成小份，以真空密封冷凍，約可保存 1 個月。

螯蝦基本高湯

fond de langoustine

【赤座エビのフォン】

是一款僅取用螯蝦頭製作而成，濃郁、風味高雅且帶著清甜的基本高湯。只準備螯蝦頭會很麻煩，因此可以在每次料理時留下儲存備用。

材料（完成時約 10L）

螯蝦頭　6kg

調味蔬菜

- 洋蔥　400g
- 紅蘿蔔　400g
- 韭蔥　200g
- 蘑菇　200g
- 大蒜（帶皮）　1/2 顆

干邑白蘭地　適量

白酒　1L

魚鮮高湯（→ 54 頁）　7L

雞基本高湯（→ 28 頁）　1L

水　8L

番茄（完全成熟）　10 個

番茄糊　少量

香料束　1 束

粗粒胡椒（白）　少量

粗鹽　少量

橄欖油　適量

製作方法

1. 用水沖洗螯蝦頭，瀝乾水分備用。洋蔥、紅蘿蔔、韭蔥各切成 1.5cm 的骰子狀。蘑菇切成四等分，大蒜輕輕壓碎，大番茄對半切開去籽。

2. 在直筒圓鍋中加熱橄欖油，放入螯蝦頭拌炒。當外殼燒紅呈煎烤色澤後，以濾網取出除去油脂。在同一鍋中放入調味蔬菜，充分拌炒至上色為止。

3. 將螯蝦頭放回鍋中，加入干邑白蘭地和白酒，煮至酒精揮發。

4. 注入魚鮮高湯、雞基本高湯和水，用大火煮至沸騰。煮至沸騰後，仔細地撈除浮渣，改以小火，放入香料束、粗粒胡椒和粗鹽。保持煨燉的狀態並燉煮 1 小時。期間隨時除去浮出的浮渣。

5. 用圓錐形濾杓過濾。搗碎螯蝦頭確實過濾釋出其中的精華美味。

用途・保存

可以作為螯蝦湯品或醬汁、高湯燉蛋（royale）（像茶碗蒸般加了蛋的料理）的基底。冷藏可保存 3 天。以真空密封冷凍約可保存 1 個月。

蘑菇基本高湯

fond de champignons

【シャンピニョンのフォン】

以大量蘑菇覆蓋，用文火熬煮後，再確實燜蒸以萃取其風味。像清湯般具濃郁美味且清澄的液體，能增添湯品或蔬菜料理的美味。

材料（完成時約 10L）

蘑菇　8kg
水　10L
大蒜（帶皮）　7～8 瓣
百里香　4 枝
月桂葉　2 片
粗鹽　80g
黃檸檬　2 個
奶油　40g

1. 蘑菇切成厚 1mm 的片狀。

2. 以紗布巾包住大蒜、百里香和月桂葉。黃檸檬切成厚 1cm 的圓切片，為方便後續取出將每片檸檬以粗線串起。

3. 將蘑菇放入深鍋中，平整表面。擺放上大蒜、百里香、月桂葉、粗鹽、檸檬和奶油，注入水分。

4. 為使材料在鍋中緊密貼合，用鋁箔紙包覆鍋蓋，覆上鍋蓋。以小火加熱，慢慢地加熱約 1 小時。

5. 1 小時後的狀態。可以看出蘑菇釋出的水分。此時基本高湯的風味已然呈現。

6. 熄火，以覆蓋著鍋蓋的狀態下燜 30～40 分鐘。這個步驟就是浸泡（infuser）的感覺。利用這樣的動作，更能升級蕈菇類的美味和香氣。

7. 爛蒸後的狀態。蘑菇下沈，基本高湯的顏色也較之前更為深濃，風味提升。

8. 取出檸檬、大蒜、百里香和月桂葉，用圓錐形濾杓過濾。搗碎蘑菇使其釋出精華美味。這些蘑菇可以作為湯品的食材或在製作其他基本高湯時，再次運用。

9. 完成蘑菇基本高湯。用冰水迅速冷卻，除去浮出凝固於表面的油脂。冷藏可保存 3 天，不立刻使用的部分可以分成小份，以真空密封冷凍，約可保存 2 個月。

使用蘑菇基本高湯

卡布奇諾風的
秋季蕈菇高湯燉蛋搭配香葉芹

Royale de champignons d'automne "Cappuccino" au cerfeuil

「高湯燉蛋」一般是雞蛋與清湯混合，以隔水加熱或蒸，類似茶碗蒸的固體料理。在此是用美味滿點的蘑菇基本高湯取代清湯，作爲高湯燉蛋的基底，連同秋季蕈菇一同蒸煮而成。秋季蕈菇有雞油蕈（girolles）、白菌菇（pied bleu）、蘑菇，還有松茸。松茸以網烤，其他蕈菇以香煎方式釋出其香氣後，再蒸至凝固。另外混合蘑菇基本高湯與鮮奶油，混合調味後，用手持電動攪拌機打發成卡布奇諾般的奶泡，倒在高湯燉蛋表面，撒放松露、裝飾上香葉芹。連奶泡上都散發出蘑菇基本高湯的香氣，所以在奶泡尚未消失前盡情享用吧。

蔬菜基本高湯

fond de légumes

【野菜のフォン】

可以用於蔬菜的燙煮或湯品的基底，運用廣泛的基本高湯。在此雖然添加了培根和辛香料來製作，但仍是以蔬菜的種類和用量爲添加標準。可以依個人口味來調整添加的蔬菜量。

材料（完成時約 10L）

培根　800g
洋蔥　600g
紅蘿蔔　600g
西洋芹　200g
韭蔥　400g
高麗菜　400g
水　12L
百里香　4 枝
月桂葉　1 片
丁香　12 顆
平葉巴西里莖　4 枝
粗鹽　20g
粒狀白胡椒　6g
紅辣椒　1 根

製作方法

1. 洋蔥、紅蘿蔔、西洋芹、韭蔥、高麗菜各切成 5mm 厚的片狀。培根直接以塊狀使用。

2. 將 **1** 的蔬菜和培根以及其他材料都放入直筒圓鍋中，以大火加熱。煮至沸騰後撈除浮渣，轉成小火。保持煨燉的狀態約燉煮 1 個半小時。期間隨時撈除浮出的浮渣。

3. 以圓錐形濾杓過濾。

用途・保存

可作為燙煮蔬菜時的煮汁，或在煮汁中添加奶油或橄欖油製作成醬汁。此外，也能作為奶油燉蔬菜的基底。冷藏約可保存 2 天，以真空密封冷凍約可保存 2 個月。

調味蔬菜高湯

court-bouillon

【香味野菜のだし】

利用 Mirepoix（調味蔬菜）與香草製成香氣豐富的高湯。也可作爲魚類或甲殼類的燙煮湯汁（nage）的基底。蔬菜或香草，可依當時廚房所有的材料，或個人喜好的材料而加以調整。

材料（完成時約 10L）

調味蔬菜

- 洋蔥　900g
- 紅蘿蔔　900g
- 西洋芹　200g
- 紅蔥　200g
- 大蒜　1/2 顆

白酒　500cc

白酒醋　200cc

水　10L

百里香　3 枝

月桂葉　1 片

丁香　5 顆

平葉巴西里莖　3 枝

粗鹽　90g

粒狀白胡椒　15g

製作方法

1. 洋蔥、紅蘿蔔、西洋芹、紅蔥各切成厚 5mm 的片狀。大蒜橫向切開。

2. 在直筒圓鍋中注入白酒、白酒醋、水，放進調味蔬菜、百里香、月桂葉、丁香、平葉巴西里莖以及粗鹽，用大火加熱。

3. 煮至沸騰後撈除浮渣，改以小火。保持煨燉的狀態並燉煮 20 分鐘。隨時除去浮出的浮渣。

4. 加入粒狀白胡椒，以同樣火力續煮 10 分鐘。

5. 熄火，直接放置於常溫中冷卻。用圓錐形濾杓過濾。

用途・保存

可用於甲殼類燙煮（pocher）時的湯汁，也可作為燙煮魚類（nage）的湯汁基底。冷藏可保存 2 天。雖然也能夠冷凍，但因為是款可短時間內製成的基本高湯，因此希望儘可能地迅速使用完畢。

魚鮮高湯

fumet de poisson

【魚のフュメ（スュエあり）】

魚類經過炒出水份（suer）的步驟，在入口瞬間擴散開的魚鮮高湯。相較於沒有經過此步驟的，風味上更有深度。用於強調魚類香氣時。

材料（完成時約 10L）

白肉魚的魚骨　5kg
洋蔥　200g
紅蘿蔔　200g
西洋芹　100g
韭蔥　200g
蘑菇　200g
紅蔥　100g
水　12L
白酒　1.5L
香料束　1 束
粗粒胡椒（白）　少量
粗鹽　適量
橄欖油　適量
奶油　適量

1. 預備鯛魚、比目魚、鱸魚等白肉魚的魚骨（養殖魚容易釋出腥味應儘量避免使用）。至少沖水 30 分鐘，洗淨血污及骨間髒污。充分瀝乾水分。

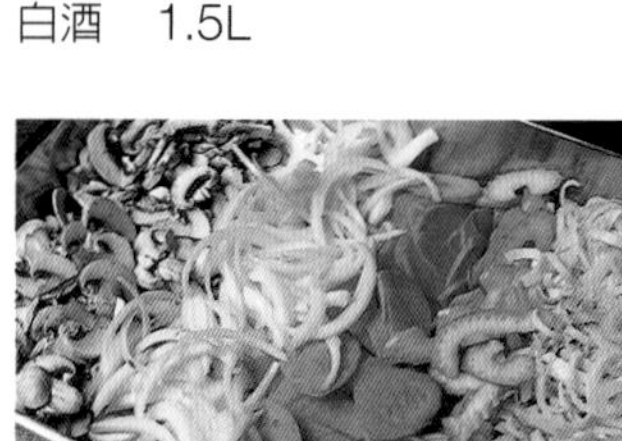

2. 洋蔥、紅蘿蔔、西洋芹、韭蔥、蘑菇、紅蔥都切成 2～3mm 的薄片狀。

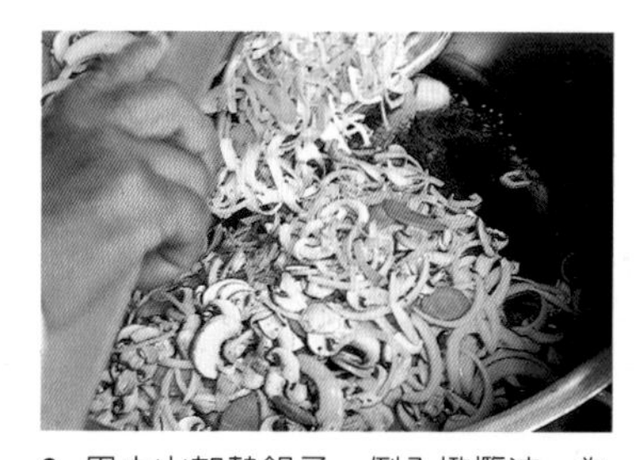

3. 用中火加熱鍋子，倒入橄欖油，為增添香氣地加入少量奶油。放進全部的蔬菜。

4. 使蔬菜能完全沾裹上油質並釋放香氣地拌炒至出水。

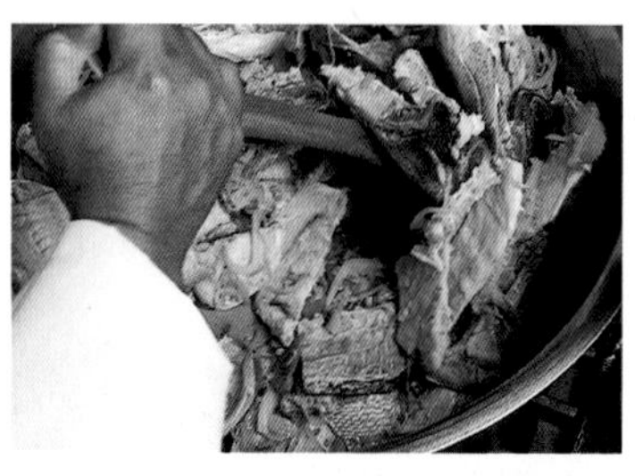

5. 當蔬菜炒軟，洋蔥炒至軟且透明時，放進魚骨。為使魚骨與蔬菜能完全混拌融合地由鍋底朝上地進行混拌。藉由混拌的動作使魚骨受熱，並且具有消除腥味的效果。

6. 大致拌炒後，加入全部的白酒，以大火加熱至沸騰，使酒精揮發。

7. 注入水分以大火煮至沸騰。

8. 仔細地除去浮出於表面的浮渣。轉為小火，放入香料束、粗粒胡椒、粗鹽，保持煨燉的狀態燉煮 20 ～ 25 分鐘。

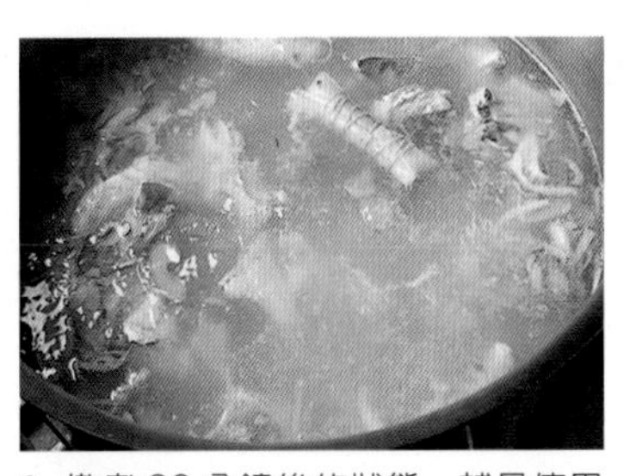

9. 燉煮 20 分鐘後的狀態。越是使用新鮮的魚骨，基本高湯越是清澈。確認味道後熄火。取出香料束。魚類高湯長時間熬煮會造成苦味釋出，絕對禁止過度燉煮。

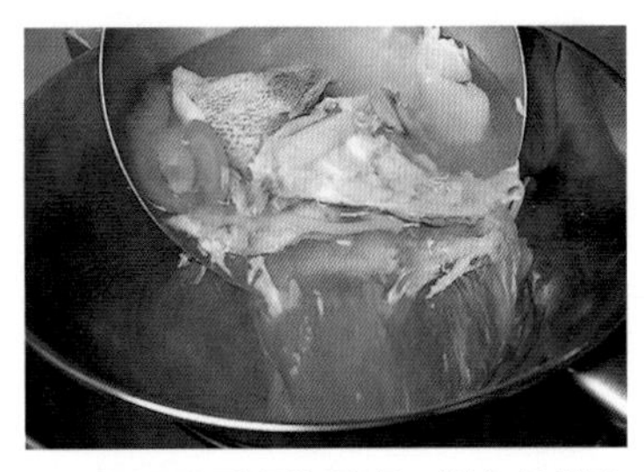

10. 用圓錐形濾杓過濾。製作魚鮮高湯時，若將魚骨壓碎，會釋出魚的腥味、雜味以及產生混濁，所以使液體自然滴落過濾即可。

11. 完成的魚鮮高湯。立刻墊放冰水使其迅速冷卻。儘可能在當天內使用完畢，冷藏可保存 2 天。不立刻使用時，可以分成小份，以真空密封冷凍，約可保存 1 個月。

魚濃縮凍

glace de poisson

【魚のグラス】

魚鮮高湯慢慢地煮成凝固狀態，使風味及香氣濃縮製作而成。凝聚了美味及濃郁的精華，可少量使用於醬汁完成時。

材料（完成時約 1L）

魚鮮高湯（→ 54 頁） 20L

用途・保存

可用於魚類醬汁、魚貝類慕斯、魚漿丸（quenelle）等以增添其濃郁風味。冷藏可保存 5 天。

製作方法

1. 在鍋中放入魚鮮高湯，保持煨燉狀態邊撈除浮渣邊進行熬煮。當液體減少時，請換成較小鍋具繼續熬煮。

2. 煮至剩 1L 左右時，以圓錐形濾杓過濾。放入方型淺盤中冷卻凝固。

魚高湯

fumet de poisson ordinaire

【魚のフュメ（スュエなし）】

fume 的意思是「美味的香氣」。正如其名是為了將魚類香氣提引出來的高湯。因為沒有炒出水份的步驟，因此完成時是白色的清澄高湯。

材料（完成時約 10L）

白肉魚的魚骨　5kg

調味蔬菜

- 洋蔥　200g
- 紅蘿蔔　200g
- 西洋芹　100g
- 韭蔥　200g
- 蘑菇　200g
- 紅蔥　100g

水　12L

香料束　1 束

粗鹽　適量

粗粒胡椒（白）　少量

製作方法

1. 白肉魚骨至少用水沖洗 30 分鐘，洗去帶血及髒污的部分。之後瀝乾水分備用。洋蔥、紅蘿蔔、西洋芹、韭蔥、蘑菇、紅蔥都切成 2 ～ 3mm 的薄片狀。
2. 在直筒圓鍋中放入白肉魚骨、調味蔬菜、水、粗鹽和粗粒胡椒，加熱。
3. 煮至沸騰後，撈除浮渣，轉為小火，放入香料束。保持煨燉狀態地燉煮 20 ～ 25 分鐘。期間隨時撈除浮渣。
4. 用圓錐形濾杓過濾。

用途・保存

用於魚貝類料理的醬汁或湯品的基底。儘可能在當天內使用完畢，冷藏可保存 2 天，以真空密封冷凍，約可保存 1 個月。

蛤蜊高湯

fumet de clam

【貝のフュメ】

除了蛤蜊之外，也使用了海鰻，是已故 Alain Chapel 先生在日本時想到的製作方法。既無損於貝類的風味又能賦予其清澄的美味。可用於魚貝類的醬汁或作爲燉煮的基底。

材料（完成時約 10L）

蛤蜊　4kg
海鰻　3kg
調味蔬菜
- 洋蔥　1kg
- 紅蘿蔔　1kg
- 西洋芹　250g
- 韭蔥　500g

白酒　2.4L
魚鮮高湯（→ 54 頁）　18L
香料束　1 束
橄欖油　適量

1. 蛤蜊用鹽水浸泡一夜使其吐砂。以濾網瀝乾水分，輕敲每一個蛤蜊以聲音確認其鮮度。

2. 用水洗淨海鰻，除去表面黏稠。除去內臟，以流動的水沖洗帶血的髒污。拭乾水分切成 4 ～ 5cm 的圓筒段。

3. 洋蔥、紅蘿蔔、西洋芹、韭蔥都切成 2 ～ 3mm 的薄片狀。

4. 在鍋中倒入橄欖油並放入調味蔬菜，使全體蔬菜均勻沾裹油脂受熱，釋出香氣地進行炒出水份的步驟。

5. 當蔬菜呈透明狀時，放入蛤蜊，混拌全部食材。

6. 注入白酒，以大火加熱至沸騰，使酒精揮發。

7. 當蛤蜊開口後，放進海鰻。平整表面使全部海鰻都能浸泡到湯汁。

8. 注入魚鮮高湯，以大火煮至沸騰。

9. 除去浮出於表面的浮渣。

10. 轉為小火，放入香料束。調整火力使表面呈現噗咕噗咕的微滾狀態（mijoter）。

11. 如照片般燉煮約 15 分鐘後的狀態。浮出浮渣時隨時撈除。

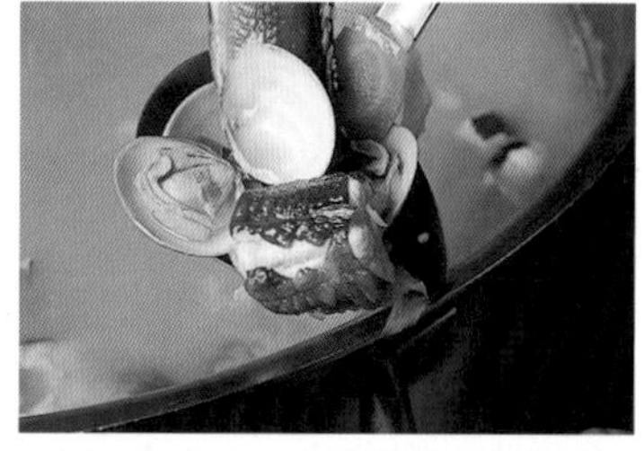

12. 燉煮 25 分鐘後的狀態。開始出現美味的香氣，海鰻皮開始剝落。如果味道足夠即可熄火。因長時間熬煮會造成苦味的釋出，約煮 20 ～ 25 分左右是參考標準。

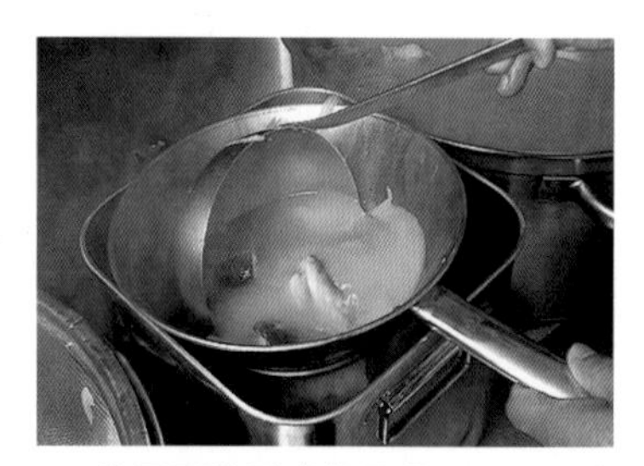

13. 先用圓錐形濾杓過濾。以不壓碎材料地方式使其自然滴落，避免出現混濁及雜味。另外，也可以再次萃取出第二次高湯，將此材料和 5L 的水一起加熱，熬煮 25 ～ 30 分鐘。

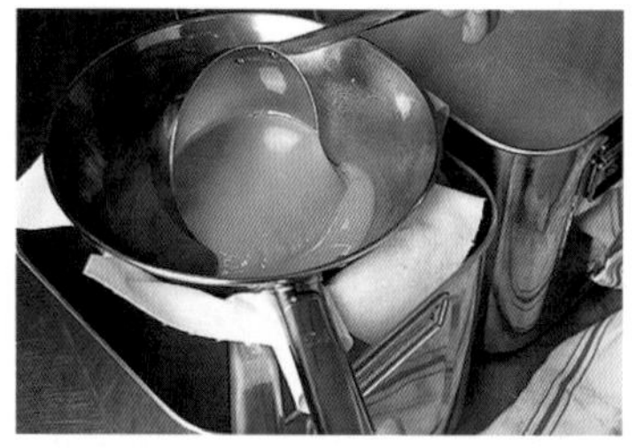

14. 過濾後的液體再次以布巾過濾。布巾過濾是為了仔細地濾出蛤蜊中的細砂。

15. 完成的魚高湯。為避免風味流失地立刻墊放冰水冷卻。儘可能在當天內使用完畢，冷藏可保存 2 天，以真空密封冷凍，約可保存 1 個月。

使用蛤蜊高湯

烤鱸魚佐香草風味的夏季蔬菜湯

Filet de bar grillé au four,
légumes d'été "minestrone" aux fines herbes

利用蛤蜊高湯，靈活運用其海洋香氣及甜味的一道湯品。主要食材選用了香氣強烈的鱸魚，鮮美地與高湯搭配。取下鱸魚的魚皮，以大火封住魚肉的美味（rissoler）。在魚皮的位置塗抹上以開心果、羅勒、鯷魚、橄欖油攪打出的青醬，放入烤箱烘烤，自然散發出香氣。湯品是用培根、青椒、櫛瓜、茄子等夏季蔬菜拌炒後，注入蛤蜊高湯和蔬菜基本高湯（→ 52 頁）稍加熬煮而成。混合了兩種高湯，無論是魚類或蔬菜都很協調。蛤蜊高湯具深度的風味，將夏季蔬菜的特色與其他食材做出如此完美的平衡搭配。

馬賽魚湯用的貝類高湯

fumet de clam pour bouillabaisse

【ブイヤベース用の貝のフュメ】

南法有名料理一馬賽魚湯用的高湯。以蛤蜊和文蛤爲首，大量濃縮了各種魚貝類的美味。較多的西洋芹能和甲殼類的香氣形成絕妙的搭配。

材料（完成時約 10L）

蛤蜊　2kg

文蛤　1kg

海鰻　3kg

螯蝦頭　1kg

調味蔬菜

- 洋蔥　800g
- 紅蘿蔔　800g
- 西洋芹　400g
- 韭蔥　400g
- 大蒜（帶皮）　1 整顆

白酒　750cc

魚鮮高湯（→ 54 頁）　12L

香料束　1 束

橄欖油　適量

製作方法

1. 輕敲每一個蛤蜊和文蛤以聲音確認其鮮度。用鹽水浸泡一夜使其吐砂，用水沖洗。海鰻切成 5 ～ 6cm 的塊狀洗淨血污，螯蝦頭用水沖洗備用。

2. 洋蔥、紅蘿蔔、西洋芹、韭蔥都切成 2 ～ 3mm 的薄片狀。大蒜輕輕壓碎。

3. 在平底鍋中倒入橄欖油，放入螯蝦頭拌炒至略為上色。以濾網瀝乾油脂。

4. 將橄欖油倒入直筒圓鍋中，放入調味蔬菜，稍加拌炒至略微上色。此時加入蛤蜊和文蛤，並注入白酒。

5. 當貝類開口後，放進海鰻和 **3** 的螯蝦頭，加入魚鮮高湯。以大火煮至沸騰，撈除浮渣後，轉為小火。放入香料束，保持煨燉的狀態，燉煮 30 ～ 40 分鐘。隨時撈除浮渣。

6. 用圓錐形濾杓過濾。

用途・保存

作為馬賽魚湯的基底。冷藏可保存 3 天，以真空密封冷凍，約可保存 1 個月。

干貝高湯

fumet de coquille St-Jacques

【ホタテのフュメ】

能感受到干貝特有美味及甘甜的基本高湯。爲能巧妙地運用獨特的風味，所以避免使用香氣過強的紅蘿蔔和西洋芹等，大量使用的是最適合搭配的蘑菇。

材料（完成時約 10L）

干貝裙邊或碎干貝肉（※）　7kg

調味蔬菜

- 洋蔥　500g
- 紅蔥　200g
- 蘑菇　700g

白酒　750cc

水　8L

香料束　1 束

粗鹽　適量

橄欖油　適量

※ 干貝用於其他料理時所切開或剩餘的部分。內臟不使用。

製作方法

1. 洋蔥、紅蔥、蘑菇都切成 2 ～ 3mm 的薄片狀。
2. 在直筒圓鍋中倒入橄欖油，放入調味蔬菜，拌炒至炒出水份。
3. 加入干貝裙邊和碎干貝肉，混拌。注入白酒，以大火煮至酒精揮發。
4. 注入水分，煮至沸騰時，仔細地撈除浮渣。轉為小火，放入香料束、加入粗鹽，保持煨燉的狀態燉約煮 20 分鐘（在熬煮時干貝也會產生水分）。隨時撈除浮渣。
5. 用圓錐形濾杓過濾。

用途・保存

作為貝類湯品或醬汁的基底使用。冷藏可保存 3 天，以真空密封冷凍，約可保存 1 個月。

羔羊原汁

jus d'agneau

【仔羊のジュ】

原汁的製作雖然與基本高湯類似，但製作上更著重於食材本身的風味。在煎烤骨頭或肉類時會撒上鹽，確實煎烤以提引出其中的美味及香氣。濾除多餘的油脂製作出純淨的風味。

材料（完成時約 1L）

羔羊骨　3kg
羔羊的筋肉與脛肉（※）　600g
調味蔬菜
- 洋蔥　300g
- 紅蘿蔔　300g
- 西洋芹　100g
- 紅蔥　5 個
- 蘑菇　200g
- 大蒜（帶皮）　5 瓣

白酒　400cc
水　4L
番茄（完全成熟）　3 個
百里香　3 枝
月桂葉　1 片
粗粒胡椒（黑）　少量
鹽　少量
粗鹽　少量
奶油　適量
花生油　適量

※ 若手邊有羔羊筋肉時，希望務必能加入使原汁風味更為濃郁。

1. 羔羊骨以肉骨菜刀大塊分切，筋肉和脛肉則切成 4 ～ 5cm 的不規則塊狀。

2. 洋蔥、紅蘿蔔、西洋芹、紅蔥各切成 1cm 的骰子狀。蘑菇切成四等分。大蒜輕輕壓碎，番茄切成丁狀。

3. 在鍋中放進花生油加熱，加入大蒜炒出香氣。放入羔羊骨。

4. 輕撒上粗鹽，以大火確實煎烤至表面呈煎烤色澤。此時撒上的鹽是為了提引出羔羊的美味。萃取其他原汁時也可以在最初略撒上鹽。

5. 當碰觸到鍋面的部分都煎烤出色澤，混拌全體。加入筋肉和脛肉，輕撒上粗鹽。改以中火，最初不要翻動肉類地使其確實上色。

6. 待筋肉上色後再由底部翻起地混拌全體。羔羊肉會不斷地釋出油脂。為避免燒焦地邊調整火候邊進行煎烤，油脂的顏色會變成透明狀。

7. 待整體散發香氣且上色後，以濾網撈出瀝乾油脂。再次加熱鍋子。

8. 在 **7** 的鍋中融化奶油，放入調味蔬菜。利用蔬菜的水分溶出鍋底羔羊精華（suc）並一起拌炒。

9. 當蔬菜完全炒出色澤後，放入已除去油脂的羔羊骨和肉。仔細地混拌至全體合而為一。

10. 倒入白酒，使全體均勻地進行翻拌。揮發酒精。

11. 接著加入水分，加至可以完全淹沒骨頭和蔬菜地調整水分用量。以大火加熱使其沸騰。加入番茄。

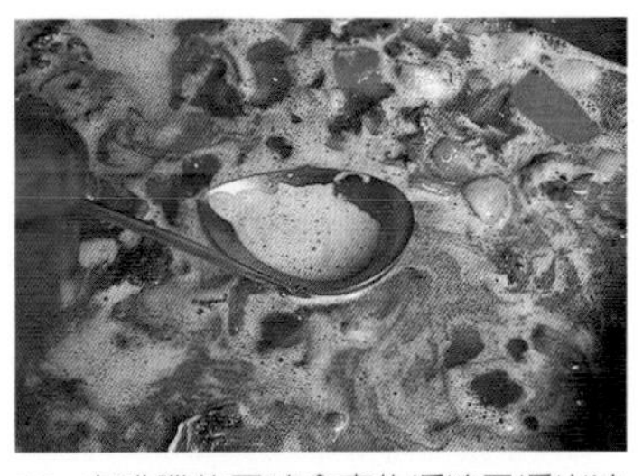

12. 在沸騰的同時會產生浮渣及浮出油脂，此時必須確實地撈除浮渣。若浮渣留在湯汁中會形成原汁中的雜味，所以一定要仔細且徹底地撈除浮渣。

13. 轉成小火，加入百里香、月桂葉、粗粒胡椒。持續煨燉狀態靜靜地約煮 1 個半小時。此時不再添加水分。並且隨時除去浮出的浮渣。

14. 確認味道，若湯汁中已充分釋出風味，疊放兩個網目大小不同的圓錐形濾杓過濾湯汁。搗碎骨頭和蔬菜以釋放出其中的美味。

15. 過濾出來的液體移至鍋中再次加熱。仔細地撈出浮起的油脂和浮渣。此時若偷懶則會導致原汁混濁且具雜味，是非常重要的步驟。加熱時間約 5 分鐘即可。

16. 除去油脂後再次以圓錐形濾杓過濾。

17. 完成的原汁。較基本高湯更為紮實的風味，入口即能感覺到羔羊香氣擴散於口中。主要用於羔羊料理的醬汁基底。

18. 墊以冰水急速冷卻原汁。冷藏可以保存 3 天，以真空密封冷凍，則能保存 1 個月左右。

使用羔羊原汁

香煎裹以松露、蘑菇的羔羊肉佐百里香風味原汁

Côtelette d'agneau poêlée aux truffes et aux champignons, servie avec son jus au thym

僅需熬煮就能製作出醬汁般，美味度極高的原汁。為能發揮風味的優點，所以不添加其他食材，質樸地製作出的醬汁，就是最佳狀態。在略微熬煮的羔羊原汁中，放入適合搭配羔羊料理的百里香，再覆上鍋蓋，熄火，就能使香氣浸入（infuser）其中。以圓錐形濾杓過濾，再加入少許奶油完成醬汁。裹在羔羊背肉外的是蘑菇和松露碎末。用奶油香煎（poêlé）提引出香氣，用淡淡飄散著百里香的醬汁搭配享用。配菜是填有朝鮮薊和普羅旺斯燉菜的番茄、白酒起司燉洋蔥和馬鈴薯。是充滿南法風味的一道佳餚。

小牛原汁
jus de veau

【仔牛のジュ】

擁有小牛肉特有柔和香氣及甜味的原汁。因食材本身並無強烈特色，因此除了酒類之外，用醋溶出鍋底精華再加熱，更能提引出其中的甜味。

材料（完成時約 1L）

小牛筋肉　2kg

調味蔬菜

- 洋蔥　150g
- 紅蘿蔔　150g
- 紅蔥　150g
- 西洋芹　100g
- 韭蔥　100g
- 大蒜（帶皮）　2 瓣

白酒醋　100cc

白酒　200cc

小牛基本高湯（→ 24 頁）　2L

番茄　2 個

香料束　1 束

粗鹽　少量

奶油　適量

製作方法

1. 小牛筋肉切成 4 ～ 5cm 的塊狀。洋蔥、紅蘿蔔、紅蔥、西洋芹各別切成 1cm 的骰子狀，韭蔥切成 2cm 寬。大蒜輕輕壓碎。番茄汆燙去皮，對半切開後去籽。

2. 在平底鍋中倒入奶油，放入小牛筋肉煎烤至上色。煎烤至產生香氣後，以濾網除出油脂，移至其他鍋中。

3. 在 **2** 的平底鍋中再加入奶油，放入調味蔬菜拌炒。炒至整體上色且溶出鍋底精華後，再將筋肉放回鍋中。

4. 將白酒醋加入鍋中。注入白酒，以大火加熱至酒精揮發。待煮至沸騰後轉為小火，熬煮至水分收乾。

5. 加入小牛基本高湯，加熱至沸騰後，撈除浮渣。轉為小火，放入粗鹽、番茄、香料束，保持煨燉狀態燉煮約 1 個半小時～ 2 小時。期間不斷地撈除浮渣。

6. 疊放兩個網目大小不同的圓錐形濾杓，邊搗碎筋肉邊過濾湯汁。過濾出來的原汁移至鍋中再次加熱。仔細地撈出浮起的油脂和浮渣。再次以圓錐形濾杓過濾。

用途・保存

用於小牛料理的醬汁基底。冷藏可以保存 3 天，以真空密封冷凍，則能保存 1 個月。

牛肉原汁

jus de bœuf

【牛のジュ】

具有成熟牛肉所特有的香氣及美味，同時富含膠質的原汁。僅用小牛基本高湯來製作時，味道會過於濃重，因此搭配雞基本高湯熬煮，更能平衡其美味。

材料（完成時約 1L）

牛筋肉　5kg

調味蔬菜

- 洋蔥　300g
- 紅蘿蔔　300g
- 西洋芹　150g
- 蘑菇　250g
- 大蒜（帶皮）　1/2 顆

紅酒　750cc

小牛基本高湯（→ 24 頁）　2L

雞基本高湯（→ 28 頁）　2L

番茄　5 個

香料束　1 束

粗鹽　少量

粗粒黑胡椒　少量

沙拉油　適量

製作方法

1. 牛筋肉切成 4 ～ 5cm 的塊狀。洋蔥、紅蘿蔔、西洋芹各別切成 1.5cm 的骰子狀，蘑菇切成四等分。大蒜輕輕壓碎。番茄汆燙去皮，對半切開後去籽。

2. 在大鍋中倒入沙拉油，放入牛筋肉煎至上色。撒上少量粗鹽，拌炒至產生香氣上色。以濾網瀝除油脂。

3. 在 **2** 的鍋中再加入沙拉油，放入調味蔬菜拌炒。炒至整體上色後，再將牛筋肉放回鍋中，混拌全體。將紅酒加入鍋中，溶出鍋底精華，並以大火加熱至酒精揮發。待轉為小火，熬煮至水分收乾。

4. 加入小牛基本高湯和雞基本高湯，加熱至沸騰後，撈除浮渣。加入番茄、香料束、粗粒黑胡椒，轉為小火，保持煨燉狀態燉煮約 1 個半小時。隨時撈除浮渣。

5. 疊放兩個網目大小不同的圓錐形濾杓，邊搗碎材料邊過濾湯汁。過濾出來的原汁移至鍋中再次加熱。仔細地撈出浮起的油脂和浮渣。再次以圓錐形濾杓過濾。

用途・保存

可作為各種肉類料理的醬汁基底。冷藏可以保存 3 天，以真空密封冷凍，則能保存 1 個月。

雞原汁

jus de volaille

【鶏のジュ】

以雞頸爲基本材料製作而成，風味柔和的原汁。沒有特殊氣味，能廣泛適用於各種禽鳥類料理是最大的魅力所在。頭頸部與調味蔬菜各別加熱也可以。

材料（完成時約 1L）

雞頸　5kg

調味蔬菜

- 洋蔥　300g
- 紅蘿蔔　300g
- 西洋芹　100g

紅酒　1.2L

雞基本高湯（→ 28 頁）　5L

百里香　2 枝

月桂葉　1 片

粗鹽　少量

粗粒胡椒（白）　少量

奶油　適量

製作方法

1. 雞頸切成 5cm 的塊狀。洋蔥、紅蘿蔔、西洋芹各別切成 1cm 的骰子狀。

2. 在大鍋中倒入奶油，放入雞頸，撒上粗鹽仔細拌炒。中間加入調味蔬菜一起拌炒至上色為止。

3. 拌炒散發香氣並上色後，以濾網過濾除去油脂，再放回鍋中。加入紅酒，溶出鍋底精華，以大火加熱至酒精揮發。

4. 加入雞基本高湯，加熱至沸騰撈除浮渣。轉為小火，放入百里香、月桂葉、粗粒胡椒。保持煨燉狀態燉煮約 1 個半小時～ 2 小時。隨時撈除浮渣。

5. 疊放兩個網目大小不同的圓錐形濾杓，邊搗碎材料邊過濾湯汁。過濾出來的原汁移至鍋中再次加熱。仔細地撈出浮起的油脂和浮渣。再次以圓錐形濾杓過濾。

用途・保存

可作為包括野味的全部禽鳥類料理的醬汁基底。另外，也可用於雞料理的沙拉醬汁中以增添風味。冷藏可以保存 3 天，以真空密封冷凍，則能保存 1 個月。

珠雞原汁

jus de pintade

【ホロホロ鳥のジュ】

清淡沒有特殊風味的珠雞原汁，具有溫和的甜味。以干邑白蘭地或馬德拉酒溶出鍋底精華，完成時再添加肉濃縮凍更能增加其濃郁風味。

材料（完成時約 1L）

珠雞骨架　3kg

調味蔬菜

- 洋蔥　200g
- 紅蘿蔔　200g
- 西洋芹　100g
- 大蒜（帶皮）　2 瓣

干邑白蘭地　30cc

馬德拉酒　30cc

紅酒　500cc

雞基本高湯（→ 28 頁）　4L

肉濃縮凍（→ 29 頁）　15g

香料束　1 束

粗鹽　少量

奶油　適量

製作方法

1. 珠雞骨架切成 5 ～ 6cm 的塊狀。洋蔥、紅蘿蔔、西洋芹各別切成 1cm 的骰子狀。大蒜輕輕壓碎。

2. 在大鍋中放入奶油，放進珠雞骨架並撒上粗鹽，煎烤至表面呈現香氣和烤色。以濾網瀝除油脂。

3. 在 **2** 的鍋中再加入奶油，放入調味蔬菜，確實拌炒至整體上色。以濾網瀝除油脂。

4. 將珠雞骨架和調味蔬菜放回鍋中，加入干邑白蘭地和馬德拉酒以溶出鍋底精華。倒入紅酒並以大火加熱至酒精揮發。

5. 加入雞基本高湯，加熱至沸騰後，撈除浮渣。轉為小火，加入香料束和粗鹽，保持煨燉狀態燉煮約 2 小時。隨時撈除浮渣。完成時添加肉濃縮凍。

6. 疊放兩個網目大小不同的圓錐形濾杓，邊搗碎材料邊過濾湯汁。過濾出來的原汁移至鍋中再次加熱。仔細地撈出浮起的油脂和浮渣。再次以圓錐形濾杓過濾。

用途・保存

可作為珠雞醬汁的基底，或用於珠雞料理的沙拉醬汁中以增添風味。冷藏可以保存 3 天，以真空密封冷凍，則能保存 1 個月。

鴨原汁

jus de canard

【鴨のジュ】

充滿著鴨的豐富香氣及紮實美味的原汁。鴨可用於烘烤、油封、凍派等廣泛的料理方法之中，當然鴨原汁也可應用於各種料理，以增加美味及濃郁風味。

材料（完成時約 1L）

鴨骨架　3.5kg

調味蔬菜

- 洋蔥　200g
- 紅蘿蔔　200g
- 西洋芹　70g
- 蘑菇　150g

紅酒　1.5L

雞基本高湯（→ 28 頁）　3.5L

香料束　1 束

粗鹽　少量

粗粒胡椒（黑）　少量

奶油　適量

製作方法

1. 鴨骨架切成 5 ～ 6cm 的塊狀。洋蔥、紅蘿蔔、西洋芹各別切成 1cm 的骰子狀，蘑菇切成四等分。

2. 在大鍋中倒入奶油，放入鴨骨架。撒上少量粗鹽，用大火拌炒。中間加入調味蔬菜一起拌炒至全部上色為止。

3. 拌炒至散發香氣並呈煎烤色澤後，以濾網瀝除油脂。將鴨骨架和調味蔬菜放回鍋中，加入紅酒以溶出鍋底精華。以大火加熱至酒精揮發。

4. 加入雞基本高湯，加熱至沸騰後，撈除浮渣。轉為小火，加入香料束、粗鹽和粗粒胡椒。保持煨燉狀態燉煮約 1 個半小時～ 2 小時。隨時撈除浮渣。

5. 疊放兩個網目大小不同的圓錐形濾杓，邊搗碎材料邊過濾湯汁。過濾出來的原汁移至鍋中再次加熱。仔細地撈出浮起的油脂和浮渣。再次以圓錐形濾杓過濾。

用途・保存

可作為鴨料理的醬汁基底，或用於鴨料理的沙拉醬汁、凍派（terrine）、肉餡（farce）或魚漿丸（quenelle）中以增添風味。冷藏可以保存 3 天，以真空密封冷凍，則能保存 1 個月。

鴿原汁

jus de pigeon

【ハトのジュ】

雖然沒有過度張揚的香味，但卻有著紮實美味的鴿原汁。因含有較多的膠質，餘韻猶存。也可以用鴿基本高湯取代雞基本高湯。

材料（完成時約 1L）

鴿骨架　3kg

調味蔬菜

- 洋蔥　200g
- 紅蘿蔔　200g
- 西洋芹　60g
- 大蒜（帶皮）　2 瓣

干邑白蘭地　40cc

馬德拉酒　40cc

紅酒　600cc

雞基本高湯（→ 28 頁）　3L

百里香　1 枝

月桂葉　1 片

粗鹽　適量

奶油　適量

沙拉油　適量

製作方法

1. 鴿骨架切成 3 ～ 4cm 的塊狀。洋蔥、紅蘿蔔、西洋芹各別切成 1cm 的骰子狀。大蒜輕輕壓碎。

2. 在鍋中放入奶油和沙拉油，放進鴿骨架，煎烤至上色。放入調味蔬菜，確實拌炒至整體散發香氣並上色。以濾網瀝除油脂，再放回鍋中。

3. 加入干邑白蘭地和馬德拉酒以溶出鍋底精華。以大火加熱，倒入紅酒煮至酒精揮發。

4. 加入雞基本高湯，加熱至沸騰。撈除浮渣後，轉為小火，加入百里香、月桂葉和粗鹽，保持煨燉狀態燉煮約 1 個半小時～ 2 小時。隨時撈除浮渣。

5. 疊放兩個網目大小不同的圓錐形濾杓，邊搗碎材料邊過濾湯汁。過濾出來的原汁移至鍋中再次加熱。仔細地撈出浮起的油脂和浮渣。再次以圓錐形濾杓過濾。

用途・保存

可作為鴿料理的醬汁基底或用於鴿料理的沙拉醬汁。此外也能添加在凍派（terrine）、肉餡（farce）中。冷藏可以保存 2 ～ 3 天，以真空密封冷凍，則能保存 1 個月。

使用鴿原汁

煎培根捲鴿胸與油封鴿腿佐葛瑞爾起司雙豆燉飯

Rôti de poitrine de pigeon enrobée de lard fumé et ses cuisses confites, risotto aux deux baricots recouvert dún chapeau de Gruyère

一道展現鴿胸和鴿腿肉美味多汁的料理。脂肪較少的鴿肉去皮後，混拌蛋白塗抹在與鮮奶油混合的胸肉慕斯上。以培根包捲起來補足油脂，緩緩地煎烤至表面酥脆，中間潤澤時即完成。腿肉部分使用油封，再煎烤至表面呈焦脆。在此搭配 2 種醬汁。一種是鴿原汁爲基底與波爾多醬（→ 168 頁）一起混合熬煮，再添加融化奶油的醬汁，如此可以品嚐到凝聚其中的美味。另一種則是添加了鮮奶油的蘑菇基本高湯（→ 50 頁），利用手持電動攪拌機攪拌至發泡後搭配食用。佐以添加了黑白雙豆的燉飯。葛瑞爾起司中添加了麵粉、橄欖油和水，烘烤成帽子（chapeau）形狀，覆蓋在燉飯上。

鵪鶉原汁

jus de caille

【ウズラのジュ】

在鵪鶉中添加雞的頭頸部分，完成清爽俐落讓人喜愛的美味，口感溫和且具紮實的濃郁滋味。溶出鍋底精華時使用干邑白蘭地，與鵪鶉更搭配。

材料（完成時約 1L）

鵪鶉　3kg
雞頸　1kg
調味蔬菜
- 洋蔥　200g
- 紅蘿蔔　200g
- 西洋芹　60g
- 蘑菇　140g

干邑白蘭地　60cc
紅酒　1L
雞基本高湯（→ 28 頁）　4.5L
香料束　1 束
粗鹽　少量
粗粒胡椒（白）　適量
奶油　適量
沙拉油　適量

製作方法

1. 處理分切鵪鶉，除去頭部及內臟，帶骨的身體部分切成 3 ～ 4cm 的塊狀。雞頸也同樣地切塊。洋蔥、紅蘿蔔、西洋芹各別切成 8mm 的骰子狀，蘑菇切成四等分。

2. 在大鍋中放入奶油和沙拉油，接著放入鵪鶉和雞頸，撒上少量粗鹽，拌炒至散發香氣並上色後，以濾網瀝起，除去油脂。

3. 在 **2** 的鍋中加入奶油，放入調味蔬菜炒至上色。放回鵪鶉和雞頸，使全體均勻混拌。

4. 加入干邑白蘭地以大火溶出鍋底精華。加入紅酒，加熱至酒精揮發。

5. 倒入雞基本高湯，加熱至沸騰後，撈除浮渣。轉為小火，加入香料束、粗鹽和粗粒胡椒。保持煨燉狀態燉煮約 1 個半小時～ 2 小時。隨時撈除浮渣。

6. 疊放兩個網目大小不同的圓錐形濾杓，邊搗碎材料邊過濾湯汁。過濾出來的原汁移至鍋中再次加熱。仔細地撈出浮起的油脂和浮渣。再次以圓錐形濾杓過濾。

用途・保存

運用在添加葡萄的鵪鶉醬汁（→ 202 頁）等，鵪鶉料理的所有醬汁基底。冷藏可以保存 3 天，以真空密封冷凍，則能保存 1 個月。

兔原汁

jus de lapin

【ウサギのジュ】

簡潔但又有著紮實美味的原汁。要作成何種原汁可依白酒和紅酒來區隔製作。在此是用白酒醋溶出鍋底精華，完成風味纖細的成品。

材料（完成時約 1L）

兔骨架　2.5kg

調味蔬菜

- 洋蔥　150g
- 紅蘿蔔　150g
- 西洋芹　80g
- 蘑菇　100g
- 大蒜（帶皮）　2 瓣

白酒醋　40cc

白酒或紅酒（※）　500cc

雞基本高湯（→ 28 頁）　2.5L

香料束　1 束

粗鹽　少量

粗粒胡椒（白）　少量

奶油　適量

※ 想要完成的兔原汁是清爽醬汁（用於烤兔、沙拉等醬汁）時，可以用白酒；用於燉煮料理時可以用紅酒。

製作方法

1. 兔骨架切成 5 ～ 6cm 的塊狀。洋蔥、紅蘿蔔、西洋芹各別切成 1cm 的骰子狀，蘑菇切成四等分。大蒜輕輕壓碎。

2. 在大鍋中加入奶油，放進兔骨架。撒上少量粗鹽，煎烤至產生香氣並上色。以濾網瀝除油脂。

3. 在 **2** 的鍋中再加入奶油，放入調味蔬菜拌炒至整體上色。再將兔骨架放回鍋中，加入白酒醋溶出鍋底精華。添加白酒（或紅酒）並以大火加熱至酒精揮發。

4. 加入雞基本高湯，加熱至沸騰後，撈除浮渣。轉為小火，加入香料束、粗鹽、粗粒胡椒，保持煨燉狀態燉煮約 2 小時。隨時撈除浮渣。

5. 疊放兩個網目大小不同的圓錐形濾杓，邊搗碎材料邊過濾湯汁。過濾出來的原汁移至鍋中再次加熱。仔細地撈出浮起的油脂和浮渣。再次以圓錐形濾杓過濾。

用途・保存

可作為兔肉料理的醬汁基底，或是增添使用兔肉沙拉醬汁的風味。冷藏可以保存 3 天，以真空密封冷凍，則能保存 1 個月。

野鴿原汁

jus de pigeon ramier

【森バトのジュ】

以野鴿所製作簡潔且美味的原汁。不使用粗粒胡椒等辛香料，僅簡單地引提出食材本身的風味。使用較多的紅蔥，更能增添濃縮的清甜及香氣。

材料（完成時約 1L）

野鴿骨架（pigeon ramier）　3kg

調味蔬菜

- 洋蔥　250g
- 紅蘿蔔　200g
- 西洋芹　60g
- 紅蔥　200g
- 大蒜（帶皮）　2 瓣

白酒　600cc

鴿基本高湯（→ 33 頁 ※）　2L

香料束　1 束

粗鹽　適量

奶油　適量

花生油　適量

※ 也可用雞基本高湯代替。

製作方法

1. 野鴿骨架切成 3cm 的塊狀。洋蔥、紅蘿蔔、西洋芹、紅蔥各別切成 1cm 的骰子狀，大蒜輕輕壓碎。

2. 在大鍋中加入奶油和花生油，放進野鴿骨架，煎烤至上色。期間，放入調味蔬菜拌炒至整體散發香氣並上色。油脂不足時，則以奶油補充。

3. 以濾網瀝除油脂後，再放回鍋中。加熱，倒入白酒溶出鍋底精華。加熱至酒精揮發。加入鴿基本高湯，加熱至沸騰。

4. 撈除浮渣，轉為小火，加入香料束、粗鹽。保持煨燉狀態燉煮約 1 個半小時。隨時撈除浮渣。

5. 疊放兩個網目大小不同的圓錐形濾杓，邊搗碎材料邊過濾湯汁。過濾出來的原汁移至鍋中再次加熱。仔細地撈出浮起的油脂和浮渣。再次以圓錐形濾杓過濾。

用途・保存

可添加在野鴿料理或沙拉的醬汁中，也能增添肉派（pâté）或凍派（terrine）的濃郁口感及風味。冷藏可以保存 3 天，以真空密封冷凍，則能保存 1 個月。

使用野鴿原汁

高湯燉野鴿佐柚香燴櫻島蘿蔔

Pigeon ramier légèrement fumé ,
petit ragoût de navet de Sakurajima perfumé au "Yuzu"

是款季節限定的野鴿料理。處理野鴿時，由背部切開，以鹽、胡椒和四種綜合辛香料（quatre épices）（胡椒、肉桂、肉豆蔻、丁香）浸漬半天後以櫻木煙燻。帶皮表面用花生油煎烤，充分靜置後完成美味多汁的成品。野鴿取其肝臟與鵝肝一起用圓形網篩過濾，並以鹽、胡椒、干邑白蘭地增添風味，將製作出的綜合肝醬塗抹於吐司上並略爲烘烤，作爲野鴿料理的配菜。除此之外，還有與野鴿十分相適，風味較濃郁的蔬菜。糖漬整株日野菜蕪菁、切薄片的櫻島蘿蔔，香煎菠菜培根。醬汁則是以野鴿原汁爲基底，完成的簡單美味。搭配大量蔬菜食用野鴿，因此將原汁熬煮至 1/3 量再搭配醋醬汁，就能完成清爽美味的佳餚。

龍蝦原汁

jus de homard

【オマールのジュ】

帶著充分拌炒過的龍蝦香氣與甲殼類特有的甜味原汁。拌炒龍蝦時使用了龍蝦油，更能增加香氣。是款能廣泛運用在各式甲殼類料理的原汁。

材料（完成時約 1L）

龍蝦　3kg

調味蔬菜

- 洋蔥　100g
- 紅蘿蔔　100g
- 紅蔥　100g
- 茴香球莖（fenouil）　50g
- 西洋芹　40g
- 蘑菇　50g
- 大蒜（帶皮）　2 瓣

番茄　6 個

番茄糊　12g

干邑白蘭地　60cc

白酒　400cc

魚鮮高湯（→ 54 頁）　2.5L

龍蒿（estragon）　2 枝

百里香　2 枝

粗鹽　少量

龍蝦油（→ 261 頁）　適量

製作方法

1. 龍蝦除去沙囊，帶殼地分切成 4cm 的圓筒狀。洋蔥、紅蘿蔔、紅蔥、茴香球莖、西洋芹各別切成 8mm 的骰子狀，蘑菇切成四等分。大蒜輕輕壓碎。番茄汆燙去皮，對半切開後去籽。

2. 在大鍋中倒入龍蝦油，放入龍蝦塊以大火煎烤表面。放入調味蔬菜，繼續拌炒。

3. 待拌炒至充分上色後，加入番茄和番茄糊，混拌。用干邑白蘭地點火燄燒（flambé），再倒入白酒溶出鍋底精華。

4. 加進魚鮮高湯，放入粗鹽。待沸騰後，撈除浮渣，轉為小火，加入龍蒿、百里香。保持煨燉狀態燉煮約 30 分鐘。隨時撈除浮渣。

5. 疊放兩個圓錐形濾杓，邊搗碎材料邊過濾湯汁。過濾出來的原汁移至鍋中再次加熱。仔細地撈出浮起的油脂和浮渣。再次以圓錐形濾杓過濾。

用途・保存

可作為甲殼類醬汁或使用甲殼類的沙拉醬汁基底。冷藏可以保存 3 天，以真空密封冷凍，則能保存 1 個月。

蘑菇原汁

jus de champignons

【シャンピニョンのジュ】

大量蘑菇慢燉而成的原汁。具有豐富香氣和美味成分，除了醬汁基底之外，也能作爲萃取精華地用於增添香氣及美味。

材料（完成時約 1L）

蘑菇　3kg

雞基本高湯（→ 28 頁）　200cc

水　500cc

粗鹽　少量

奶油　適量

製作方法

1. 蘑菇切成厚 2 ～ 3mm 的薄片。

2. 在有鍋蓋的鍋中加進蘑菇和奶油，使其均匀沾裹上奶油。覆上鍋蓋，放置在鐵板煎爐最低溫的位置。若是使用瓦斯爐則以文火邊混拌邊加熱。

3. 約加熱 10 分鐘後，釋出水分，加進雞基本高湯、水和粗鹽，混拌。

4. 接著慢慢加熱煮 1 小時～ 1 個半小時。幾乎不會出現浮渣。

5. 疊放兩個圓錐形濾杓，邊搗碎材料邊過濾湯汁。

用途・保存

可用於肉類或魚類料理的醬汁基底。特別適合使用鮮奶油的醬汁。另外可少量添加在醬汁或湯品中增進鮮甜美味。冷藏可以保存 3 天，以真空密封冷凍，則能保存 1 個月。

Tout sur les sauces de la cuisine française

SAUCES

醬汁

如同料理人奉爲圭臬的聖經，埃斯科菲（Escoffier）所著的「烹飪指南 LE GUIDE CULINAIRE」，其中第一章就是醬汁，由此可知醬汁之於法式料理，曾經是最重要的「主角」。但隨著時代的更迭，雖然逐漸成爲「提引烘托主要食材」，但至今，它存在的重要性仍無庸置疑。本書當中列舉出冷前菜、溫前菜、魚類料理、肉類料理、糕點等，各種類料理醬汁共有 185 道。也特別收錄以多明格拉斯醬汁（sauce demi-glace 又稱半釉醬汁）和貝夏美醬（sauce béchamel）爲首的經典款醬汁等，有志於法式料理者不可不知的品項。

醬汁的基礎知識

Connaissances basiques des sauces

■所謂的醬汁—

隨著時代的更迭從「主角」變成「烘托主要食材」

醬汁（sauce），明確來說是搭配料理的液體。從使用基本高湯或原汁爲基底，以至於油醋醬汁（沙拉淋醬 dressing）、美乃滋等，其所涵蓋的範圍非常廣大。在法式料理中，從前菜、魚類料理、肉類料理以至甜點，幾乎所有的盛盤上都會飾以醬汁。爲什麼會受到如此程度的重視呢。

爲了理解此原由，略略追遡歷史，得知當時法式料理是貴族或特權階級等近代中產階級（bourgeois）的料理。對於夜以繼日舉辦宴會的這些人而言，料理是誇耀炫富的道具，也因此背景，法式料理有了飛躍式的發展。當時的醬汁應該是相當濃郁的，其作用除了更美味地品嚐料理之外，在交通物流不甚發達的當時，也是爲了掩飾食材的品質。醬汁在法式料理中能占有一席之地，是在 19 世紀後半，首次將醬汁分類的是馬利安東尼•卡瑞蒙（Marie Antoine Carême），並由奧古斯特 · 埃斯科菲（Georges-Auguste Escoffier）集大成。埃斯科菲著有料理人奉爲聖經的『烹飪指南 LE GUIDE CULINAIRE』，在第一章就提出了醬汁的重要性。因此契機，使得醬汁廣泛地融入一般餐廳中，之後仍延續著埃斯科菲的思想，持續著醬汁的時代。這個部分在日本也相同，當我進入料理業界之時，日本的法式料理餐廳，提到醬汁指的就是多明格拉斯醬汁和貝夏美醬。該如何製作呈現出最美味的醬汁，非常受到重視，更極端地幾乎可以說是「法式料理＝醬汁」的感覺。但到了 1970 ～ 80 年代，迎向稱爲新潮烹調（nouvelle cuisine）的時代，狀況隨之一變。「運用食材排除濃重風味」的風潮下，醬汁也由過去的「主角」變成是「提引烘托食材而存在」。無論再怎麼美味，只要損及食材風味的醬汁都被敬而遠之。接著還有其他的各種趨勢，但都不影響「重視食材」及「輕盈簡潔」的主軸。這應該也是今後持續的趨勢吧。

本書當中，就是依循此趨勢，匯集了作爲料理人所不能不知的基礎醬汁。在料理、食材及資訊進入全球化的現在，醬汁快速地呈現多樣化的風貌，但這些都是建立在確實完成醬汁的基礎上。首先，牢記醬汁製作的基本，就是最重要的關鍵。

■ 關於醬汁的分類

在分類醬汁時，曾經以醬汁顏色區分成「白色醬汁」和「褐色醬汁」，或是依其溫度分成「冷製醬汁」和「溫製醬汁」。但隨著時代的不同，過去最具代表性的絲絨濃醬（velouté）、多明格拉斯醬汁（sauce demi-glace）和貝夏美醬（sauce béchamel）等醬汁不再被使用，並且在餐廳的醬汁陣容大幅改變的現在，若再以過去的方式進行分類無法盡述。因此本書當中希望大家能著眼於醬汁的基底，並將其整理如下。還有，雖然最近已經不太常製作了，但作爲料理人必須要知道的「經典醬汁」，還有，沒有特殊基底，或無法與其他醬汁一同論述的「其他醬汁」、糕點用的「甜點醬汁」等都一併列於本書中。

【油醋系列醬汁】

基本上是以醋 1 對油 3 的比例混合製成油醋醬。使用水果風味醋或巴薩米可醋，油脂可以調整改用橄欖油或核桃油。冷製油醋醬主要用於沙拉或義式生醃冷盤（carpaccio）。另一方面，利用基本高湯或原汁與醋一起熬煮製成的溫製油醋醬，多是搭配魚貝類、雞肉或是用在讓鵝肝等風味轉爲清爽。在追求健康自然飲食的時代，這個系列的醬汁呈現多種風貌變化並重要的存在。

【蛋黃基底醬汁】

冷製醬汁有美乃滋（sauce mayonnaise），溫製醬汁則有荷蘭醬（sauce Hollandaise）或貝亞恩斯醬（sauce béarnaise）是最具代表性的醬汁。無論哪一種都是利用蛋黃中的乳化作用，藉由與蛋黃的攪拌使油脂和水分（醋等）乳化形成口感柔和的乳霜狀成品。濃郁的蛋黃系列醬汁非常適合搭配酸味，像是美乃滋中添加酸豆或酸黃瓜（cornichon）的塔塔醬等，就是最具代表性的例子。溫製醬汁中濃縮（reduction）紅蔥作爲基底時，也會有鮮明的滋味。

【高湯凍與膠凍】

兩種都是冷製，口感滑順是最大特色。高湯凍（gelée）是利用製作成清湯的要領，將基本高湯、蔬菜和蛋白一起加熱，清澄（clarifier）湯汁製作成明膠狀的固體。給人涼爽印象的透明感是其特徵，主要用於冷前菜（Hors-d'œuvre）。另一方面，膠凍（chaud-froid）是加熱（chaud）製作基底再冷卻（froid）後使用，也屬於經典醬汁。可以在肉類表面形成包覆，使口感更加滑順美味。膠凍的滑順口感及光澤，是來自於高湯凍和絲絨濃醬（velouté）。

【奶油醬汁與複合奶油】

以白酒奶油醬（sauce beurre blanc）爲代表，是具有奶油濃郁和豐饒風味特徵的溫熱醬汁。以紅蔥和酒精（或是醋）一起熬煮的基底，再少量逐次加入奶油提香（monter），是最基本的步驟。仔細地進行奶油提香步驟，使奶油充分乳化以完成滑順醬汁，就是製作的重點。特別適合搭配風味清淡的白肉魚。另一方面，複合奶油（beurre compose）是將軟化的奶油中混入香草或辛香料，混合而成的複合式奶油。可直接添加於料理中，或作爲提香奶油以增添醬汁風味與濃郁口感。

【酒精基底醬汁】

以大量紅酒熬煮製作而成的波爾多醬（sauce Bordelaise）爲例，揮發掉酒精成分的酒類與調味蔬菜、基本高湯或高湯一起製成的醬汁。特徵是濃縮了多層次風味，但使用紅酒、白酒、香檳、苦艾酒（Noilly Prat Vermouth）或馬德拉酒（Madeira wine）等，依使用酒類不同也會製作出風味截然不同的醬汁。重點在於調味蔬菜的種類與用量必須搭配適合的酒類，熬煮醬汁的狀態也會隨之而異。也可以添加搾出的柑橘類果汁或香草添加風味。大多用於主菜料理。

【基本高湯與原汁的醬汁（魚貝類）】

利用魚貝類或甲殼類的基本高湯或高湯爲基底，製作而成的醬汁。簡單地在熬煮基本高湯時添加奶油或鮮奶油即可完成的醬汁。與炒出水份烹調的魚骨或蝦類甲殼、以及調味蔬菜一起熬煮，增加香氣和甜味，再以葡萄酒或辛香料調整風味，就能豐富變化地廣泛運用在魚貝類、甲殼類等主菜料理。

【基本高湯與原汁的醬汁（肉類）】

小牛、鴨以及各種野味等，利用各種食材取得的基本高湯或原汁作爲基底所完成，運用於肉類料理的醬汁。常用的作法是以基本高湯或原汁，與紅蔥或調味蔬菜、酒精等一起熬煮，再加入香草或松露等完成。使用原汁時，儘可能簡潔地製作，藉以直接強調食材本身的香氣及美味。像薩米斯醬汁（sauce salmis）、胡椒醬汁（sauce poivrade）、鹿醬汁（sauce chevreuil）等野味系列爲基底的醬汁，必須要確實地下工夫，才能製作出美味的成品。這些都是肉類醬汁濃縮於其中的醍醐味，也是務必要熟悉製作的醬汁種類。

【經典醬汁】

像貝夏美醬（sauce béchamel）或絲絨濃醬（velouté）都曾經是主流醬汁，但現在被認爲「濃重」而不再製作的醬汁，本書也都收錄於其中。或許現在餐廳店內已不再製作了，但作爲料理人這應該是必須要熟知的基本。況且像這樣的醬汁在自助式宴會料理中也是不可或缺的，實際上品嚐起來仍是美味無比。除了這些醬汁之外，也參考料理人聖經－埃斯科菲（Escoffier）所著「烹飪指南 LE GUIDE CULINAIRE」中的醬汁，部分加以現代風味的調整。實際上嘗試製作後，會發現在經典醬汁中還是有許多現今仍適用的絕品之作。

【其他醬汁】

魯耶醬汁（rouille）、酸豆橄欖醬（sauce tapenade）、番茄醬汁（sauce tomate），還有添加了蘿勒或香草香氣的橄欖油等，難以區分至其他項目中，都統一整合放入「其他醬汁」內。與其澆淋大量醬汁在魚或肉料理上，寧可少量地提味配色，具畫龍點睛效果的醬汁。無論哪一種都非常基本，而且易於保存，可以大量製作備用就非常方便了。

【甜點醬汁】

用餐尾聲的糕點用醬汁。本書當中是從英式蛋奶醬（sauce Anglaise）和焦糖醬（sauce au caramel）等爲基本醬汁，以至於水果醬汁、或添加香草或辛香料的醬汁、果凍、espuma 慕斯泡泡（慕斯）等，共有 38 種品項，使用範疇廣泛。常見的冰淇淋或慕斯，只要添加醬汁立刻使人印象改觀，所以可以選用濃郁、酸味較強、色澤鮮艷的醬汁，就能恰到好處地平衡其風味。此外，餐廳中的甜點爲避免味道餘味過強，可以巧妙運用酒精、香草或辛香料，不但有震撼力同時還具口感清爽的效果。

■ 關於醬汁的材料

【雞蛋】

基本上蛋黃和蛋白會分別使用。蛋黃可活化其濃郁美味及乳化的特性，作爲美乃滋、貝亞恩斯醬（sauce béarnaise）、蒜泥蛋黃醬（aïoli）或魯耶醬汁（rouille）的基底。而蛋白，則是利用其吸附浮渣的特性，在製作高湯凍時打發至 6 分發，放入基本高湯中以清澄湯汁。順便一提，本書使用的是 1 顆約 55 ～ 60 克大小的全蛋。

【醋】

醋主要的用途在於油醋醬的酸味、或是製作肉類或魚類醬汁時熬煮紅蔥、煎烤完肉類後溶出鍋底精華等。想要增加醬汁清爽或甜味時使用。最常出現的是紅酒醋或白酒醋，不分冷製或溫製都能使用。具有覆盆子或黑醋栗等水果風味的水果醋或香檳醋、雪莉酒醋等，風味容易於消散的醋，會使用在不加熱的油醋醬，或使用在溫製醬汁時，會在熄火後才添加至鍋內。風味熟成的巴薩米可醋，加熱後都能直接作爲醬汁使用，是非常貴重的珍品，希望大家能準備品質較爲優良的產品。

【奶油】

本來應該要像法國一樣使用風味絕佳的發酵奶油，但在日本不太容易買得到，同時價格高昂，所以在此使用的是無鹽奶油。主要的用途在於作爲白酒奶油醬（sauce beurre blanc）等奶油醬汁或複合奶油（beurres composes）的基底。還有在完成各式各樣的醬汁時，會用奶油提香以增添醬汁的風味、光澤及濃度。複合奶油是預先放置於室溫下呈軟膏狀（pomade），奶油提香時是以冰冷狀態使用，因此視其用途在最佳狀態下加入才是最重要的關鍵。此外，奶油加熱至焦化的焦化奶油（beurre noisette 又稱榛果色奶油），直接使用就是充滿香氣的醬汁了。

【其他油脂】

會依用途，像是調味蔬菜和肉類的加熱媒介、油醋醬或美乃滋的基底等來區隔使用。橄欖油加熱要使用純橄欖油（pure type），一旦加熱風味會隨之消散的頂級初榨（E.V.）是在油醋醬或醬汁完成時，用以添加風味。花生油加熱後會產生香氣，也能耐高溫，因此經常是在製作基本高湯、原汁或肉類湯品時，預先拌炒筋肉或肉骨時使用。濃郁馨香的核桃油用於油醋醬，沒有特殊氣味的沙拉油則是用於美乃滋（sauce mayonnaise）。

【鮮奶油】

主要是用於增加醬汁的濃稠與柔和口感時。本書當中添加於醬汁內以增加濃度及香醇，所以使用的是乳脂肪 47% 的商品；不需加熱主要用於冷製甜點醬汁的是風味清爽，乳脂肪 36% 的商品。

【葡萄酒】

是紅酒醬汁（sauce au vin rouge）等的基底，當然也是煎烤肉類或調味蔬菜時溶出鍋底精華、製作多種醬汁時所不可或缺的材料。煮至酒精揮發，藉由熬煮過程賦予醬汁深層的風味，此外也具有消除食材氣味的作用。請選擇不甜的白酒、紅酒的澀味、濃郁、酸味都恰到好處的種類。但因爲用途廣泛，所以也不需使用過於高價位的酒，在容許範圍內挑選良質商品即可。

【其他酒精】

對於醬汁而言，酒精的作用是賦予醬汁中濃縮精華的美味及華麗的香氣。與葡萄酒同樣是以葡萄爲基底的苦艾酒、馬德拉酒、香檳都可以與葡萄酒以相同的方式使用。各種不同的酒類有其各自不同於葡萄酒的獨特風味。此外，干邑白蘭地（Cognac）、香橙干邑甜酒（Grand Marnier）、白蘭地（Eau-de-Vie）等利口酒或蒸餾酒，幾乎都是爲了增加香氣地少量逐次添加使用。用途廣泛地從肉類料理的醬汁，至甜點用的英式蛋奶醬（sauce Anglaise）都能加以運用。

【鹽】

製作醬汁時，幾乎都是在完成時添加鹽、胡椒以決定風味。無論是冷製或溫製，風味濃郁的醬汁、或是使用油醋醬等油脂的醬汁時，若鹽分不足，容易造成整體風味的失衡，所以會稍強地引提出風味。此外，像薩米斯醬汁（sauce salmis）般以熬煮製作而成的醬汁，爲了烘托食材風味地，熬煮時就已添加粗鹽了。

【胡椒】

與鹽相同，是在完成時撒入以添加風味。基本上美乃滋等風味柔和的醬汁會使用白胡椒；肉類料理或使用野味的濃郁醬汁則大多會使用黑胡椒，本書當中沒有特定，材料表中僅標示「胡椒」。希望可依製作者喜好地自行區分使用。無論使用哪一種，現磨現用正是美味關鍵。

【砂糖】

料理用的醬汁添加砂糖極爲少見。利用的是調味蔬菜、油醋醬及揮發酒精時熬煮後的甜味，製作出最天然的風味。橙味鴨醬汁等會運用到紅酒醋焦糖醬（gastrique）（細砂糖和酒醋一起熬煮至略呈焦糖狀態）。此外，想要在油醋醬等非加熱醬汁中添加若有似無的甜味時，可有效地利用蜂蜜。糕點用的醬汁中，基本上會在不影響水果等其他食材風味之前提下使用細砂糖。

準備製作醬汁

■ 熬煮

慢慢熬煮以濃縮風味，增加濃度

當然在熬煮前或熬煮過程中，都不能間斷地撈除浮渣。

熬煮至水分收乾，凝聚各食材的風味。

在製作醬汁時，不可或缺的是熬煮步驟（réduire 濃縮）。簡單而言就是加熱使液體中的水分蒸發。但不僅僅只是蒸發而已，必須要藉此提高醬汁的濃度，提引出液體中的美味成分，使風味濃縮等…，其中包含了許多作用。例如，製作紅酒醬汁（sauce au vin rouge）時，熬煮紅酒的目的，是爲揮發酒精，同時濃縮凝聚紅酒的酸味及甜味，使風味濃醇。像紅蔥切碎與醋一起熬煮時，在醋的酸味揮發的同時，也提引出紅蔥的甜味，達到賦予液體風味的目的。

熬煮時的重點，用小火緩緩進行並且隨時撈除浮渣。火力過強，美味成分釋出前液體就煮乾了，或是浮渣沒有仔細除去，造成液體與浮渣混雜，導致醬汁中出現雜味。還有過度熬煮，可能也會釋出略微的苦味。每次都必須考量所需的濃度及風味，再依此進行醬汁的熬煮濃縮。當然，再如何濃縮也無法釋出食材所沒有的風味，因此很重要的是必須準備優質的酒、基本高湯或紅蔥等。曾經爲了添加濃郁口感及濃度地加了大量油糊（roux）或奶油，但現在是極力排除使用這些的時代。濃郁口感及濃度，都必須由基本的液體（醬汁的基底）中提引出來，成爲現今的課題。熬煮濃縮，在追求輕盈美味口感的現今，更是一道非常重要的製程步驟。

■ 過濾

仔細地過濾完全萃取出美味成分

熬煮紅蔥或調味蔬菜，仔細地過濾萃取出美味成分。

殘留在圓錐形濾杓外側的部分也要仔細地刮落，一滴都不要浪費地使用。

過濾（passer）醬汁的步驟，目的在於除去多餘的部分，以完成口感滑順的醬汁。調整好醬汁味道後，趁著溫熱時進行過濾。基本上大多會使用網目較細的圓錐形濾杓，但想要追求更細膩滑順的口感、或製作高湯凍類追求透明度時，可以用布巾墊放在圓錐形濾杓上，靜靜地過濾湯汁。在我入行學習的當時，絲絨濃醬和貝夏美醬等，都必定要用布巾過濾。使用粉類的醬汁因容易結塊，所以也必須多加留意。

過濾醬汁時，最必須注意的是確實將美味成分過濾出來。例如，常見切成碎末的紅蔥炒出水份烹煮並熬煮作爲醬汁基底，在最後過濾時爲使美味成分完全濾出，必須要輕輕按壓殘留在圓錐形濾杓內的紅蔥。在此必須要注意避免胡亂搗碎食材，以免釋出不當的苦味，或濾出纖維質，醬汁是很花成本也很費工的奢侈品。沾裹在圓錐形濾杓外側的液體也要使其確實滴落，避免無謂的浪費。

此外，用奶油提香或用鵝（鴨）肝及血增稠（lier）的醬汁，即使之前已經完成過濾，但最後還是必須再進行一次過濾，確保其完成時的滑順口感。

■ 結合

賦予醬汁濃度、醇厚、光澤及滑順

奶油切成 1 ～ 1.5cm 的塊狀，若是在營業狀態下則可墊放冰塊以避免融化。

醬汁在完成前加入奶油或 fécule（澱粉），以攪拌器混拌就稱爲「結合」。這個步驟的目的在於添加醬汁的濃度及黏稠。增添濃稠（lier）時，在液體中添加油糊（roux）、蛋黃、鮮奶油、血或肝臟等，是單純地增添濃度；但提香（monter）時，特別是奶油提香（beurre monter），也就是使用奶油來增加醬汁濃度之外，同時也能帶來光澤、濃郁及風味。無論是哪一種，都不會損及醬汁風味，同時還能融入其中地完成，但必須要注意的是結合材料的使用份量。

《奶油提香的方法》

鍋子離火後，添加奶油。

搖晃鍋子或以攪拌器混拌使奶油融化。

當醬汁與奶油融合為一時即完成。

在醬汁進行結合步驟時，最常使用的就是奶油。因可賦予醬汁其他材料所沒有的光澤、濃郁及風味，因此使用頻率壓倒性的高。在此用奶油爲例地，進行提香步驟的解說。

首先，預備無鹽奶油。雖然使用發酵奶油更能添加香氣，但使用一般的無鹽奶油即可。預先將奶油切成 1 ～ 1.5cm 的塊狀，冷藏備用。切成骰子形狀是爲了能迅速且不會結塊地融化在液體中。能確實掌握用量也是使用奶油的一項優點。奶油一旦融化後其風味及光澤程度會略差，因此基本上會放置於冷藏室內備用，但也不建議太過冰涼，否則會導致醬汁溫度過低。約是由冷藏室取出 5 分鐘後，最適於使用。

提香時，爲避免奶油分離先將鍋子離火，邊視濃稠狀況邊少量逐次地加入。可以搖晃鍋子使其融化或以攪拌器混拌。此時醬汁的溫度是 65 ～ 75℃爲最佳。奶油最容易融於醬汁中，恰到好處地完成製作。較此溫度低時，奶油不易融化，反之溫度過高時，容易造成奶油的分離，變得油膩損及風味。提香後再加熱時，也絕對要注意避免加熱至沸騰。

《奶油以外的材料結合》

奶油以外，也可以利用油糊（roux）、澱粉（fécule）、蔬菜泥或橄欖油等。無論是使用哪一種材料，步驟過程都與奶油相同，但賦予醬汁的濃度和質感卻會隨之有異，請試著找出最適宜的用量。另外，爲使與主要食材能有整體感，也可利用食材本身的肝臟或血、甲殼類內臟（corail）等。此時爲避免結合步驟損及風味及質感，必須非常注意溫度的掌握。

〔麵粉油糊 beurre manié〕

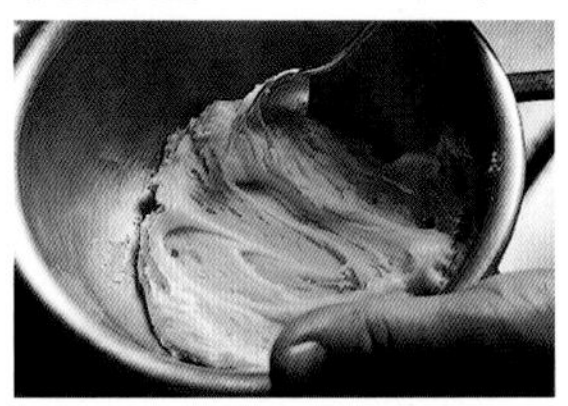
加入麵粉混拌的奶油。為使其易於融合地攪拌。

雖然光澤度不及奶油提香，但可以減少油脂用量。

〔玉米粉〕

預先將玉米粉溶於水中。

即使少量也足以產生濃度，因此必須注意用量。

■ 以煎烤汁液爲基底地完成醬汁製作

將食材所釋出的所有美味活用於醬汁中

魚或肉類料理時，實際在廚房步驟中，很少會將主要食材的魚或肉類與醬汁分開各別處理完成，幾乎都是烹調主要食材時，利用其釋出的原汁或炒出水份來完成醬汁製作。如此就能製作出整體融合的佳餚了。以「酒醋香煎雞胸肉」爲例，展現出主要食材與醬汁同時進行並完成製作的方法。

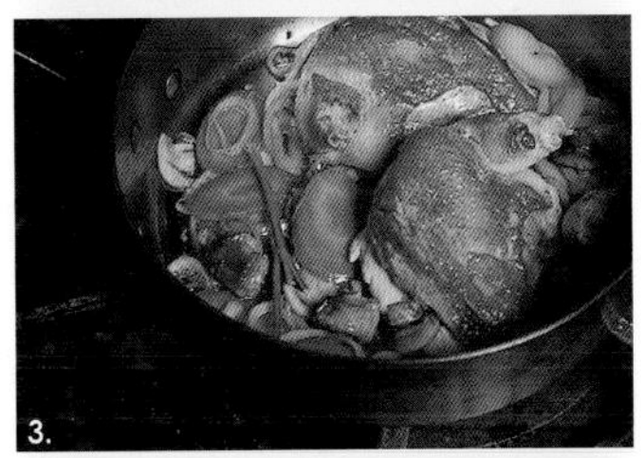

1. 首先，烹調雞胸肉。在鍋中放入花生油，拌炒帶皮的大蒜至產生香氣。放入切成小塊狀的雞頸，煎燒至表面出現煎烤色澤後，帶皮雞胸肉撒上鹽、胡椒，雞皮朝下地放進鍋中。煎烤至上色後翻面**（火力的大小是稍強的小火～中火。為煎烤出漂亮的色澤，最初不要翻動雞肉，使其確實地煎烤上色。雞頸也一起加熱是希望利用雞頸的油脂成分，補足雞胸肉的乾澀並增添美味）**。

2. 避免表面乾燥地隨時將鍋內釋出的油脂澆淋至雞胸肉表面。若此階段的油脂燒焦或產生髒污，會影響到醬汁的完成，必須丟棄。

3. 當雞肉呈現漂亮烤色後，加入少量的奶油。這是為了作出具潤澤口感的雞肉以及用於加熱調味蔬菜。現在加入調味蔬菜（洋蔥、紅蘿蔔、西洋芹、紅蔥切成片狀，蘑菇切成四等分）和平葉巴西里莖。混拌全體**（此時的調味蔬菜，除了美味雞肉之外，也會成為醬汁的基底。為了使雞肉烹調完成時，調味蔬菜也正好煮熟，必須調整調味蔬菜的切法以及入鍋的時間）**。

4. 火力全開後，先瀝出多餘的油脂**（使用大火加熱的目的在於逼出食材中多餘的油脂，也為收乾水分。這樣的步驟稱為拌炒上色（pincer），在製作其他醬汁時，溶出鍋底精華前必定會進行的步驟）**。

5. 添加紅白酒醋以溶出鍋底精華。為使酒醋能均勻地溶出，輕輕地晃動鍋子。

6. 再次加入醋溶出鍋底精華。如照片般使沾於鍋底的美味精華（suc）乾淨地脫落**（從 4 到此步驟，一直是用大火加熱。火力較弱時就無法乾淨地溶出沾黏在鍋邊的精華）**。

7.

7. 加入雞原汁（→ 67 頁）。立刻覆上鍋蓋，以中火稍加燉煮。過程中將雞肉翻面**（藉由熬煮使雞肉和調味蔬菜的風味滲入雞原汁中，讓食材呈現整體感並蘊釀出其中的美味。而同時雞肉中也會滲入雞原汁，潤澤雞胸肉。此外，也可用 28 頁的雞基本高湯來取代雞原汁）**。

8.

8. 雞胸肉燉煮完成後取出放置於烤網上。覆蓋鋁箔紙保存於溫熱處保溫**（會從雞肉上滴下燉煮湯汁或肉汁。這些原汁也是凝聚的美味，因此烤網下方務必放置淺盤，以承接滴落的原汁）**。

9.

9. 利用燉煮湯汁製作醬汁。用小火加熱燉煮湯汁，稍加熬煮。此時若燉煮湯汁的濃度或味道過重時，可以添加雞基本高湯來稀釋**（因為燉煮湯汁中有雞肉和調味蔬菜所釋出的美味成分，所以不需要再進行長時間的熬煮。此時稍加熬煮是為確認最終風味）**。

10.

10. 確認風味後，取出大蒜，其餘湯汁以圓錐形濾杓過濾。調味蔬菜用湯匙等按壓，以確認美味成分完全釋出。

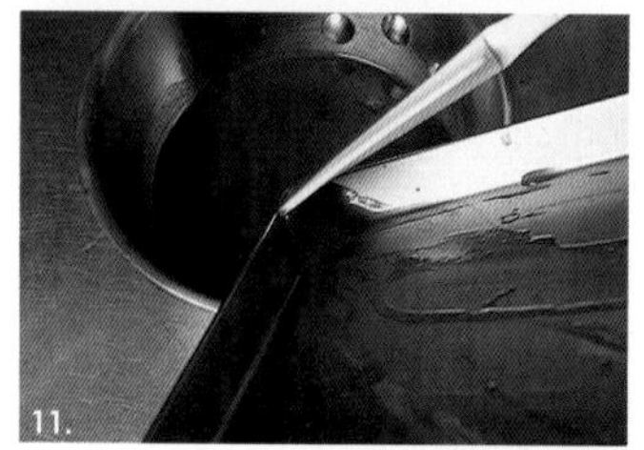
11.

11. 加入 **8** 與雞胸肉所滴落的原汁。確認風味，不足時可添加鹽、胡椒等調整味道，完成醬汁製作。至此已經是美味地完成了，但也可依個人喜好以奶油提香並增加其滑順口感**（添加雞胸肉所滴落的原汁，更能增添美味。這樣能不浪費每一滴風味）**。

12. 將保溫的雞胸肉盛盤，澆淋上大量醬汁，就完成了「酒醋風味香煎雞胸肉佐菠菜（Poitrine de poulet sautée au vinaigre et aux épinards）」。搭配的菠菜是以奶油和大蒜簡單翻炒而成，攤開部分葉片裝飾盛盤。

■ 醬汁的呈現方式

在呈現方式上多下點工夫，就能成為令人眼睛為之一亮的菜色

平鋪於盤中、由表面大量澆淋、僅以少量搭配等，醬汁的呈現方式各式各樣。在此介紹的是視覺上具有美感，容易記住且方便的呈現方法。希望大家能先思索醬汁在該料理中是何種存在，再決定其呈現方式。

【畫圓】

如同在盤中畫圓般地將醬汁平鋪是最基本的呈現方式。在盤子中央處舀入必要的用量，利用湯匙背以畫圓方式推展至周圍。只要略爲輕敲盤底，就能均勻醬汁表面。像是表皮煎得香脆的魚或、酥脆的派餅、強調斷面切口或色澤的食材等，若由上澆淋醬汁會損及口感、形狀顏色時，此種方法是最有效果的呈現方式。

在想要畫圓位置的中央處滴落醬汁。

用湯匙背，由中心朝外畫圓般地將醬汁推開。

【橫向滴落】

用湯匙舀起醬汁滴落在一處，在完全滴落完畢前橫向拉動湯匙。將湯匙前端抵在盤子上就能很容易地拉出線條。線條的粗細長度，會因湯匙的大小或拉動的速度而改變，可由此加以調整。使用小湯匙，劃出幾道流線狀也是圖案。適合具提味作用，顏色鮮艷、風味濃郁的醬汁。

使用湯匙將醬汁滴落在一處。

在醬汁完全滴落完畢前橫向拉動湯匙，將醬汁橫向拉開。

【線狀描繪】

細線讓人有纖細的印象。如照片般（巴薩米可醋 balsamique 熬煮而成），重點是適合用於具展延性的醬汁。雖然使用分液器（dispenser）（滴管 spuit）就可以描繪出相同粗細的線條，但以湯匙描繪出不同粗細也是樂趣之一。以湯匙描繪時，湯匙尖端與盤子表面保持似有若無的距離，就能漂亮地完成了。

利用湯匙尖端描繪出線狀。拉動湯匙的速度會影響線條的粗細。

使用分液器就能漂亮地描繪出粗細相同的細線了。

【點狀描繪】

水珠形狀般描繪在盤子上的點狀法，具有非常顯目的效果。想要描繪出細小點狀或同樣大小的點狀，利用分液器會更方便。此外，巧妙地運用湯匙尖端，也能描繪出各種大小的圓點。可以依盤中需要多少用量的醬汁，再決定圓點的大小及數量。

使用湯匙的例子。利用湯匙尖端的形狀以及舀入湯匙的醬汁量，來改變圓點的大小。

使用分液器就可以方便地描繪出大小相同的圓點。

【圖案描繪】

搭配料理的醬汁，沒有太奇怪的自然形狀，較能帶給人美味的印象，但甜點就可以展現更多的玩心。例如，右邊照片中的巧克力醬，先滴落成圓形後再以竹籤或牙籤描繪出圖案。只要多花一些工夫，即可更加提高醬汁的存在感，希望大家也能在此多用點心思。

用竹籤描繪圖案。固定地轉動盤子使得圖案以均勻的間距完成。

■ 關於保存

基本上製作當日的用量。仔細地製作，隨時都能提供現作的醬汁

除了簡單的油醋醬及部分帶著香氣的油脂之外，醬汁完成後儘早使用完畢是最基本的概念。其最大的理由在於因為風味會消散。例如本書中最後提及，以奶油提香的多種醬汁，其中奶油久置後就會分離，損及製作完成的風味及口感。即使再次加熱也無法回復原來的狀態，因此製作完成後應儘早食用完畢，才是最佳方法。其他像是荷蘭醬等使用蛋黃的溫製醬汁，除了容易損壞、或是在完成時會添加松露或酒精以增添風味的醬汁，隨著時間也會使其中的香氣逸散。另外，添加肝臟或血以增加稠度的醬汁、像沙巴雍醬般打發的醬汁，也因其狀態會改變而不適合久置保存。「製作後翌日風味更加美味」的說法，僅只限於部分醬汁。在本書當中，醬汁的保存期限各有不同。其中雖然也有能保存數日的成品，但僅供參考。希望大家能因應餐廳規模及菜單結構調整製作用量，儘可能提供當日現作的醬汁。

油醋系列醬汁

Sauces vinaigrettes

基本油醋醬

sauce vinaigrette ordinaire

【基本のソース・ヴィネグレット】

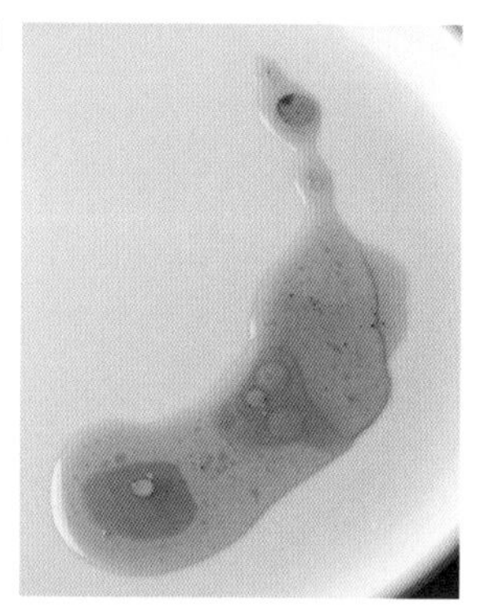

醋 1 對油 3 的比例，是最基本的油醋醬汁。醋或油的種類不同，或是添加黃芥末、蜂蜜、香草，就能有各式各樣的變化組合。

材料（完成時約 300cc）
紅酒醋　80cc
E.V. 橄欖油　240cc
鹽　適量
胡椒　適量

1. 在缽盆中放入鹽、胡椒。因使用油脂，要能感覺到鹽地適量加入。胡椒有分黑、白，可依個人喜好或料理種類加以區隔使用。

2. 以攪拌器混拌，並同時慢慢加入紅酒醋。在此雖然使用的是紅酒醋，但使用白酒醋也沒有關係。可依個人喜好選擇

3. 攪拌至鹽完全溶化。

4. 邊用攪拌器攪拌，邊加入 E.V. 橄欖油。混拌的程度也可依個人喜好加以調整。粗略混拌時，會分別留有酒醋與油脂的風味，或是也可以確實攪拌至乳化呈滑順狀態。

5. 完成油醋醬。在此不要過度攪拌地完成製作。這樣的油醋醬可以在室溫下保存 2 天。也可以改變醋或油脂的種類，又或是可以添加香草等，試著做出各種搭配組合。

巴薩米可油醋醬

vinaigrette au vinaigre balsamique

【バルサミコ風味ノヴィネグレット】

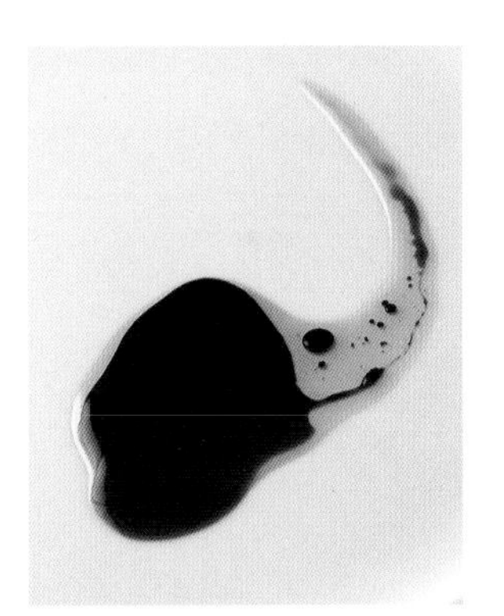

使用風味十足巴薩米可醋的酒醋醬。巴薩米可醋，選用長時間熟成，具有濃郁風味的優質產品就是製作的關鍵。

材料（完成時約 300cc）

巴薩米可醋　80cc

E.V. 橄欖油　240cc

鹽　適量

胡椒　適量

製作方法

1. 在缽盆中放入鹽、胡椒。加入巴薩米克醋，攪拌至鹽完全溶化。
2. 少量逐次地加入 E.V. 橄欖油，混拌。

用途・保存

可作為烤魚或肉類沙拉的醬汁。也很適合搭配香草等具有香氣的食材。室溫下可以保存 2 天。

雪莉酒油醋醬

vinaigrette au xérès

【シェリー酒風味のヴィネグレット】

使用具強烈風味的雪莉酒醋製作的油醋醬。藉由添加白酒來緩和其強烈風味。在此使用的是花生油，但也適合搭配具有特色的核桃油。

材料（完成時約 300cc）

雪莉酒醋　60cc
白酒　10cc
花生油　220cc
黃芥末　12g
鹽　適量
胡椒　適量

製作方法

1. 在缽盆中放入黃芥末、鹽（感覺鹽分的程度）、胡椒、雪莉酒醋、白酒，一起充分混拌。

2. 少量逐次地加入花生油，攪拌。

用途・保存

搭配於使用鴨、鴿子、鵝肝等風味濃重食材的料理或沙拉。室溫下可以保存 4 ～ 5 天。

添加蜂蜜的覆盆子油醋醬

vinaigrette de framboise au miel

【ハチミツ入りフランボワーズ風味のヴィネグレット】

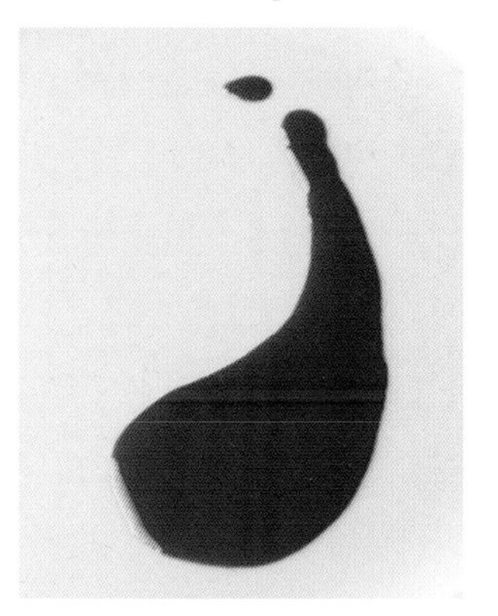

覆盆子果泥與覆盆子醋的酸甜，包覆著香甜蜂蜜的油醋醬。適合搭配沙拉、魚貝類或禽鳥類微溫（tiède）享用的料理。

材料（完成時約 300cc）

蜂蜜（※） 40g
覆盆子果泥（※） 100g
覆盆子醋 50cc
核桃油 100cc
檸檬汁 少量
鹽 適量
胡椒 適量

※ 蜂蜜使用的是較沒有特殊風味的洋槐花蜂蜜。
魚貝類時可選用橙花蜜，而肉類料理則是栗子花蜜。
※ 覆盆子果泥使用的是市售商品。

製作方法

1. 在缽盆中放入鹽、胡椒、蜂蜜、覆盆子果泥，充分混合拌勻。

2. 加入覆盆子醋，充分混拌。

3. 邊攪拌邊少量逐次地加入核桃油，完成時滴入檸檬汁調整風味。

用途・保存

可搭配綜合魚貝類或沙拉，或是作為蝦凍派（terrine）的醬汁等。也能用於微溫享用的鴨或雞料理。室溫下可以保存 3 ～ 4 天。

松露油醋醬

sauce vinaigrette aux truffes

【トリュフ風味のソース・ヴィネグレット】

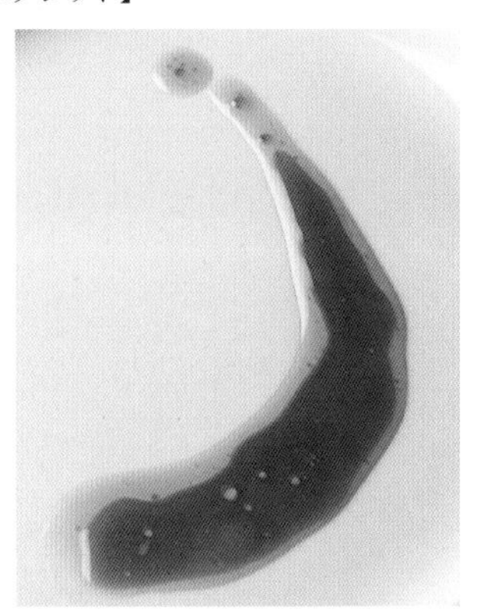

以松露原汁作為基底、富有香氣的油醋醬。酸味僅來自檸檬的清爽風味。用於溫沙拉等，可以巧妙又簡單地將香氣發揮至最大。

材料（完成時約 300cc）

松露原汁（※）　180cc

E.V. 橄欖油　90cc

檸檬汁　50cc

松露油　3cc

鹽　適量

胡椒　適量

※ 松露原汁使用的是市售產品。

製作方法

1. 在缽盆中放入鹽、胡椒、松露原汁，充分混合拌勻。

2. 邊攪拌邊少量逐次地加入 E.V. 橄欖油，完成時滴入檸檬汁和松露油，混拌。

用途・保存

松露加熱時香氣更濃，因此可以搭配使用在剛汆燙好的蘆筍或嫩韭蔥沙拉等，也可搭配微溫享用的料理。基本上每次使用時才製作，即使有剩餘也應該要在次日使用完畢。

法式油醋醬

vinaigrette française

【フレンチドレッシング】

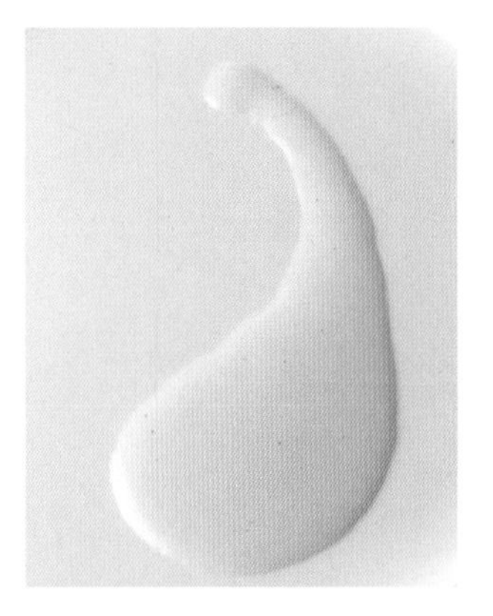

以沙拉油、蘋果醋、美乃滋製作而成，溫暖舒心的沙拉醬。可以適用客層範圍廣大的宴會或飯店早餐、西式風格等食譜中。依個人喜好加入醋或油等嘗試不同的組合。

材料（完成時約 300cc）

美乃滋（→ 116 頁） 8g
洋蔥 35g
黃芥末 2g
蘋果醋 40cc
沙拉油 250cc
鹽 適量
胡椒 適量

製作方法

1. 洋蔥磨成泥狀。
2. 在缽盆中放入美乃滋、洋蔥泥、黃芥末、蘋果醋、鹽、胡椒，充分混合拌勻。
3. 邊攪拌邊少量逐次地加入沙拉油。

用途・保存

用於飯店的咖啡廳、宴會或早餐沙拉等。也可作為義式油醋醬（→ 101 頁）等其他醬汁的基底。製作後需於當天使用完畢。

咖哩油醋醬

sauce vinaigrette au curry

【カレー風味のソース・ヴィネグレット】

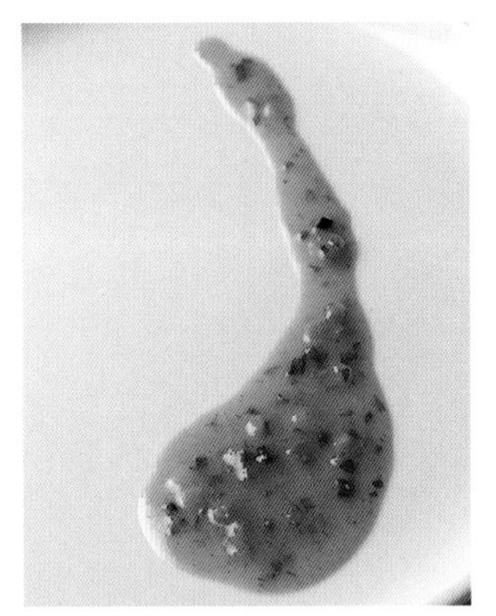

在法式油醋醬中添加咖哩粉，就成了日本人喜愛的醬汁了。加入了黑橄欖、紅綠甜椒、番茄，口感和色澤都令人耳目一新。添加香草更能提升清爽的風味。

材料（完成時約 300cc）

法式油醋醬（→ 99 頁）　300cc
咖哩粉　3g
黑橄欖（鹽漬）　4g
酸豆　4g
綠甜椒　4g
紅甜椒　4g
酸黃瓜（※）　4g
番茄　1 個
黃檸檬汁　少量
平葉巴西里（prezzemolo）　1g
香葉芹　1g
龍蒿　1g
鹽　適量
胡椒　適量

※ 醋漬小黃瓜（酸黃瓜）。

製作方法

1. 黑橄欖、酸豆、甜椒（紅、綠）、酸黃瓜、番茄（汆燙去皮除籽）各切成細丁狀。平葉巴西里、香葉芹、龍蒿的葉片切碎。

2. 咖哩粉先溶至少量的法式油醋醬中，再加入其餘的法式油醋醬，混合拌勻。

3. 將其他材料全部加入 **2** 之中，混拌。用鹽、胡椒調味。

用途・保存

作為魚貝類前菜或豬肉凍派（terrine）的醬汁。因顏色容易產生變化，因此需使用才進行製作，儘早用完。

義式油醋醬

vinaigrette italienne

【イタリアンドレッシング】

在法式油醋醬中加入辛辣的甜辣醬和帕瑪森起司，是令人懷念的沙拉醬風味。香草類也可以使用大葉紫蘇，成爲受歡迎的大眾化口味。

材料（完成時約 300cc）

法式油醋醬（→ 99 頁） 220cc
甜辣醬（※） 80cc
大蒜 3g
羅勒 3g
平葉巴西里 2g
大葉紫蘇 1 片
帕瑪森起司 8g
鹽 適量
胡椒 適量

※ 泰國產的甜辣醬。

製作方法

1. 取出大蒜芯後磨成蒜泥，羅勒、平葉巴西里、大葉紫蘇切碎。帕瑪森起司磨成粉狀。

2. 在法式油醋醬中加入甜辣醬，混拌。放入大蒜泥，羅勒、平葉巴西里、大葉紫蘇碎、帕瑪森起司粉混拌均勻。用鹽、胡椒調味。

用途・保存

可用在宴會或飯店早餐等，也可適用於客層範圍廣大時的沙拉醬汁。製作當天使用完畢。

和風油醋醬 A

vinaigrette japonaise

【和風ドレッシング A】

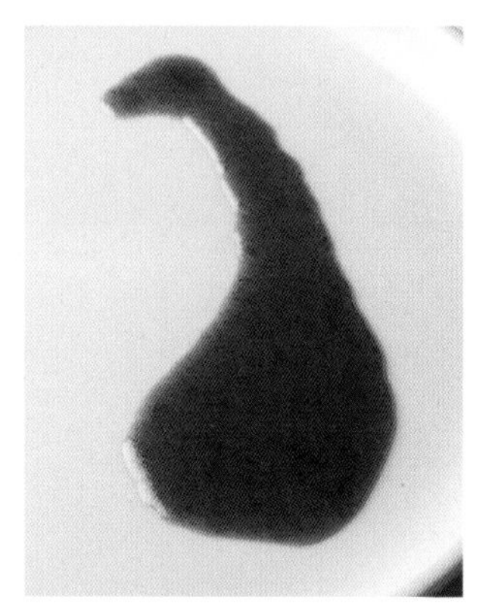

在法式油醋醬中添加日式風格的醬油或芝麻油。添加砂糖可以製作出更美味的醬汁。與西式餐點非常搭配，也是非常便利的一款醬汁。

材料（完成時約 300cc）

法式油醋醬（→ 99 頁） 240cc
薑 10cc
大蒜 1g
醬油 30cc
蘋果醋 10cc
細砂糖 15g
芝麻油 10cc
黃檸檬汁 少量
黃檸檬皮 少量
鹽 適量
胡椒 適量

製作方法

1. 薑和大蒜磨成泥狀。檸檬皮也磨成碎屑。

2. 在缽盆中放入薑和蒜泥，放進醬油、蘋果醋和細砂糖，充分混拌。

3. 待細砂糖溶化後，邊少量逐次地加入法式油醋醬邊攪拌。加入芝麻油、檸檬汁、檸檬皮屑混拌，用鹽、胡椒調味。

用途·保存

用在宴會或飯店早餐等，也可適用於客層範圍廣大時的沙拉醬汁。於室溫下可保存 2 ～ 3 天 。

和風油醋醬 B

vinaigrette japonaise

【和風ドレッシング B】

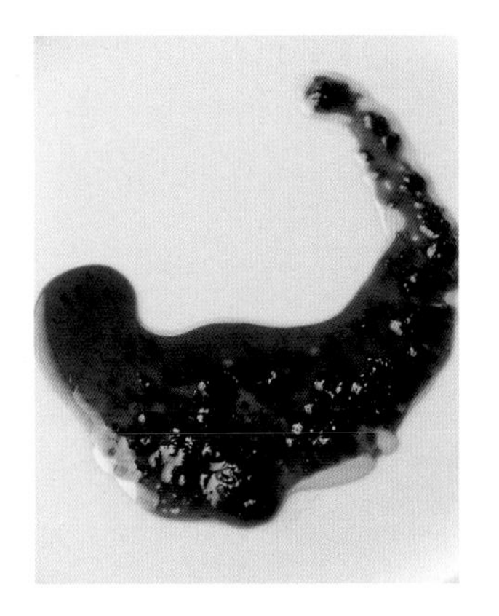

相較於前頁，是更純粹和風口味的醬汁。利用醬油和米醋作爲基底，加了煮掉酒精的味醂增添纖柔風味。完成時添加的辣椒水（tabasco）更具畫龍點睛的風味。

材料（完成時約 300cc）

洋蔥　70g
薑　5g
大蒜　2g
醬油　60cc
煮掉酒精的味醂　15cc
米醋　100cc
細砂糖　10g
沙拉油　100cc
芝麻油　15cc
黃檸檬汁　10cc
辣椒水　少量
鹽　適量
胡椒　適量

製作方法

1. 洋蔥、薑和大蒜磨成泥狀。

2. 在缽盆中放入洋蔥、薑和蒜泥，再放進醬油、煮掉酒精的味醂、米醋和細砂糖，充分混拌。

3. 邊少量逐次地加入沙拉油邊攪拌。完成時加入芝麻油、檸檬汁和辣椒水混拌，用鹽、胡椒調味。

用途・保存

口味較濃重，因此相較於單獨使用，更適合作為沙拉風味義大利麵的基底，也適合作為油炸蔬菜的蘸醬享用。於室溫下可保存 2～3 天 。

紅蘿蔔風味油醋醬

vinaigrette aux carottes

【ニンジン風味のドレッシング】

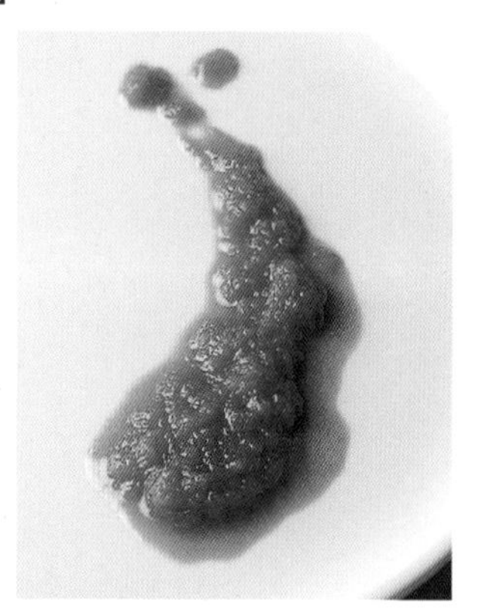

以紅蘿蔔泥製作而成的健康醬汁。爲了能烘托出紅蘿蔔的自然清甜，使用了味醂和蘋果醋。蔬菜略爲煮熟，能除去其澀味還能讓味道更容易滲入其中。

材料（完成時約 300cc）

紅蘿蔔　120g
洋蔥　15g
薑　5g
大蒜　3g
番茄泥　20g
味醂　30cc
醬油　20cc
水　20cc
蘋果醋　70cc
E.V. 橄欖油　50cc
鹽　適量
胡椒　適量

製作方法

1. 紅蘿蔔、洋蔥、薑和大蒜分別磨成泥狀。
2. 在鍋中放入味醂，煮至酒精揮發。加入紅蘿蔔、洋蔥、薑、大蒜、番茄泥、醬油和水，略微煮沸，使蔬菜受熱。撈除浮渣。
3. 放涼後加入蘋果醋和E.V. 橄欖油，混拌。用鹽、胡椒調味。

用途・保存

為能嚐出紅蘿蔔的清甜及風味，適合搭配汆燙去皮的番茄等簡單樸實的沙拉。相較於製作當天使用，留待翌日風味融合會更為美味。冷藏約可保存 3 天。

法式酸辣醬

sauce ravigote

【ラヴィゴットソース】

在醋中添加洋蔥、酸豆和香草類等，是大家所熟悉的醬汁。僅以橄欖油來製作時，入口時會有較沈重的口感，可添加等量沙拉油…等其他清爽的油脂，依個人喜好進行調整。

材料（完成時約 300cc）

白酒醋　60cc
E.V. 橄欖油　90cc
沙拉油　90cc
洋蔥　60g
酸豆　30g
平葉巴西里　8g
蝦夷蔥（ciboulette）　2g
龍蒿　4g
香葉芹　2g
黃芥末　8g
鹽　適量
胡椒　適量

製作方法

1. 洋蔥切碎，沖水後瀝乾水分。酸豆、平葉巴西里切碎。蝦夷蔥、龍蒿、香葉芹的葉片切成碎末。

2. 在缽盆中放入白酒醋、黃芥末、鹽和胡椒，充分混拌。

3. 邊少量逐次地放入 E.V. 橄欖油和沙拉油邊進行攪拌。

4. 完成時加入洋蔥、酸豆、平葉巴西里、蝦夷蔥、龍蒿、香葉芹碎充分混合拌勻。

用途・保存

活用其酸味及辣味，適合搭配豬肉凍派（terrine）或豬頭肉凍（tête de fromage）等濃郁風味的料理，或是作為雞胸肉沙拉的醬汁基底。冷藏約可保存 3 天。

巴薩米可醬

sauce au vinaigre balsamique

【バルサミコ風味のソース】

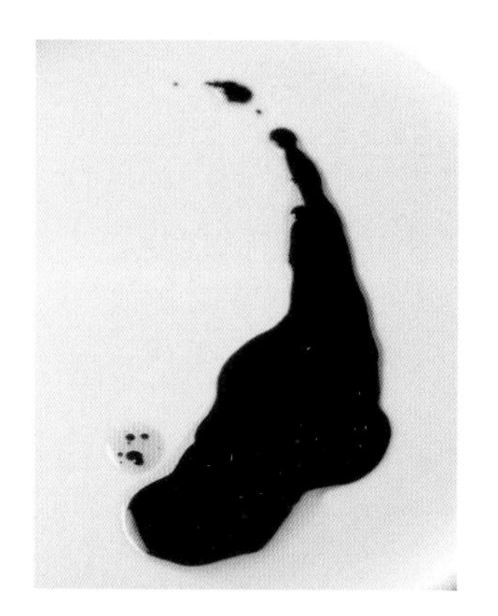

以巴薩米可醋爲基底添加了蔬菜基本高湯製作而成，能輕易與料理搭配的醬汁。使用濃縮了美味的 15 年巴薩米可醋，更能在完成時添加風味。

材料（完成時約 300cc）

巴薩米可醋　200cc

蔬菜基本高湯（→ 52 頁）　300cc

肉濃縮凍（→ 29 頁）　40g

香菜籽（coriander seeds）（※）　1g

E.V. 橄欖油　100cc

巴薩米可醋（15 年）　30cc

鹽　適量

胡椒　適量

※ 香菜（coriander）的種子乾燥後製成的香料。具有甘甜清爽的香氣。

製作方法

1. 在鍋中放入巴薩米可醋和肉濃縮凍，以小火加熱熬煮濃縮至一半用量。

2. 加入蔬菜基本高湯和香菜籽，再繼續熬煮濃縮至一半用量。

3. 用鹽、胡椒調味，熄火。完成時加入 E.V. 橄欖油和巴薩米可醋（15 年），混拌。

用途・保存

可混拌溫蔬菜，或作為香煎或燙煮白肉魚的醬汁。熟成巴薩米可醋的豐富香氣是美味關鍵，請於製作當天使用完畢。

“Marie-Anne” 酸甜醬
sauce verjutée “Marie-Anne”

【“マリー＝アンヌ”風ヴェルジュテソース】

搾取成熟前的葡萄製成的「酸葡萄汁 Verjus」僅在葡萄收成期才會出現的珍貴產品。以此特色爲基礎，再利用蘋果和紅蘿蔔來製作，酸甜且濃郁的醬汁。

材料（完成時約 300cc）

蘋果　200g
紅蘿蔔　100g
白酒醋　50cc
巴薩米可醋　300cc
波特酒（紅酒）　50cc
肉濃縮凍（→ 29 頁）　30g
粗粒胡椒（黑）　3g
鹽　適量
胡椒　適量
橄欖油　20cc

製作方法

1. 蘋果去皮切成8mm的塊狀，紅蘿蔔切成5mm的骰子狀。
2. 在鍋中倒入橄欖油，加進蘋果和紅蘿蔔炒出水份（避免煮至軟爛）。用白酒醋溶出鍋底精華，再加入巴薩米可醋和波特酒，以小火加熱熬煮。
3. 熬煮濃縮至一半用量時，加入肉濃縮凍和粗粒胡椒，用鹽和胡椒調味。

用途・保存

可搭配香煎鵝肝等風味濃郁的料理，以增添其風味。為避免蘋果風味流失，需要密封保存，冷藏可保存 2 ～ 3 天。

鮮魚醋醬

sauce au vinaigre

【魚風味のヴィネガーソース】

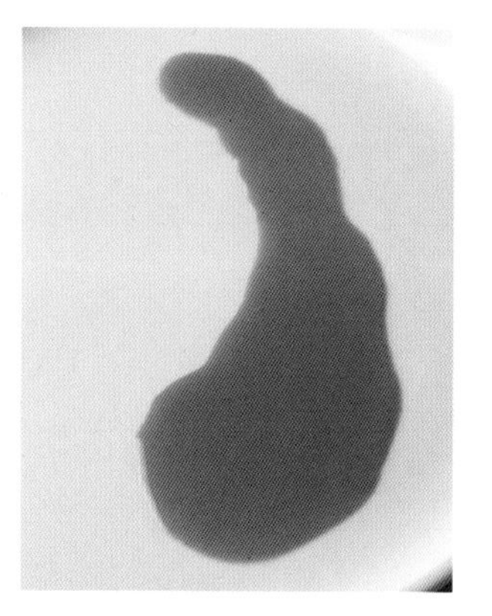

煎烤魚骨用調味蔬菜、醋和葡萄酒熬煮而成，清爽帶著酸味的醬汁。提引出魚香氣的同時更消除腥味，溶出鍋底精華是非常重要的關鍵。加熱後風味更好。

材料（完成時約 300cc）

白肉魚骨　500g

調味蔬菜

- 洋蔥　100g
- 紅蘿蔔　150g
- 西洋芹　70g
- 韭蔥　70g

紅酒醋　120cc

白酒醋　120cc

黃芥末　30g

番茄糊　30g

焦糖　極少量

白酒　300cc

鹽　適量

胡椒　適量

奶油　適量

橄欖油　適量

製作方法

1. 白肉魚骨仔細用水沖洗，拭乾水分備用。洋蔥、紅蘿蔔、西洋芹、韭蔥各切成 5mm 的薄片。

2. 平底鍋中放入少量橄欖油，以小火仔細煎魚骨至呈金黃色澤。

3. 在另外的鍋中放入橄欖油，加入調味蔬菜炒出水份。加入 **2** 的魚骨，分數次加入紅酒醋和白酒醋，以溶出鍋底精華。

4. 混合黃芥末、番茄糊、焦糖、白酒。加入 **3** 的鍋中，稍加燉煮使味道融合。以圓錐形濾杓過濾。

5. 使用於料理時，加熱必要用量，再以奶油提香，用鹽和胡椒調整風味。

用途・保存

可使用於溫熱享用的鱸魚等魚類的香煎或網烤料理的醬汁。冷藏約可保存 3 ～ 4 天。

龍蝦醋醬

sauce homard au vinaigre

【オマール風味のヴィネガーソース】

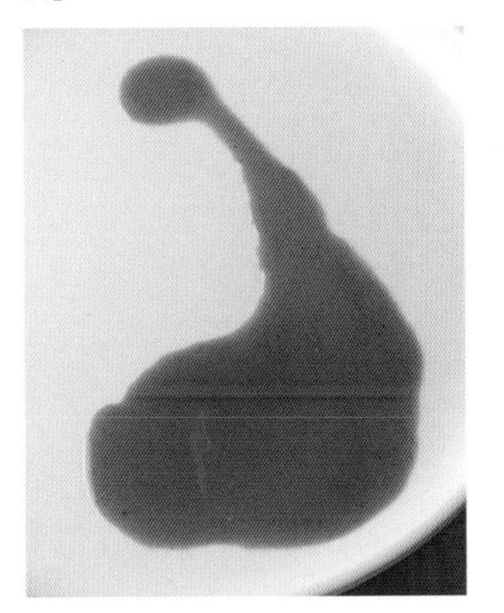

利用龍蝦殼製作完成略帶酸味的醬汁。醋選用的是十分適合搭配龍蝦的龍蒿醋（estragon vinegar）。添加番茄與番茄糊，使醬汁帶著酸味及色澤。

材料（完成時約 300cc）

龍蝦殼（※） 500g

調味蔬菜

- 洋蔥 50g
- 紅蘿蔔 50g
- 西洋芹 20g
- 蘑菇 20g
- 大蒜（帶皮） 1 瓣

干邑白蘭地 少量

龍蒿醋 80cc

馬德拉酒 60cc

白酒 60cc

魚鮮高湯（→ 54 頁） 750cc

番茄 1 個

番茄糊 60g

龍蒿莖 1 枝

鹽 少量

胡椒 少量

橄欖油 15cc

奶油 15g

※ 龍蝦殼可以使用料理時帶殼燙煮後剝下的蝦殼。

製作方法

1. 洋蔥、紅蘿蔔、西洋芹各切成 1cm 的骰子狀。蘑菇切成四等分。大蒜輕輕壓碎。

2. 平底鍋中放入少量橄欖油和奶油，放入龍蝦殼煎烤至上色。加入調味蔬菜，拌炒至全體上色為止。用濾網瀝除油脂，再將龍蝦殼和調味蔬菜移至深鍋中。

3. 在 **2** 的平底鍋內倒入干邑白蘭地以溶出鍋底精華。再將此溶出液體加入放有龍蝦殼和調味蔬菜的鍋中。

4. 加入馬德拉酒和白酒，邊撈除浮渣邊煮至沸騰。加入魚鮮高湯，煮沸並撈除浮渣。加入番茄、番茄糊、龍蒿莖，以煨燉狀態熬煮至剩下 1/3 的量。隨時撈除浮渣。

5. 用鹽和胡椒調整風味，以圓錐形濾杓過濾。

用途・保存

用於龍蝦前菜、主菜料理等。此外，也適合作為白肉魚的醬汁。冷藏約可保存 2 天。

柑橘風味龍蝦油醋醬

vinaigrette de homard aux agrumes

【柑橘風味のオマールドレッシング】

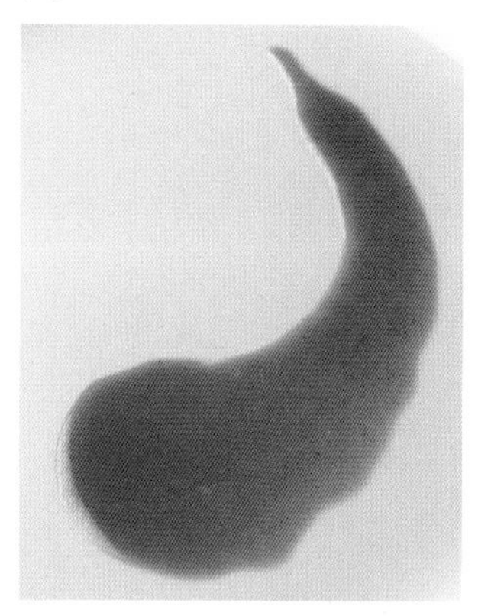

龍蝦搭配上柳橙及葡萄柚果汁製作的魚貝類用醬汁。以柑橘風味的龍蝦醬爲基底，再加上醋和油脂即可完成。香橙干邑甜酒（Grand Marnier）使得風味更具深度。

材料（完成時約 300cc）

柑橘風味的龍蝦醬　250cc

- 龍蝦　1 隻（500g）
- 洋蔥　50g
- 紅蘿蔔　50g
- 茴香球莖　20g
- 西洋芹　25g
- 大蒜（帶皮）　1 瓣
- 香橙干邑甜酒　20cc
- 白酒　50cc
- 柳橙汁　360cc
- 葡萄柚汁　360cc
- 龍蝦基本高湯（→ 46 頁）　250cc
- 番紅花　少量
- 檸檬香茅（cymbopogon citratus）　適量
- 檸檬香蜂草（lemon balm）　適量
- 橄欖油　適量

巴薩米可白醋　50cc

香橙干邑甜酒　15cc

茴香酒（Pernod）　10cc

E.V. 橄欖油　45cc

鹽　適量

胡椒　適量

製作方法

■ 製作柑橘風味的龍蝦醬

1. 將龍蝦帶殼切成不規則塊狀，以橄欖油拌炒至上色。以濾網瀝除油脂。在同一個鍋內放入切成碎丁的洋蔥、紅蘿蔔、茴香球莖、西洋芹以及略為壓碎的大蒜，一起拌炒。

2. 將龍蝦放回鍋中，以香橙干邑甜酒和白酒溶出鍋底精華。加入柳橙和葡萄柚果汁、龍蝦基本高湯，煮至沸騰並撈除浮渣。保持煨燉狀態熬煮並持續撈除浮渣。

3. 熬煮濃縮至半量時，以圓錐形濾杓過濾，加入番紅花、檸檬香茅、檸檬香蜂草，再繼續熬煮至半量。以圓錐形濾杓過濾。

■ 完成醬汁

1. 在缽盆中放入柑橘風味的龍蝦醬，以鹽和胡椒調味。

2. 加入巴薩米可白醋、香橙干邑甜酒、茴香酒和 E.V. 橄欖油，混拌均匀。

用途・保存

可用於龍蝦或鮑魚與柑橘類的沙拉等，魚貝類的冷盤料理也很適合。冷藏約可保存 2 天。

鴨原汁油醋醬

sauce vinaigrette au jus de canard

【鴨のジュのヴィネグレットソース】

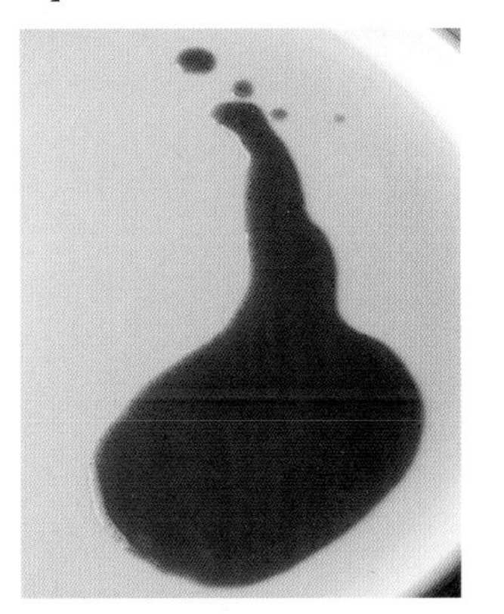

以鴨原汁爲基底，用松露原汁增添風味的美味醬汁。鴨原汁中含有膠質容易凝固，可以先隔水加熱後再使用。

材料（完成時約 300cc）

鴨原汁（→ 69 頁） 180cc
紅酒醋 35cc
松露原汁（市售） 20cc
核桃油 70cc
鹽 適量
胡椒 適量

製作方法

1. 在缽盆中放入鴨原汁、紅酒醋、松露原汁，混拌。用鹽、胡椒調味。
2. 逐次少量地加入核桃油，攪拌均匀。

用途・保存

如澆淋核桃油醬汁的嫩鴨沙拉（→ 113 頁）一樣，可以運用於鴨、珠雞和鴿子等料理上。也可以將肉醃漬在醬汁中。一旦冷卻後膠質會使其凝固，可用隔水加熱法還原後使用。冷藏約可保存 2 ～ 3 天。

雞肝醋醬

sauce foie de volaille au vinaigre

【鶏肝入りのヴィネガーソース】

使用新鮮的雞肝製作出濃郁與香氣兼具的特殊醬汁。非常適合搭配鴨肉沙拉或使用肉類的沙拉。加入松露原汁可以更添香氣。

材料（完成時約 300cc）

雞肝 150g

干邑白蘭地 少量

黃芥末 30g

紅酒醋 25cc

鴨原汁（→ 69 頁） 75cc

核桃油 50cc

松露原汁 60cc

黃檸檬汁 適量

奶油 適量

鹽 適量

胡椒 適量

製作方法

1. 將鹽、胡椒撒在雞肝上，用奶油香煎。香煎至五分熟（á point）（medium 的程度），加入干邑白蘭地以溶出鍋底精華。
2. 趁熱將雞肝放在圓形網篩上過濾，放涼。
3. 加入黃芥末混拌後，再放進紅酒醋、鴨原汁、核桃油混拌。
4. 用鹽、胡椒調整味道，增添風味地加入松露原汁和檸檬汁。

用途・保存

使用於鴨為首的禽鳥類沙拉。因使用了雞肝所以無法保存。每次使用時才製作，並且必須儘早使用完畢。

使用雞肝醋醬

澆淋胡桃油醬汁的法國產嫩鴨沙拉，佐糖漬蘿蔔與鵝肝串

Salade de vanette de France à l'huile de noix
Brocbette de navet confit et de foie gras

法國產嫩鴨搭配大量蔬菜製作的沙拉前菜。整隻嫩鴨烘烤後切成薄片，用鴨原汁油醋醬（→ 111 頁）醋漬。在浸漬過程中，鴨肉的鮮美會滲入油醋醬中，可以使油醋醬更添鴨肉多層次的美味。這種油醋醬因含有膠質，即使放置於室溫下也多少會有凝固的狀態，因此在提供這道前菜時，可以略微溫熱使其回復滑順口感後，再與浸漬的油醋醬一同盛盤。鴨腿肉先油封後，再鋪上加入黃芥末與香草碎的麵包粉烘烤完成。沙拉是以大量葉菜類爲主。爲保持清脆口感地不分切葉片，直接淋上加了雞肝的油醋醬。配菜是將煮至焦化柔軟的蘿蔔與鵝肝凍派串起來，再搭配塗抹了松露泥和蒜泥的烤麵包。

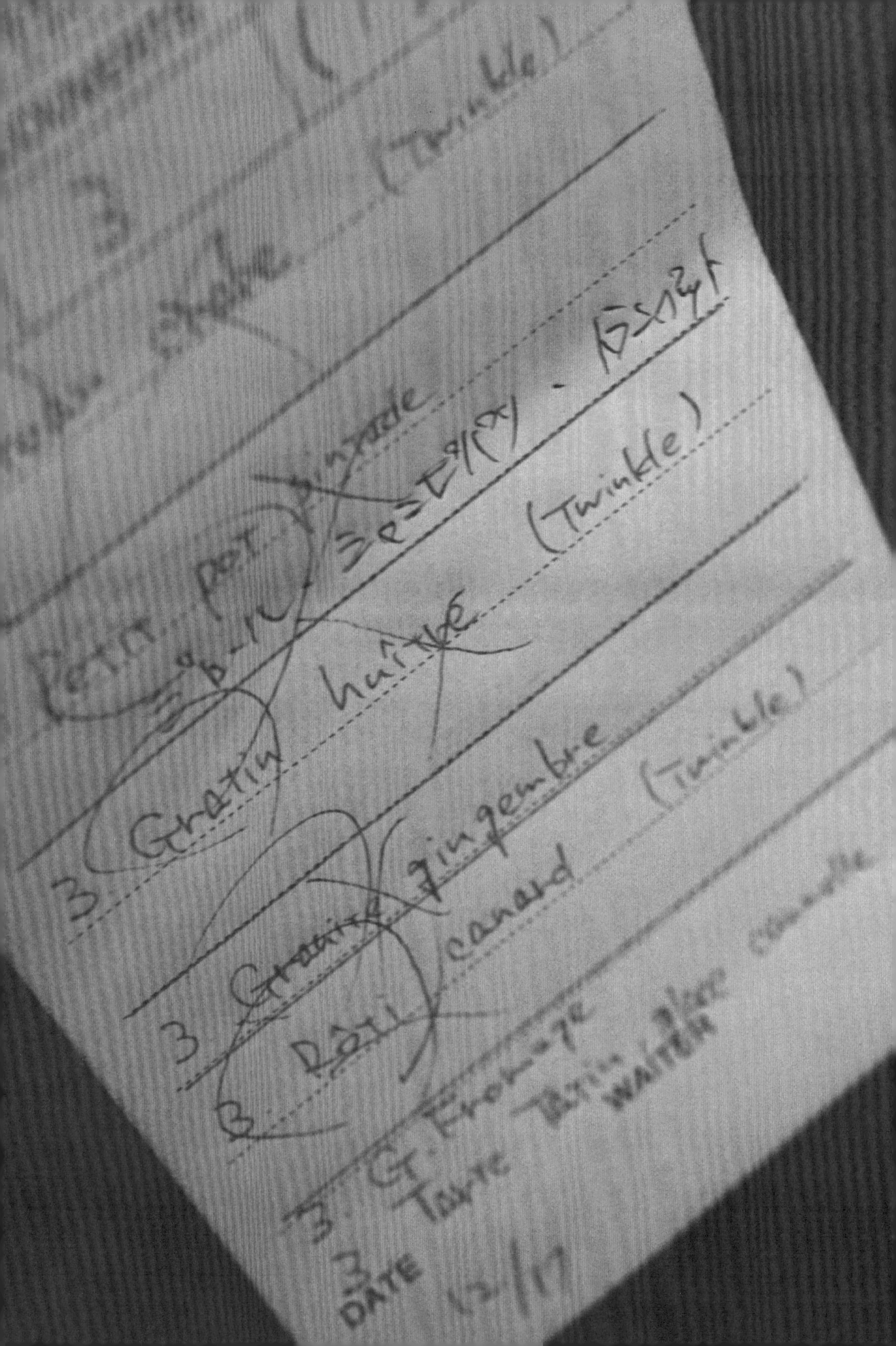

Petit pot pintade (Twinkle)

3 Gratin huître (Twinkle)

3 Gratin gingembre (Twinkle)

3 Rôti canard (Twinkle)

3 G. Fromage

3 Tarte

TABLE

WAITER

DATE 12/17

蛋黃基底醬汁

Sauces à base de jaune d'œuf

美乃滋
sauce mayonnaise

【マヨネーズ】

使用了略多的醋，酸味較重的清爽美乃滋。也可以用橄欖油取代沙拉油製作，但顏色會偏綠且口感較爲濃重。

材料（完成時約 300cc）
蛋黃（※） 1 個
黃芥末 15g
白酒醋 30g
沙拉油 250cc
鹽 適量
胡椒 適量

※ 蛋黃使用的是重 55 ～ 60g 的全蛋。

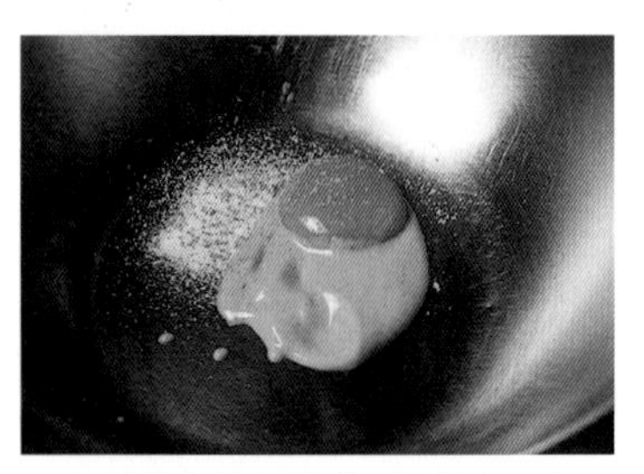

1. 在缽盆中放入蛋黃、黃芥末、鹽、胡椒。除去蛋黃的白色部分（繫帶）。

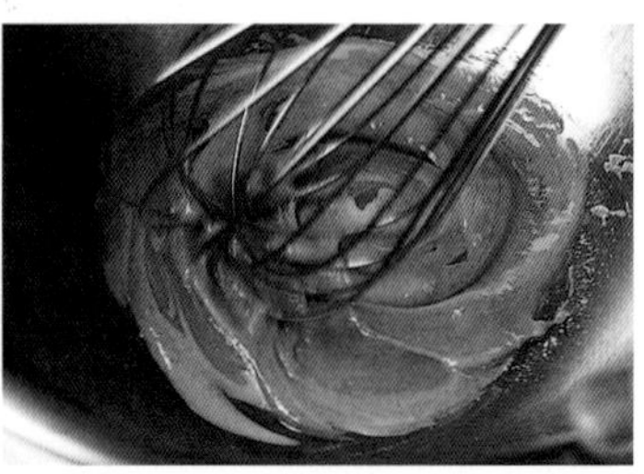

2. 加入少量的白酒醋，混拌使鹽溶解。醋的用量約可溶解鹽的程度即可。

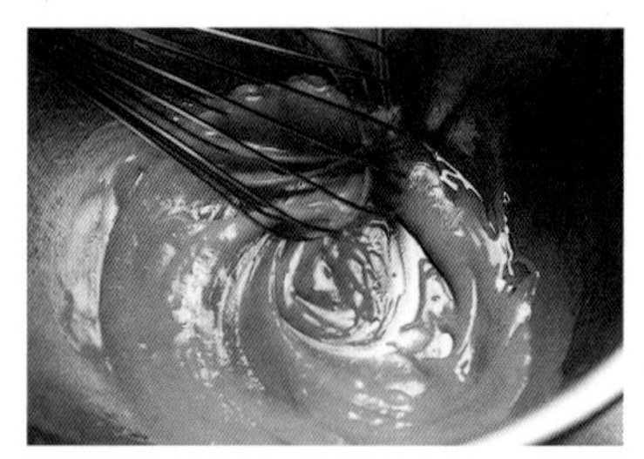

3. 少量逐次地添加沙拉油並進行攪拌。油脂若一次全部加入，會在乳化之前就產生分離，因此必須少量逐次添加。

4. 在沙拉油完全添加完畢前，先加入其餘的白酒醋，混拌。白酒醋是為調整美乃滋的硬度。可依個人喜好、用途而加以調整。

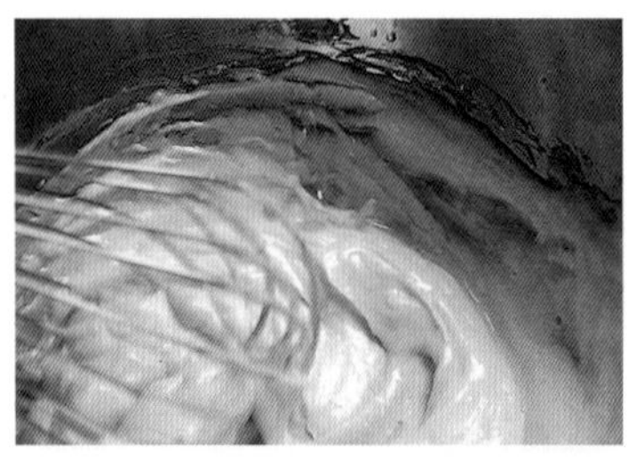

5. 加入其餘的沙拉油，完成。若在油脂類完全添加完畢後，才加入白酒醋，美乃滋的顏色會變白，所以請留一點點沙拉油最後加。

6. 完成的美乃滋。除了可以直接使用外，還可以運用作為許多醬汁的基底。冷藏約可保存 3 天。

綠美乃滋
sauce verte

【グリーンソース】

有著漂亮的綠色與清爽香氣的美乃滋。僅使用菠菜風味較淡，可以使用西洋菜（cresson）和羅勒來強化。使用香葉芹（chervil）或龍蒿會更加清新爽口。

材料（完成時約 300cc）

美乃滋（→ 116 頁）　300cc

菠菜　60g

西洋菜　50g

羅勒　50g

香葉芹　20g

龍蒿　10g

鹽　適量

胡椒　適量

製作方法

1. 菠菜、西洋菜和羅勒用熱水汆燙後，放入冰水中冰鎮。用濾網瀝乾水分。

2. 將 **1** 與香葉芹、龍蒿一起放入攪拌機內攪打成泥狀。再用細孔的圓形網篩過濾。

3. 攤放在網目細小的布巾上，使其中水分自然滴落。

4. 混拌 **3** 和美乃滋，以鹽和胡椒調味。

用途・保存

可使用在以龍蝦凍派為首，乃至使用魚貝類的冷盤料理醬汁。因顏色容易褪去，因此冷藏至翌日就必須完全使用完畢。

傑那瓦醬

sauce Génoise

【ジェノヴァ風ソース】

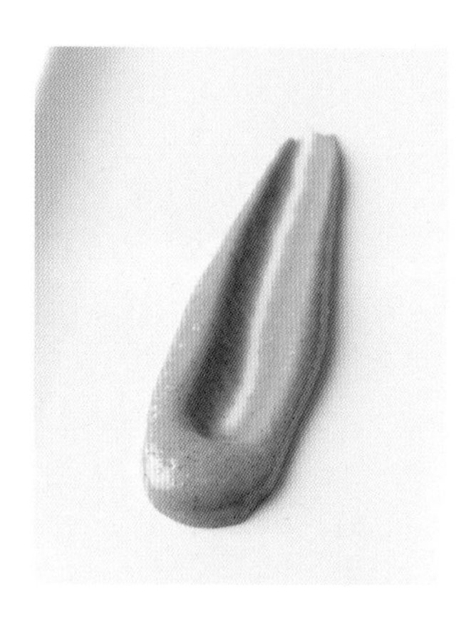

美乃滋爲基底搭配開心果與松子所完成的醬汁。帶著檸檬爽口的酸味和香草的芳香，最大的特徵是食用後感覺到濃郁的堅果香。色澤也很漂亮，是款不易變色的醬汁。

材料（完成時約 300cc）

開心果　10g

松子（或杏仁果）　6g

貝夏美醬（→ 218 頁）　2g

蛋黃　2 個

黃檸檬汁　20 cc

鹽　適量

胡椒　適量

E.V. 橄欖油　250cc

香草泥（※）　10g

※ 香草泥是用羅勒、香葉芹、龍蒿、蝦夷蔥的葉片各 4g，約燙煮 2 分鐘後放入冰水中冰鎮，瀝乾水分後過濾成泥狀。

製作方法

1. 烘烤過的開心果和松子放入研缽中，研磨至呈滑順狀態。加入貝夏美醬混拌後，以細孔圓形網篩過濾。

2. 在 **1** 中加入蛋黃混拌，加入鹽、胡椒、檸檬汁調整味道。少量逐次地添加 E.V. 橄欖油，並用攪拌器攪拌。

3. 完成時添加香草泥，混拌均勻。

用途・保存

可用作魚類或豬肉等白肉冷盤料理的醬汁。因顏色鮮艷，適合用於宴會或自助餐等。可保存至製作的翌日，但也必須儘早使用完畢。

歐爾醬

sauce aurore

【オーロラソース】

「歐爾醬」是經典醬汁之一。在番茄醬與醬汁濃縮的風味當中，有著打發鮮奶油的圓融及輕盈口感，還有辣椒水和檸檬的清爽提味。

材料（完成時約 300cc）

美乃滋（→ 116 頁）　150cc

黃芥末　10g

鮮奶油（7 分打發）　60cc

番茄醬　90g

伍斯特醬（Worcester sauce）　少量

干邑白蘭地　5cc

辣椒水（tabasco）　少量

黃檸檬汁　10cc

鹽　適量

胡椒　適量

製作方法

1. 將黃芥末、7 分打發的鮮奶油和番茄醬加入美乃滋中，混拌。

2. 加進伍斯特醬、干邑白蘭地、辣椒水、檸檬汁，用鹽、胡椒調整味道。

用途・保存

適合搭配使用魚貝類或蔬菜的凍派（terrine）、或龍蝦料理。可以少量添加在奶油醬基底的膠凍（→ 141 頁）中增色，也能簡單地作為蔬菜棒沙拉的醬汁。冷藏可保存 2 天。

咖哩美乃滋

sauce au curry

【カレー風味のマヨネーズソース】

咖哩風味的冷盤料理用醬汁。僅使用美乃滋風味較濃重，與法式油醋醬搭配組合，就能製作出口感輕盈且方便使用於料理的醬汁濃度。若沒有薑黃時，也可以只使用咖哩粉。

材料（完成時約300cc）

美乃滋（→116頁）　120cc

法式油醋醬（→99頁）　180cc

咖哩粉　8g

薑黃（粉）　3g

鹽　適量

胡椒　適量

製作方法

1. 在缽盆中放入咖哩粉與薑黃粉，加入法式油醋醬使其溶解。
2. 將1與美乃滋混拌，用鹽、胡椒調整味道。

用途・保存

適合搭配鮪魚、鰹魚等紅肉魚的醋漬或雞胸肉的冷盤料理。也能搭配小芋頭和豆類。冷藏約可保存5～6天。

使用咖哩美乃滋

醋漬金槍魚與有機番茄的咖哩風味沙拉

金槍魚表面網烤後切片，以醬油、蘋果醋和味醂等進行醋漬。搭配番茄、洋蔥等蔬菜。澆淋在盤子周圍的醬汁是咖哩美乃滋和熬煮濃縮的巴薩米可醋。雖然金槍魚已醋漬過，但還是能作爲提味地蘸著咖哩美乃滋享用。

塔塔醬

sauce tartare

【タルタルソース】

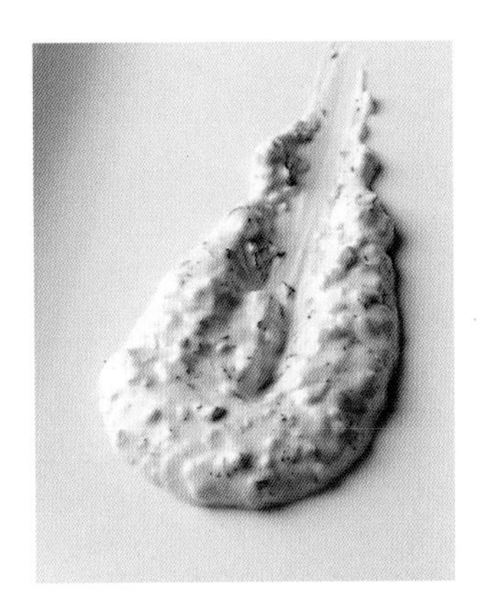

爲了成爲易於使用的醬汁，而減少雞蛋用量的塔塔醬。水煮蛋的蛋白過濾兩次後形成滑順的口感。酸黃瓜與酸豆清脆的口感與酸味，正是畫龍點睛之處。

材料（完成時約 300cc）

美乃滋（→ 116 頁）　250cc
雞蛋　1 個
洋蔥　40g
酸黃瓜（※）　10g
酸豆　10g
平葉巴西里　5g
黃檸檬汁　適量
鹽　適量
胡椒　適量

※ 醋漬小黃瓜（酸黃瓜）。

製作方法

1. 雞蛋煮至完全凝固，去殼。分開蛋白和蛋黃，各別以圓形網篩過濾。蛋白過濾兩次。

2. 洋蔥切碎，以流水沖洗後瀝乾水分。酸黃瓜、酸豆、平葉巴西里切成碎末。

3. 混合 **1** 和 **2**，加入美乃滋混拌。以檸檬汁、鹽、胡椒調整味道。

用途・保存

適合搭配油炸或香煎的魚貝類。加入少量在三明治的材料中也能提味。冷藏約可保存 2 天。

“Le Duc”的塔塔醬
sauce tartare “Le Duc”

【タルタルソース、“ル・デュック”風】

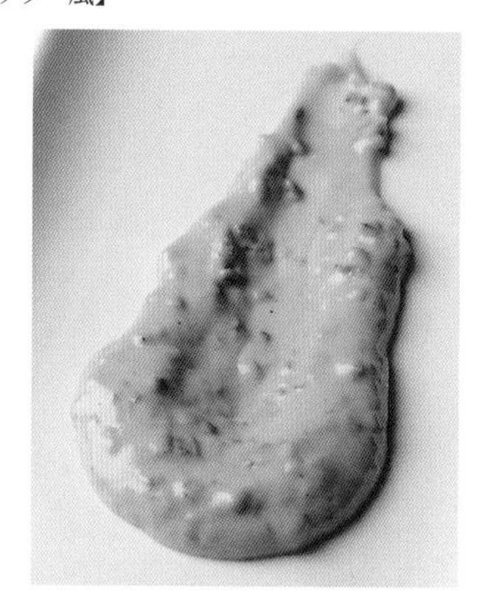

在巴黎「Le Duc」學習到的配方，一直非常喜歡且至今日仍持續製作的醬汁。使用鯷魚和干邑白蘭地，帶有濃郁華麗氣息。適合用於義式生魚片冷盤。

材料（完成時約 300cc）

蛋黃　1 個
黃芥末　8g
白酒醋　5cc
E.V. 橄欖油　200cc
鯷魚（中段）　12g
酸豆　20 粒
酸黃瓜（※）　16g
黃檸檬汁　少量
干邑白蘭地　少量
鹽　適量
胡椒　適量
卡宴辣椒粉（cayenne pepper）　極少量

※ 醋漬小黃瓜（酸黃瓜）。

製作方法

1. 鯷魚、酸豆和酸黃瓜切成 3mm 的碎末。

2. 在缽盆中放入蛋黃、黃芥末、白酒醋，混拌。少量逐次地放入 E.V. 橄欖油邊以製作美乃滋的要領進行攪拌。

3. 將鯷魚、酸豆和酸黃瓜加入 **2** 當中，確實混拌。添加檸檬汁、干邑白蘭地、卡宴辣椒粉，用鹽、胡椒調整味道。

用途・保存

混拌切成碎丁的魚肉，可以作成塔塔風醬汁或作為義式生魚片冷盤的醬汁基底。添加打發鮮奶油，更能輕盈口感。冷藏約可保存 3 天。

雷莫拉醬

sauce rémoulade

【レムラードソース】

在美乃滋中加入切碎的酸黃瓜、酸豆、黃芥末以及香草類所製作而成的雷莫拉醬。具有清晰的酸味和鹹味，讓人能確實品嚐到的豐富滋味。

材料（完成時約 300cc）

美乃滋（→ 116 頁）　250cc
鯷魚醬（市售）　10g
黃芥末　35g
酸黃瓜　25g
酸豆　20g
平葉巴西里　10g
香葉芹　10g
龍蒿　5g
黃檸檬汁　少量
鹽　適量
胡椒　適量

製作方法

1. 酸黃瓜和酸豆切成 2mm 的碎末，平葉巴西里、香葉芹和龍蒿的葉片切成極細的碎末。

2. 將鯷魚和黃芥末加入美乃滋中混拌。加入酸黃瓜、酸豆和香草類混拌，加入檸檬汁，用鹽、胡椒調整味道。

用途・保存

可作為義式生牛肉或馬肉前菜、煙燻鮭魚、炙燒鰹魚片等的醬汁。也適合搭配燙煮菠菜等蔬菜。冷藏約可保存 3 天。

千島醬

thousand island dressing

【サウザンアイランドドレッシング】

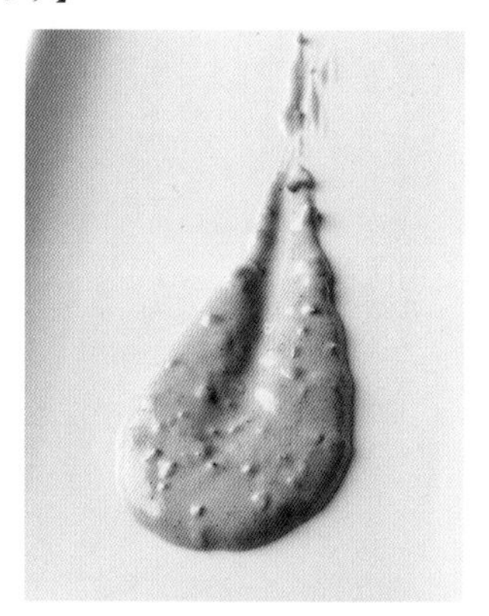

添加了甜辣醬與番茄醬的美乃滋中加入切碎蔬菜混拌，是口感良好的醬汁。最近雖然已不太製作，但其實是廣受喜愛的味道。

材料（完成時約 300cc）

美乃滋（→ 116 頁）　200cc
綠橄欖（醋漬）　4g
酸豆　4g
酸黃瓜（※）　4g
洋蔥　4g
青椒　4g
紅椒　4g
芹菜　4g
甜辣醬（※）　30g
番茄醬（ketchup）　8g
番茄糊　6g
蘋果醋　10cc
黃檸檬汁　10cc
紅椒粉（paprika）　3g
鹽　適量
胡椒　適量

※ 醋漬小黃瓜（酸黃瓜）。
※ 泰國製帶有酸甜味的辣醬。

製作方法

1. 綠橄欖、酸豆、酸黃瓜、洋蔥、紅椒、青椒、芹菜切碎備用。

2. 在美乃滋中加入 **1** 的各種材料，並加入甜辣醬、番茄醬、番茄糊、蘋果醋、檸檬汁、紅椒粉，充分混拌。用鹽、胡椒調整味道。

用途・保存

可用於西式餐點或宴客等廣泛客層聚集的宴席用沙拉醬汁等。冷藏約可保存 2 ～ 3 天。

芥末蛋黃醬

sauce gribiche

【グリビッシュソース】

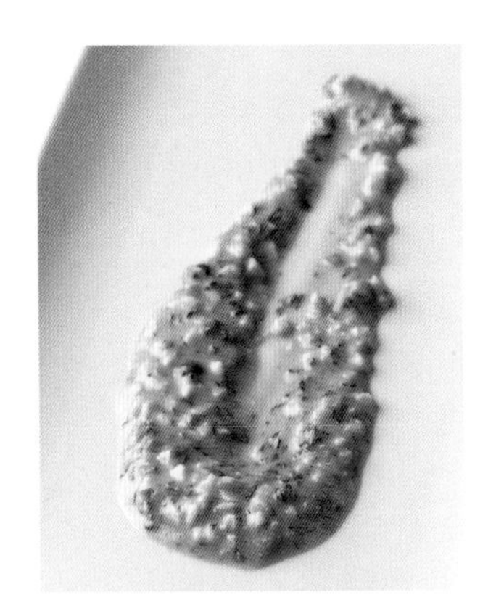

在使用水煮蛋製作的美乃滋中，添加了酸黃瓜、酸豆、香草風味的醬汁。相較於使用蛋黃製作的美乃滋，雞蛋風味更強。適合搭配豬或小牛凍派。

材料（完成時約300cc）

水煮蛋　2個
黃芥末　15g
白酒醋　15cc
橄欖油　120cc
酸黃瓜　15g
酸豆　15g
平葉巴西里　1g
香葉芹　1g
龍蒿　1g
黃檸檬汁　少量
鹽　適量
胡椒　適量

製作方法

1. 分開水煮蛋的蛋黃和蛋白，各別以圓形網篩過濾。

2. 酸豆和酸黃瓜切碎，平葉巴西里、香葉芹、龍蒿的葉片切成極細碎。

3. 在缽盆中放入過濾後的蛋黃、黃芥末、白酒醋，充分混拌。此時少量逐次地加入橄欖油，以美乃滋的製作要領進行攪拌。

4. 在 **3** 中加入過濾後的蛋白和 **2** 的材料混拌。用鹽、胡椒、檸檬汁調整味道。

用途・保存

可搭配豬頭肉凍（tête de fromage）或豬頰肉高湯凍，也能用於煙燻鮭魚等冷盤料理。冷藏約可保存2～3天。

荷蘭醬

sauce Hollandaise

【オランデーズソース】

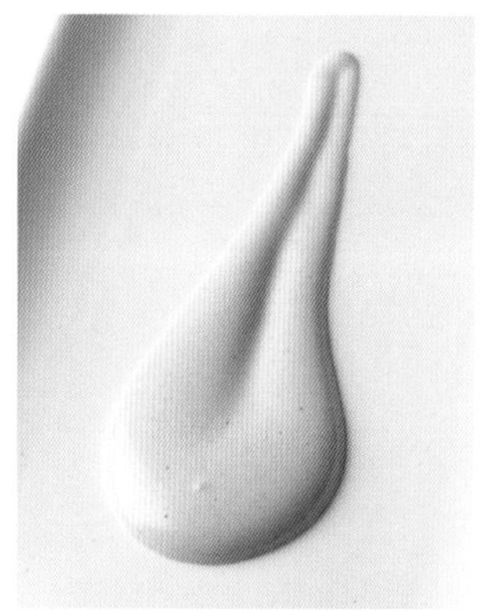

荷蘭醬的最大特徵，就是蛋黃的濃郁美味。雞蛋加熱且不斷地打發才能製作出口感滑順的醬汁。使用澄清奶油（beurre clarifie）營造出潤澤的口感。

材料（完成時約 300cc）
蛋黃　2 個
水　30cc
粗粒胡椒（白）　少量
白酒醋　30cc
澄清奶油（※）　50cc
黃檸檬汁　少量
鹽　適量

※指的是奶油加熱後沉澱，僅取上層清澈的部分，故稱澄清奶油 beurre clarifie。

1. 在鍋中放入粗粒胡椒、白酒醋，以小火熬煮（為揮發白酒醋的酸及苦味，並使粗粒胡椒釋出香氣）。降溫放涼。

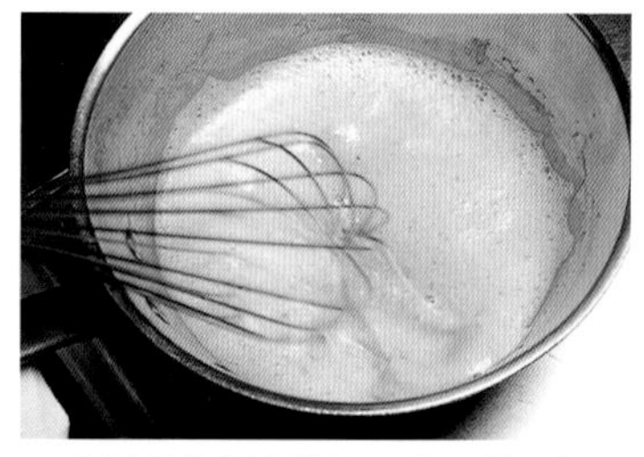

2. 在另外的鍋中放入 **1** 和蛋黃，加入水並以攪拌器混拌。以畫 8 字形狀的律動攪拌打發至產生許多氣泡。

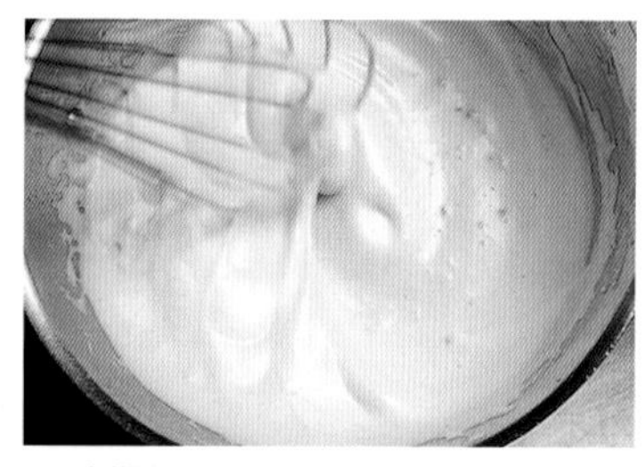

3. 邊攪拌邊加熱。必須注意避免溫度過度升高，不斷地離火控溫並持續打發。製作量較少時，可以用隔水加熱法來進行。

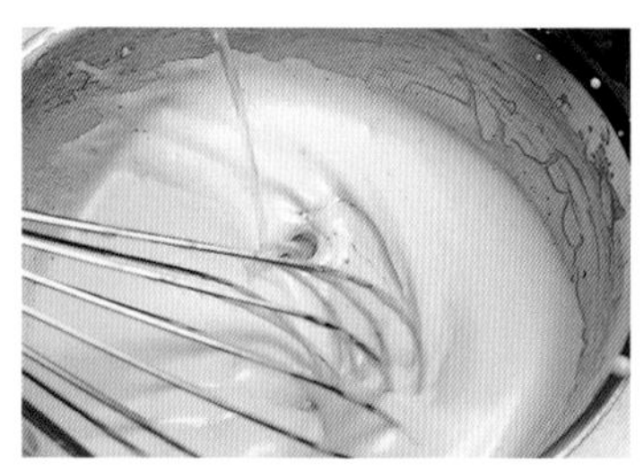

4. 打發至膨鬆且紋路變得立體、蛋黃也加熱後，少量逐次地加入澄清奶油。使用的是加熱至 40℃左右的澄清奶油。期間也不能間斷地持續混拌。

5. 用鹽調整風味，並以圓錐形濾杓過濾。若想要製作出口感更滑順的醬汁，可以採用布巾過濾。

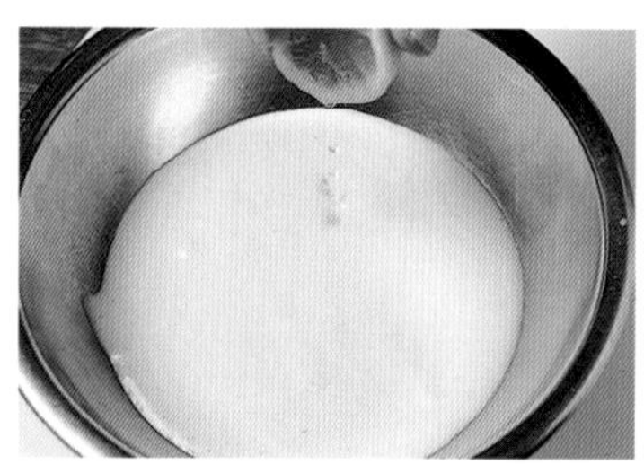

6. 加入檸檬汁即完成。可作為汆燙蘆筍、水波蛋（œufs pochés）、水煮魚的醬汁。因氣泡會消失所以無法保存。必須立刻使用完畢。

慕斯林醬

sauce mousseline

【ムースリーヌソース】

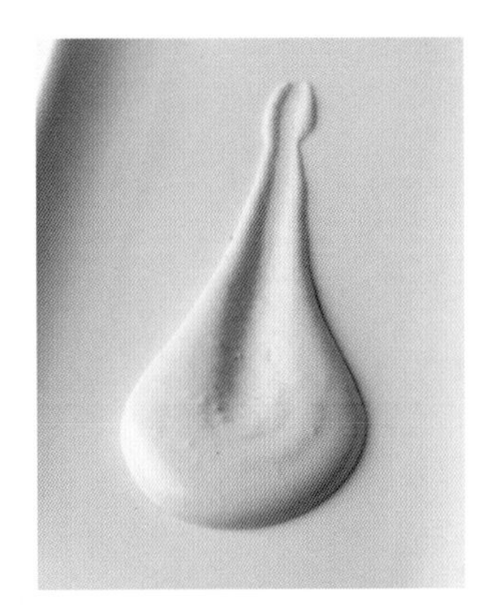

在荷蘭醬中添加打發鮮奶油的滑順醬汁。細緻的氣泡入口即化，比荷蘭醬更具輕盈感。

材料（完成時約 300cc）

蛋黃　2 個

水　40cc

澄清奶油　40cc

鮮奶油　100cc

黃檸檬汁　少量

鹽　適量

胡椒　適量

製作方法

1. 在鍋中放入蛋黃和水，以攪拌器混拌。加熱，使蛋黃受熱，不斷地攪拌至膨鬆且紋路變得立體。製作量較少時，可以用隔水加熱法來進行。

2. 少量逐次地加入澄清奶油並持續混拌。製作成荷蘭醬。

3. 鮮奶油打至全發，加入降溫的 **2** 當中。用鹽、胡椒和檸檬汁調整味道。

用途・保存

與荷蘭醬（→ 126 頁）相同，可以搭配燙煮蔬菜、水波蛋或水煮魚。在氣泡消失前迅速地使用完畢。

沙巴雍醬

sauce sabayon

【サバイヨンソース】

充滿著大量氣泡，口感輕盈的溫製醬汁。入口即化地留下奶油的香氣和蛋黃的濃郁餘韻，在焗烤時是不可或缺的醬汁。

材料（完成時約300cc）

蛋黃　2個
水　40cc
澄清奶油　40cc
黃檸檬汁　少量
鹽　適量
胡椒　適量

製作方法

1. 在鍋中放蛋黃和水，以攪拌器混拌攪打。以畫8字形狀的律動，如荷蘭醬（→126頁）般攪拌打發至產生許多氣泡。
2. 加熱，但必須注意避免溫度過度升高，同時持續打發至膨鬆且尖角直立。製作量較少時，可以用隔水加熱法來進行。
3. 少量逐次地加入澄清奶油。用鹽、胡椒和檸檬汁來調整風味。

用途・保存

用於蔬菜、魚貝類或雞肉等焗烤。氣泡就是最重要的關鍵，在每次使用時才進行製作，且當場使用完畢。

使用沙巴雍醬

煎烤鯛魚佐巴西里風味蘑菇醬與蘆筍

鯛魚搭配帶有香檳風味沙巴雍醬汁的組合，是能提引出食材風味的一道料理。醬汁用紅蔥炒出水份，加入香檳和魚高湯、鮮奶油一起熬煮，再加入番茄、平葉巴西里、沙巴雍醬汁，完成時的口感最好。在煎魚後加入香檳溶出鍋底精華，並大量澆淋在魚肉上。配菜用的是汆燙過並以雞基本高湯加熱過的綠蘆筍。

貝亞恩斯醬

sauce béarnaise

【ベアルネーズソース】

紅蔥與龍蒿、醋一起熬煮，加入了蛋黃和澄清奶油後打發的溫製醬汁。龍蒿和醋的風味與烤肉或烤魚的風味非常搭配。

材料（完成時約 10L）
蛋黃　4 個
水　60cc
澄清奶油　40cc
濃縮龍蒿（※）　16g
澄清奶油　70cc
黃檸檬汁　少量
龍蒿　3g
香葉芹　3g
鹽　適量
胡椒　適量

※ 濃縮（reduction）龍蒿（方便製作的分量）
- 醋漬龍蒿（市售）　25g
- 醋漬龍蒿浸漬液　65cc
- 紅蔥　10g
- 粗粒胡椒（白）　少量

1. 在鍋中放入醋漬龍蒿、醋漬龍蒿浸漬液和切碎的紅蔥，放入粗粒胡椒以小火加熱。熬煮至水分收乾，酸味揮發。使用其中的 16g。

2. 在鍋中放入蛋黃、水、濃縮龍蒿。以攪拌器混拌攪打至發泡。

3. 加熱，但必須注意避免溫度過度升高地加熱蛋黃。期間不斷地持續混拌。當攪拌器逐漸覺得沉重時，就是已受熱的證明。

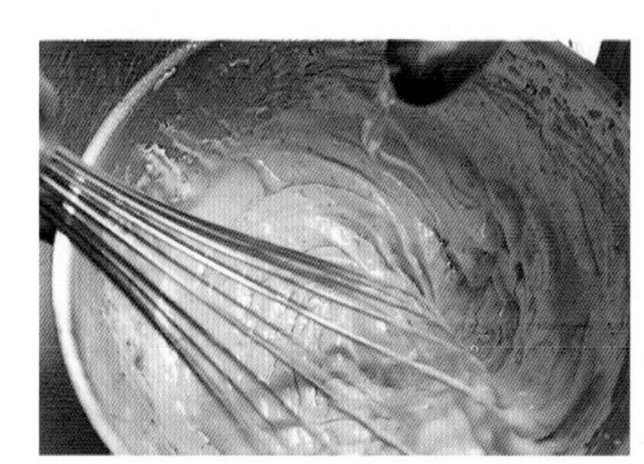

4. 邊少量逐次地加入溫熱至 40℃左右的澄清奶油，邊持續攪拌。

5. 用鹽、胡椒來調整風味，加入檸檬汁。再加入切成碎末的龍蒿和香葉芹。

6. 待香草完全均勻混拌時，即已完成。可作為雞、牛或水煮魚類或網烤料理的醬汁。製作當日就必須使用完畢。

使用貝亞恩斯醬

嫩兔肉排佐貝亞恩斯醬、馬鈴薯薄片與小沙拉

Steak de lapin à la sauce béarnaise,
Pommes maxims et une petite salade

脂肪較少、風味清淡的兔肉，與滑順且濃郁的貝亞恩斯醬最相得益彰。雖看似簡單，但反而能同時品嚐到兩者美味的一道料理。用的是去皮去筋的兔背肉，以花生油和奶油使其表面呈現焦色（rissoler）。因容易受熱所以必須儘早起鍋，並使其靜置。帶骨的背肉也同樣以花生油和奶油使其表面上色，部分塗抹上黃芥末，撒上混有平葉巴西里和大蒜碎的麵包粉烘烤。腎臟的表面也煎出烤色。盛盤，兔背肉搭配貝亞恩斯醬，腎臟則搭配蝦夷蔥、櫻桃蘿蔔（radish）和芝麻油。配菜則是薄切成圓片的馬鈴薯刷上薄層澄清奶油後，烘烤而成，還有混合西洋菜及香葉芹的嫩菜沙拉。沙拉拌上核桃油的基本油醋醬（→ 94 頁）後盛盤。

咖哩風味的貝亞恩斯醬

sauce béarnaise au curry

【カレー風味のベアルネーズソース】

添加咖哩粉的貝亞恩斯醬。咖哩不僅具香味、促進食欲，也具有和緩魚貝類氣味的效果。適合搭配蝦或魚類料理。

材料（完成時約 300cc）

蛋黃　4 個

水　60cc

濃縮龍蒿（※）　16g

澄清奶油　60cc

咖哩粉　5g

黃檸檬汁　少量

鹽　適量

胡椒　適量

龍蒿　3g

香葉芹　3g

※ 濃縮龍蒿（方便製作的分量）

- 醋漬龍蒿（市售）　25g
- 醋漬龍蒿浸漬液　65g
- 紅蔥　10g
- 粗粒胡椒（白）　少量

製作方法

1. 製作濃縮龍蒿。在鍋中放入醋漬龍蒿、醋漬龍蒿浸漬液和切碎的紅蔥，放入粗粒胡椒以小火加熱。熬煮至水分收乾，酸味揮發。使用其中的 16g。

2. 在鍋中放入蛋黃、水、濃縮龍蒿，以攪拌器混拌攪打至發泡。

3. 加熱，但必須注意避免溫度過度升高地加熱蛋黃，使其受熱。期間不斷地持續混拌。

4. 邊少量逐次地加入溫熱至 40°C左右的澄清奶油邊持續攪拌。

5. 加入咖哩粉，用鹽、胡椒來調整風味，加入檸檬汁。再加入切成碎末的龍蒿和香葉芹，均勻混拌。

用途・保存

可用於非常適合搭配咖哩風味的油炸魚貝類或水煮蝦類等。因氣泡會消失，必須儘速地使用完畢。

修隆醬

sauce Choron

【ショロン風ソース】

添加了番茄糊帶有清爽酸味的貝亞恩斯醬。是法國廚神－保羅・博庫斯（Paul Bocuse）的著名料理「千層酥皮狼鱸魚」所使用的醬汁。也可以添加新鮮的番茄。

材料（完成時約 300cc）

蛋黃　4 個
水　60cc
濃縮龍蒿（※）　16g
澄清奶油　60cc
番茄糊　30g
黃檸檬汁　少量
鹽　適量
胡椒　適量
龍蒿　3g
香葉芹　3g

※ 濃縮龍蒿（方便製作的分量）
- 醋漬龍蒿（市售）　25g
- 醋漬龍蒿浸漬液　65g
- 紅蔥　10g
- 粗粒胡椒（白）　少量

製作方法

1. 製作濃縮龍蒿。在鍋中放入醋漬龍蒿、醋漬龍蒿浸漬液和切碎的紅蔥，放入粗粒胡椒以小火加熱。熬煮至水分收乾，酸味揮發。使用其中的 16g。

2. 在鍋中放入蛋黃、水、濃縮龍蒿，以攪拌器混拌攪打至發泡。

3. 加熱，但必須注意避免溫度過度升高地加熱蛋黃。期間不斷地持續打發。

4. 邊少量逐次地加入溫熱至 40°C左右的澄清奶油邊持續攪拌。

5. 加入番茄糊，用鹽、胡椒來調整風味，加入檸檬汁。再加入切成碎末的龍蒿和香葉芹，均勻混拌。

用途・保存

可用作酥皮焗烤魚、牛肉或豬肉網烤等料理的醬汁。因氣泡會消失，必須儘速地使用完畢。

高湯凍與膠凍

Gelées et Sauces chaud-froid

龍蝦高湯凍

gelée de homard

【オマールのジュレ】

清澄（clarifier）龍蝦基本高湯，加入明膠製作而成高湯凍，能清晰地感受到龍蝦的香氣和甘醇。蛋白確實受熱，使原汁充分澄徹就是製作的關鍵。

材料（完成時約 1L）

龍蝦基本高湯（→ 46 頁）　1.4L

紅蘿蔔　12g

韭蔥　12g

西洋芹　6g

蘑菇　12g

平葉巴西里莖　6g

蛋白　1 個

板狀明膠　10 ～ 12g

橄欖油　少量

製作方法

1. 紅蘿蔔、西洋芹、韭蔥、蘑菇、平葉巴西里莖都切成細丁狀。

2. 在鍋中加入少量橄欖油，將 **1** 的蔬菜拌炒至炒出水份。加入少量龍蝦基本高湯，並加入打發至 6 分左右的蛋白，充分混拌。

3. 在另外的鍋內倒入其餘的龍蝦基本高湯，加入 **2** 再以大火加熱。煮至沸騰後轉為小火，當蛋白吸附浮渣浮起時，用湯杓在中央處撥出空洞（直徑 6 ～ 7cm）。保持煨燉方式煮約 10 分鐘。過程中加入用水還原的明膠，輕輕混拌。

4. 以墊放布巾的圓錐形濾杓，避免混濁地少量逐次地進行過濾。表面的油脂用紙巾吸除。墊放冰水使其散熱，冷卻。

用途・保存

用於搭配甲殼類前菜、龍蝦凍派等。冷藏可保存 2 ～ 3 天。

螯蝦高湯凍

gelée de langoustine

【赤座エビのジュレ】

螯蝦基本高湯用蛋白清澄湯汁後製成的高湯凍。甜味更勝於龍蝦高湯凍，螯蝦的香氣入口時即可鮮明地感受到在口中擴散。

材料（完成時約 1L）

螯蝦基本高湯（→ 49 頁） 1.4L
紅蘿蔔 12g
韭蔥 12g
西洋芹 6g
蘑菇 12g
平葉巴西里莖 6g
蛋白 1 個
板狀明膠 10～12g
橄欖油 少量

製作方法

1. 紅蘿蔔、西洋芹、韭蔥、蘑菇、平葉巴西里莖都切成細丁狀。

2. 在鍋中加入少量橄欖油，將 **1** 的蔬菜拌炒至炒出水份。加入少量螯蝦基本高湯，並加入打發至 6 分左右的蛋白，充分混拌。

3. 在另外的鍋內倒入其餘的螯蝦基本高湯，加入 **2** 再以大火加熱。煮至沸騰後轉為小火，當蛋白吸附浮渣浮起時，用湯杓在中央處撥出空洞（直徑 6～7cm）。保持煨燉方式煮約 10 分鐘。過程中加入用水還原的明膠，輕輕混拌。

4. 以墊放布巾的圓錐形濾杓，避免混濁地少量逐次地進行過濾。表面的油脂用紙巾吸除。墊放冰水使其散熱，冷卻。

用途・保存

用於搭配甲殼類前菜、螯蝦凍派等。冷藏可保存 2～3 天。

鴿高湯凍

gelée de pigeon

【ハトのジュレ】

爲了提引出鴿肉的強烈風味，不使用甜味較強的韭蔥，而添加八角茴香製作而成的清澄高湯凍。基本高湯本身就含有明膠，因此板狀明膠的用量可以略減。

材料（完成時約 1L）

鴿基本高湯（→ 33 頁） 1.4L
紅蘿蔔 10g
西洋芹 5g
蘑菇 10g
平葉巴西里莖 5g
八角茴香（star anise） 1 個
蛋白 1 個
板狀明膠 7g
橄欖油 少量

製作方法

1. 紅蘿蔔、西洋芹、蘑菇、平葉巴西里莖都切成細丁狀。

2. 在鍋中加入少量橄欖油，將 **1** 的蔬菜拌炒至炒出水份。加入少量鴿基本高湯，並加入打發至 6 分左右的蛋白，充分混拌。

3. 在另外的鍋內倒入其餘的鴿基本高湯，加入 **2** 再以大火加熱。煮至沸騰後轉為小火，當蛋白吸附浮渣浮起時，用湯杓在中央處撥出空洞（直徑 6 ～ 7cm）。保持煨燉方式煮約 10 分鐘。

4. 以墊放布巾的圓錐形濾杓，避免混濁地少量逐次地進行過濾。過濾後的液體中加入八角茴香，靜置至冷卻使香氣滲入。

5. 加入用水還原的明膠，再次煮沸。以墊放布巾的圓錐形濾杓，少量逐次地進行過濾，表面的油脂用紙巾吸除。墊放冰水使其散熱，冷卻。

用途・保存

用於搭配鴿類前菜、凍派（terrine）、肉凍（pâté）等。冷藏可保存 2 ～ 3 天。

鴨高湯凍

gelée de canard

【鴨のジュレ】

用蛋白清澄鴨基本高湯所製成的高湯凍，具有柔和的香氣。入口即融帶著鴨肉的強烈美味。以鴨派凍為首以至於肉凍，可以搭配各式各樣的冷盤料理。

材料（完成時約 1L）

鴨基本高湯（→ 30 頁） 1.2L
紅蘿蔔 10g
韭蔥 10g
西洋芹 5g
蘑菇 10g
平葉巴西里莖 5g
蛋白 1 個
板狀明膠 7g
橄欖油 少量

製作方法

1. 紅蘿蔔、西洋芹、韭蔥、蘑菇、平葉巴西里莖都切成細丁狀。

2. 在鍋中加入少量橄欖油，將 **1** 的蔬菜拌炒至炒出水份。加入少量鴨基本高湯，並加入打發至 6 分左右的蛋白，充分混拌。

3. 在另外的鍋內倒入其餘的鴨基本高湯，加入 **2** 再以大火加熱。煮至沸騰後轉為小火，當蛋白吸附浮渣浮起時，用湯杓在中央處撥出空洞（直徑 6 ～ 7cm）。保持煨燉方式煮約 10 分鐘。過程中加入用水還原的明膠，輕輕混拌。

4. 以墊放布巾的圓錐形濾杓，避免混濁地少量逐次地進行過濾。表面的油脂用紙巾吸除。墊放冰水使其散熱，冷卻。

用途・保存

可搭配用於鴨類前菜、鴨肉凍派（terrine）或肉凍（pâté）。冷藏可保存 2 ～ 3 天。

鵝肝高湯凍

gelée de foie gras

【フォワグラのジュレ】

帶著鵝（或鴨）肝濃縮的美味與牛筋肉香氣的高湯凍。高湯凍入口即融，但美味的餘韻存留齒間。用於搭配凍派（terrine）或鵝肝前菜。

材料（完成時約 1L）

牛筋肉　400g

鵝（或鴨）肝　80g

雞基本高湯（→ 28 頁）　2L

干邑白蘭地　15cc

馬德拉酒　15cc

細砂糖　5g

四種綜合辛香料（quatre épices）　少量

粗鹽　適量

粒狀胡椒（黑）　少量

蛋白　1 個

板狀明膠　7g

花生油　少量

製作方法

1. 牛筋肉和鵝肝各切成約 3cm 的不規則塊狀。

2. 在平底鍋中加入花生油，將牛筋肉表面煎至呈烤色。以濾網瀝出除去油脂。

3. 在鍋中放入鵝肝、牛筋肉、雞基本高湯、干邑白蘭地、馬德拉酒、細砂糖、四種綜合辛香料、粗鹽、粗粒胡椒，以小火約燉煮 1 個半小時。用圓錐形濾杓過濾。

4. 在另外的鍋內倒入 **3** 的液體和打發至 6 分的蛋白，以大火加熱。煮至沸騰後轉為小火，當蛋白吸附浮渣浮起時，用湯杓在中央處撥出空洞（直徑 6 ～ 7cm），清澄湯汁。繼續煮約 10 分鐘。

5. 加入用水還原的明膠，輕輕混拌。以墊放布巾的圓錐形濾杓，避免混濁地少量逐次地進行過濾。表面的油脂用紙巾吸除。墊放冰水使其散熱，冷卻。

用途・保存

用於凍派（terrine）或使用鵝或鴨肝的前菜。也可作為高湯凍基底的膠凍（→ 140 頁）的基底。冷藏可保存 2 ～ 3 天。

使用鵝肝高湯凍

大理石紋的鵝肝凍派搭配高湯凍，佐醋漬春季蔬菜

Terrine de foie gras marbrée et sa gelée
légumes de printemps marinés

用鹽、砂糖、四種綜合辛香料、雪莉酒、干邑白蘭地、波特酒浸漬一夜的鵝或鴨肝，撒上切碎的松露，使切開斷面呈現大理石紋地填裝至模型中，按壓使其成爲凍派。切出適當的厚度，盛盤。僅享用凍派會感覺過於濃重，因此搭配上鹽之花（fleur de sel）、粗粒黑胡椒、鵝肝高湯凍。高湯凍滑順且入口即融的口感，加上多層次的風味，能使凍派不膩口。搭配的是略微醋漬的蔬菜－迷你紅蘿蔔、蘆筍、油菜花等汆燙後，用蘋果醋和白酒基底的醃漬液浸漬。飾以甜酸醬（chutney）、小番茄片和香葉芹。

高湯凍基底的膠凍
gelée chaud-froid brune

【ジュレベースのショーフロワ】

熱（chaud）調理後冷卻（froid）製作而成的經典醬汁。在此是用波特酒爲基底的高湯凍來增添其稠度。可作爲雞肝或鵝、鴨肝的包覆醬汁。

材料（完成時約 300cc）

波特酒（紅酒）　800cc
鵝肝高湯凍（→ 138 頁）　100cc
蜂蜜（槐花蜜）　6g
板狀明膠　6g
鹽　適量
胡椒　適量

製作方法

1. 以小火加熱濃縮波特酒，熬煮成 200cc。大火煮沸時會產生白濁，必須多加留意。

2. 在 **1** 中加入鵝肝高湯凍和蜂蜜、用水還原的明膠，煮至沸騰。煮至沸騰後熄火，用鹽、胡椒調味。

3. 以圓錐形濾杓過濾。表面的油脂用紙巾吸除，冷卻至方便使用的溫度。

用途・保存

可作為鵝肝、鴨、鴿等製作的膠凍基底。基本上應於製作當天使用完畢，但冷藏可保存 2 天。

奶油醬基底的膠凍

gelée chaud-froid blanche

【ヴルーテベースのショーフロワ】

在基本高湯中以油糊增添稠濃製成的奶油醬基底的膠凍。添加番茄糊（paste）則可增添色澤。以搭配使用的料理來區分基本高湯的種類。

材料（完成時約 300cc）

螯蝦基本高湯（→ 49 頁）　200cc
低筋麵粉　20g
鮮奶油　140cc
番茄糊　3g
板狀明膠　3g
干邑白蘭地　少量
鹽　適量
胡椒　適量
奶油　20g

製作方法

1. 在鍋中放入奶油使其融化，加進低筋麵粉。避免上色地以小火拌炒，至粉類完全消失。

2. 少量逐次地添加螯蝦基本高湯，混拌使其與麵粉完全融合。加入鮮奶油、番茄糊、用水還原的明膠，煮至沸騰。完成時加入干邑白蘭地，用鹽、胡椒調味。

3. 以圓錐形濾杓過濾，因應用途地冷卻至方便使用的溫度。

用途・保存

用於白肉魚、甲殼類的冷盤料理。基本上應於製作當天使用完畢，但冷藏可保存 2 天。

奶油醬汁與複合奶油

Sauces au beurre et Beurres composés

白酒奶油醬

sauce beurre blanc

【白ワインのバターソース】

用於白肉魚或貝類料理的溫製醬汁。加入大量奶油的濃郁，與酒醋熬煮紅蔥的酸味是最大的特色。使其充分乳化後就能做出滑順的口感。

材料（完成時約 300cc）
紅蔥　80g
白酒醋　50cc
白酒　80cc
粗粒胡椒（白）　少量
奶油　280g
鹽　少量
水　適量

1. 在鍋中放入切碎的紅蔥、白酒醋、白酒、粗粒胡椒，以小火加熱。慢慢熬煮至剩 1/5 的量。

2. 出現浮渣時，輕輕舀出，刮落沾黏至鍋壁的紅蔥。並不一定會出現浮渣。

3. 熬煮完成的狀態。酒精和醋酸都已揮發，紅蔥釋出香氣和甜味。

4. 離火，以攪拌器攪拌並少量逐次地放入奶油。奶油由冰箱取出後，稍稍放置於室溫下即是方便使用的狀態。

5. 漸漸地出現奶油的香氣，也開始產生光澤。若過於濃稠時可用水稀釋。

6. 待奶油全部加入，充分乳化後，撒鹽以調整其風味。再次加熱至沸騰。

7. 煮至沸騰後立刻以圓錐形濾杓過濾。

8. 用力按壓殘留在圓錐形濾杓上的紅蔥，以釋出其中的美味。

9. 完成白酒奶油醬。因奶油會產生分離，所以無法保存。使用時才製作並立刻使用完畢。

使用白酒奶油醬

水煮野生鯛魚搭配魚子醬佐奶油白醬

Filet de dorade poché,
sauce beurre blanc au caviar

簡單烹調直接品嚐野生鯛魚美味的一道料理。鯛魚取中段魚片並去皮，撒上鹽、胡椒。用調味蔬菜高湯（→ 53 頁）將魚肉煮至鬆軟口感。搭配鯛魚的是使用了大量奶油的白酒奶油醬。奶油的濃郁滑順口感，更添魚肉品嚐時的潤澤度，充滿奶油美妙風味。配菜是大量的魚子醬和香葉芹。這樣的搭配與盤飾色彩，帶來清雅的風貌。

番茄風味奶油醬

sauce beurre blanc à la tomate

【トマト風味のバターソース】

在白酒奶油醬中添加番茄醬汁，有著鮮艷色彩和酸味特色的醬汁。大多運用在魚貝類料理。完成時滴淋上檸檬汁，能使醬汁更加鮮活美味。

材料（完成時約 300cc）

白酒奶油醬（→ 144 頁）　250cc

番茄醬汁（→ 254 頁）　50cc

鹽　適量

胡椒　適量

黃檸檬汁　少量

製作方法

1. 在鍋中放入白酒奶油醬和番茄醬汁，混拌均勻後加熱。

2. 煮至沸騰，用鹽、胡椒調味。以圓錐形濾杓過濾，滴入少量檸檬汁完成製作。

用途・保存

可用於鯛魚、鱸魚、三線磯鱸等水煮或網烤等，全部的魚貝類料理；以及白肉魚、甲殼類的冷盤料理。因奶油會產生分離所以無法保存，使用時才製作。

羅勒風味奶油醬

sauce beurre blanc au basilic

【バジル風味のバターソース】

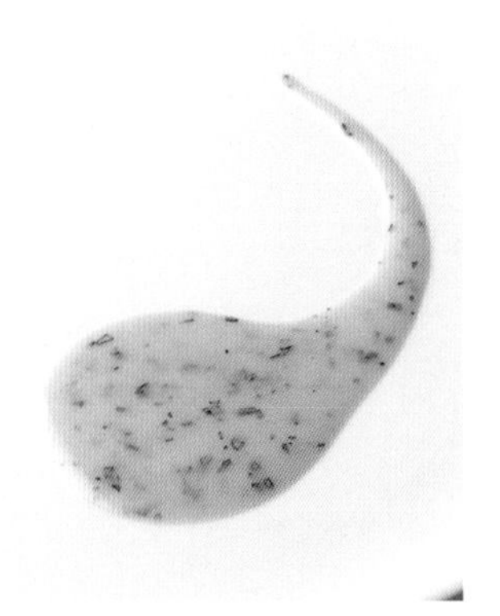

用香檳酒醋和香檳製作而成的奢華白醬中，添加了豐富羅勒香氣製作而成的醬汁。搭配白肉魚大量使用，更能品嚐出醬汁的絕佳美味。

材料（完成時約 300cc）

紅蔥　60g
香檳酒醋　180cc
香檳　240cc
鮮奶油　60cc
奶油（提香用）　150g
黃檸檬汁　少量
鹽　適量
胡椒　適量
卡宴辣椒粉　少量
奶油（炒出水份用）　適量
羅勒　3g

製作方法

1. 紅蔥和羅勒切碎。

2. 在鍋中放入奶油，加入紅蔥拌炒至炒出水份。加入香檳酒醋，以小火－中火地熬煮至分量剩下 1/3。注入香檳，熬煮至略可見紅蔥的程度。加入鮮奶油略為加熱。

3. 少量逐次地加入奶油提香，用鹽、胡椒和卡宴辣椒粉調味。滴入少量檸檬汁，輕壓紅蔥地以圓錐形濾杓過濾。完成時撒上羅勒碎。

用途・保存

可用於白肉魚的水煮或香煎。因奶油會產生分離所以無法保存，使用時才製作。

番紅花醬汁

sauce au safran

【サフランのソース】

以白醬爲基底，添加番紅花以增加香氣及色澤的醬汁。使用的是普依富塞（Pouilly-Fuisse）等具有強烈香氣的白酒，是款有著華麗風味的醬汁。

材料（完成時約 300cc）

濃縮紅蔥　60g

- 紅蔥　60g
- 白酒（※）　80cc
- 白酒醋　50cc
- 粗粒胡椒（白）　少量
- 奶油（炒出水份用）　少量

鮮奶油　50cc

番紅花　適量

奶油（提香用）　250g

白酒（完成時用 ※）　40cc

黃檸檬汁　少量

鹽　適量

胡椒　適量

※ 白酒使用的是普依富塞（Pouilly-Fuisse）等具高度香氣的產品。

製作方法

■ 製作濃縮紅蔥

1. 在鍋中放入奶油，加入切碎的紅蔥拌炒至炒出水份。待散發香氣後，加入白酒、白酒醋、粗粒胡椒，以小火熬煮收乾水分。

■ 完成醬汁製作

1. 在鍋中放入濃縮紅蔥加熱，加入鮮奶油和番紅花，混拌全體。添加奶油提香。

2. 邊輕壓紅蔥地邊以圓錐形濾杓過濾。用鹽、胡椒調味，加入白酒和檸檬汁。

用途・保存

作為白肉魚水煮或香煎料理的醬汁。因奶油會產生分離所以無法保存，使用時才製作（濃縮紅蔥可保存 2～3 天）。

番紅花風味蛤蜊醬

sauce aux clams safranée

【サフラン風味のハマグリのソース】

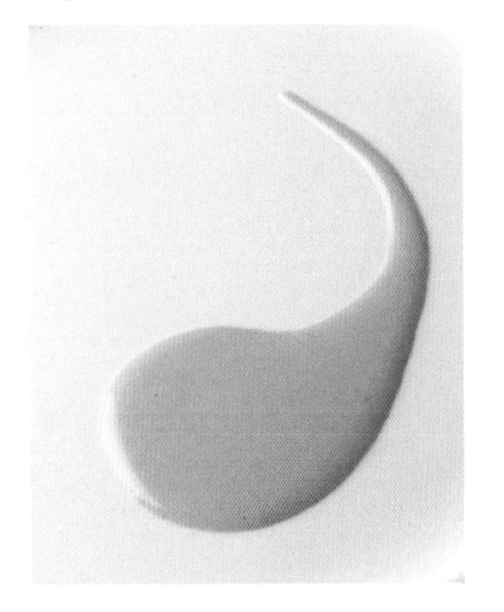

使用蛤蜊高湯的白醬醬汁。搭配以苦艾酒熬煮的紅蔥，更添風味層次。添加鮮奶油使其美味與濃醇匀衡得恰到好處。

材料（完成時約 300cc）

濃縮紅蔥　50g
- 紅蔥　40g
- 苦艾酒（※）　80cc
- 蛤蜊高湯（→ 57 頁）　70cc
- 番紅花　少量
- 奶油（炒出水份用）　少量

鮮奶油　100cc
奶油（提香用）　200g
黃檸檬汁　少量
苦艾酒（※）　20cc
鹽　適量
胡椒　適量

※ 苦艾酒（vermouth）又稱香艾酒（添加藥草和香草風味的葡萄酒），代表性品牌「Noilly Prat」。

製作方法

■ 製作濃縮紅蔥

1. 在鍋中放入奶油，加入切碎的紅蔥拌炒至炒出水份。待散發香氣後，加入苦艾酒，以小火熬煮收乾水分。加入蛤蜊高湯和番紅花，再次熬煮至水分收乾。

■ 完成醬汁製作

1. 在鍋中放入濃縮紅蔥和鮮奶油，加熱稍加熬煮。添加奶油提香。

2. 邊輕壓紅蔥地邊以圓錐形濾杓過濾。用鹽、胡椒調味。再次加熱，加入檸檬汁和苦艾酒，以圓錐形濾杓過濾。

用途·保存

作為風味清淡香煎白肉魚的醬汁。因奶油會產生分離所以無法保存，使用時才製作（濃縮紅蔥可保存 2～3 天）。

鯷魚奶油醬

sauce au beurre d'anchois

【アンチョビーバターのソース】

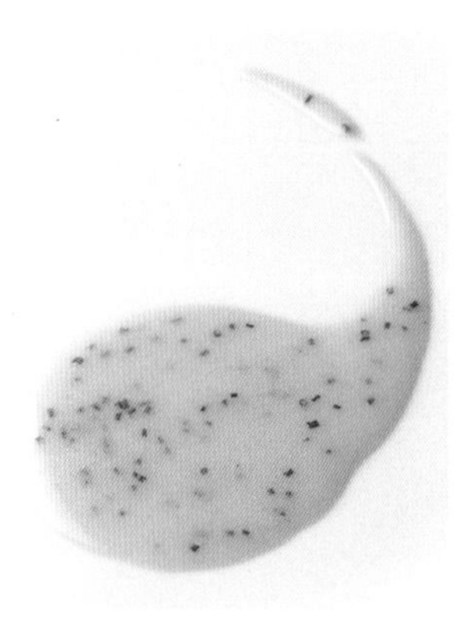

使用鯷魚奶油提香的奶油醬汁。豐美的鯷魚香氣和蝦夷蔥的清爽是其特色。可作爲魚類香煎（poêlé）或派皮焗烤料理的醬汁。

材料（完成時約 300cc）

魚鮮高湯（→ 54 頁）　200cc

鮮奶油　10cc

鯷魚奶油（→ 156 頁）　60g

奶油　180g

鹽　適量

胡椒　適量

黃檸檬汁　適量

蝦夷蔥　8g

製作方法

1. 在鍋中放入魚鮮高湯，以小火加熱熬煮至分量剩下 1/4。加入鮮奶油煮至略略沸騰。
2. 離火，用攪拌器邊混拌邊少量逐次地加入鯷魚奶油和奶油。使其完全乳化後，再加熱使其沸騰。
3. 用鹽、胡椒調味，以圓錐形濾杓過濾。滴入檸檬汁和蝦夷蔥碎末混拌。

用途・保存

作為魚類的派皮焗烤或香煎白肉魚的醬汁。每次使用時才製作，並儘早使用完畢。

使用鯷魚奶油醬

鯖魚塔佐普羅旺斯風 2 種醬汁

Tarte de maquereau à la provançale,
aux deux sauces

用派皮包覆青背魚的鯖魚，搭配鯷魚風味奶油醬汁和魚貝類料理用的綠醬汁（→ 189 頁），是一道可以同時品嚐到兩種醬汁的料理。鯖魚中段去皮，用魚高湯和白酒一起煮熟。用烤盤夾著法式酥皮（feuilletage），避免上色地略加烘烤。之後用圓形切模切下，單面塗抹慕斯，再擺放上煮好的鯖魚。表面抹上普羅旺斯奶油（→ 155 頁），再塗抹上普羅旺斯番茄醬汁（→ 253 頁），整形成半圓形。貼上平葉巴西里葉，放入烤箱烘烤。烘烤完成的塔只要切開，就散發出普羅旺斯般的風情。鯖魚獨特的滋味與鯷魚奶油醬的香氣，是完美的組合。

蘑菇奶油

beurre de champignons

【シャンピニョンバター】

大量混入 3 種切碎蕈菇的奶油，可以直接取代醬汁地塗抹在烤肉上。菇類也可依個人喜好地使用牛肝蕈或雞油蕈等。

材料（完成時約 300cc）

紅蔥　80g

香菇　100g

蘑菇　100g

羊肚蕈（morilles）（※）　80g

奶油　160g

肉濃縮凍（→ 29 頁）　適量

松露原汁（市售）　少量

綠檸檬汁　少量

鹽　適量

胡椒　適量

奶油（炒出水份用）　20g

花生油（炒出水份用）　20cc

※ 若可以，羊肚蕈能儘可能用新鮮的。若是無法購得，可用乾燥的泡水還原，瀝乾水分後使用。

製作方法

1. 將紅蔥、香菇、蘑菇、羊肚蕈各別切碎。奶油放置於室溫中，使其呈軟膏狀。
2. 在鍋中放入炒出水份用的奶油和花生油，放入紅蔥慢慢拌炒使其炒出水份。
3. 待產生香氣後，放入香菇、蘑菇、羊肚蕈碎，拌炒至炒出水份，水分收乾。用鹽、胡椒調味，於室溫中放涼備用。
4. 在缽盆中放入呈軟膏狀的奶油和 3 種炒好的菇類、紅蔥、加溫成液體狀的肉濃縮凍、松露原汁，充分均勻混拌。用鹽、胡椒、綠檸檬汁調整味道。

用途・保存

可直接搭配網烤或香煎的肉類。完成的奶油移至方型淺盤中，平整表面放置於冷藏室內使其冷卻凝固。因蕈菇的香氣會消散，基本上是作好立即使用完畢，但若以真空密封則可冷藏約 3 天。

法式紅酒奶油
beurre marchand de vins

【マルジャン・ド・ブァンバター】

marchand de vins 是「居酒屋」的意思，指的是使用紅蔥與紅酒的醬汁。以此爲名的奶油，特徵在於漂亮的紫色及清爽的酸味。

材料（完成時約 300cc）
紅蔥　15g
紅酒　900cc
肉濃縮凍（→ 29 頁）　70g
奶油　450g
平葉巴西里（※）　10g
黃檸檬汁　30cc
鹽　適量
胡椒　適量

※ 依個人喜好，用平葉巴西里或捲葉巴西里都可以。

製作方法

1. 將紅蔥和平葉巴西里葉片切碎。奶油放置於室溫中，使其呈軟膏狀。

2. 在鍋中放入紅蔥、紅酒、肉濃縮凍，加熱。慢慢熬煮至水分收乾，放涼。

3. 在缽盆中放入奶油和 **2** 的材料、平葉巴西里、檸檬汁，充分均勻混拌。用鹽、胡椒調整味道。移至方型淺盤中，平整表面放置於冷藏室內使其冷卻凝固。

用途・保存

可取代醬汁地搭配於牛菲力或里脊的香煎或網烤。基本上是做好立即使用完畢，但若以真空密封則可冷藏約 3 天。

蝸牛用蒜味奶油

beurre d'escargots

【エスカルゴバター】

勃根地（Bourgogne）風味蝸牛所使用的複合奶油。可依個人喜好增減大蒜或紅蔥的用量。添加杏仁或肉豆蔻也很美味。也很適合搭配鮑魚或螺肉。

材料（完成時約 530g）
奶油　1 磅（約 450g）
大蒜　20g
紅蔥　16g
巴西里　40g
鹽　適量
胡椒　適量
黃檸檬汁　少量

1. 將大蒜、紅蔥、巴西里各切成 2～3mm 的碎末。大蒜務必要先除去芽芯。

2. 奶油放置於室溫中，使其呈軟膏狀，加入大蒜、紅蔥、巴西里碎。

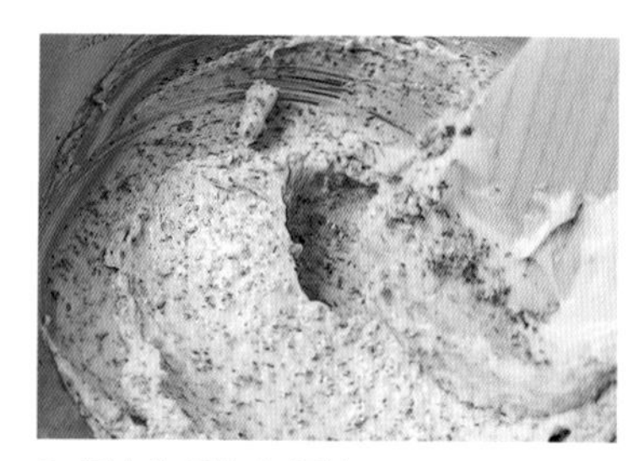

3. 用木杓子均勻混拌。

4. 隨時將木杓上的奶油刮落，務必使其完全均勻混拌。

5. 加入鹽、胡椒、檸檬汁混拌。可以放入略多的鹽，確實調味後會更美味。

6. 在方型淺盤中舖放烤盤紙，放入 **5** 的奶油，平整表面。輕敲以排出其中的空氣，表面也覆蓋上烤盤紙。再用保鮮膜包覆，避免空氣進入地冷藏保存（約可保存 1 週左右）。

普羅旺斯奶油

beurre provençal

【プロヴァンサルバター】

添加了比蝸牛用蒜味奶油更多種類的香草，是南法風味的奶油。適用於貝類、蕈菇類或蛙類（grenouille）料理完成時，以增添風味。

材料（完成時約 500g）

奶油　1 磅（約 450g）
紅蔥　15g
大蒜　1 瓣
巴西里　13g
蝦夷蔥　3g
香葉芹　2g
百里香　2g
黃檸檬汁　15cc
鹽、胡椒　各適量

製作方法

1. 使奶油呈軟膏狀，加入切碎的紅蔥、大蒜、巴西里、蝦夷蔥、香葉芹、百里香，混拌。
2. 放入鋪放烤盤紙的方型淺盤中，輕敲以排出其中的空氣。平整表面，覆蓋上烤盤紙。

用途・保存

可用於拌炒貝類或花枝等，也可用於料理完成時以增添香氣。冷藏約可保存 1 週、冷凍約可保存 2 週。

青醬奶油

beurre de pistou

【ピストルバター】

使用了松子和羅勒、橄欖油的青醬奶油。烘烤過的松子香氣十足，添加堅果更能增加美味。也適合用於義大利麵。

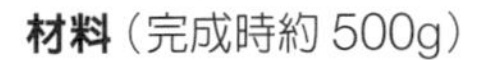

材料（完成時約 500g）

奶油　1 磅（約 450g）
松子　35g
大蒜　10g
羅勒　25g
巴西里　10g
黃芥末　5g
E.V. 橄欖油　15cc
鹽　適量
胡椒　適量

製作方法

1. 烘烤松子後，碾碎。大蒜、羅勒、巴西里各切成 2mm 的碎末。
2. 使奶油呈軟膏狀，加入黃芥末，充分混拌。加入 **1** 和其他的材料，調味。
3. 放入鋪放烤盤紙的方型淺盤中，表面也覆蓋烤盤紙。

用途・保存

可用於增添香煎、水煮、網烤等魚類料理之風味。冷藏約可保存 3 天、冷凍約可保存 2 週。

鯷魚奶油

beurre d'anchois

【アンチョビーバター】

混入鯷魚的複合奶油。用於增添烤魚或魚貝類義大利麵的風味。爲了能廣泛應用在多種料理上，溫和地呈現鯷魚的效果。擠入檸檬更添清爽風味。

材料（完成時約 570g）

奶油　1 磅（約 450g）

鯷魚（中段魚肉）　110g

黃檸檬汁　15cc

胡椒　適量

用途・保存

搭配魚的網烤或香煎料理。此外，也能如鯷魚奶油醬（→ 150 頁）般作為醬汁的提香奶油。冷藏約可保存 1 週、冷凍約可保存 2 週。

製作方法

1. 奶油放置於室溫中，使其呈軟膏狀。

2. 瀝乾鯷魚的油脂，連同 1/6 用量的奶油一起放入食物調理機內攪打。

3. 將 **2** 移至缽盆中，加入其餘的奶油，以攪拌器混合均勻。用圓形網篩過濾。

4. 加入檸檬汁和胡椒調味。

5. 倒入放有烤盤紙的方型淺盤中，輕敲以排出其中的空氣，平整表面。表面也覆蓋上烤盤紙。

螯蝦奶油

beurre d'écrevisse

【エクルヴィスバター】

利用色彩鮮艷的螯蝦頭製作而成的複合奶油。可用於增添風味或作爲提香奶油。因爲是以不含雜質的澄清奶油製作，因此也可以作爲加熱時的油脂使用。

材料（完成時約 500g）

螯蝦頭　2.2kg

調味蔬菜高湯（→ 53 頁）　適量

澄清奶油（beurre clarifie）　650g

水　適量

用途・保存

用於增添焗烤風味或醬汁的提香，也可以作為蝦類拌炒的油脂。冷藏約可保存 3 週。

製作方法

1. 螯蝦頭用調味蔬菜高湯燙煮熟，瀝乾水分。

2. 將 **1** 放入鍋中並倒入澄清奶油。放入低溫烤箱中，加熱至奶油出現濃稠為止，約加熱 2 小時～ 2 個半小時。期間不時地翻面。

3. 用圓錐形濾杓過濾，加入水分，置於冷藏室冷卻凝固（奶油凝固，就會與水分分離）。

4. 將分離的奶油塊放入鍋中，加熱。撈除浮渣，以布巾過濾。

松露奶油

beurre de truffe

【トリュフバター】

加入松露和松露原汁的奢華奶油。可以搭配牛排、添加於醬汁或用於醬汁的提味。在奶油的柔和風味後接著就能嚐出松露的香氣了。

材料（完成時約 520g）

奶油　1 磅（約 450g）

松露　50g

松露原汁　50cc

紅蔥　30g

用途・保存

搭配於肉的網烤或香煎料理。可以用於增添醬汁風味，也可以用作醬汁提香。冷藏約可保存 1 週、冷凍約可保存 2 週。

製作方法

1. 松露和紅蔥切成 1mm 的薄片。奶油放置於室溫中，使其呈軟膏狀。

2. 在鍋中融化部分用量的奶油，拌炒紅蔥至炒出水份。加入松露和松露原汁，以小火熬煮至水分收乾，冷卻。

3. 混合 **2** 與軟膏狀的奶油，用食物調理機攪打。以細網目的圓形網篩過濾。

4. 倒入放有烤盤紙的方型淺盤中，輕敲以排出其中的空氣。平整表面，再覆蓋上烤盤紙。

添加野味肝臟的奶油

beurre de foie de gibier

【ジビエの肝入りバター】

使用野味肝臟與鵝或鴨肝製作的濃郁奶油。可用於增添醬汁風味或作為醬汁提香，能賦予野味料理更深奧的滋味。但因肝臟容易變質，做好的奶油可以採冷凍保存，僅切下單次使用的部分。

材料（完成時約 1.3kg）

奶油　450g

野味肝臟（新鮮肝臟 ※）　450g

鵝或鴨肝　450g

※ 野味肝臟使用的是山鶴鶉等野鳥類的肝臟。

用途・保存

可用於野生禽鳥類的薩米斯等的醬汁（→ 209 頁）中。因肝臟容易變質，所以必須冷凍保存。需於 1 週內使用完畢。

製作方法

1. 野味肝臟和鵝或鴨肝用圓形網篩過濾。奶油放置於室溫中，使其呈軟膏狀。

2. 在缽盆中放入過濾好的肝臟、鵝或鴨肝、奶油，充分混拌。整形成圓柱型，用保鮮膜包覆，再包覆鋁箔紙。冷凍使其冷卻凝固。

"Le Duc"的風味奶油
beurre "Le Duc"

【ル・デュック風バター】

學藝時在「Le Duc」店內所製作的複合奶油，其特徵在於各別使用了等量的奶油與 E.V. 橄欖油，不但有輕盈的口感，更具橄欖油的刺激風味。使用了乾燥香草更能強化香氣。

材料（完成時約 1.35kg）

奶油　1 磅（約 450g）
E.V. 橄欖油　450cc
鯷魚（中段魚肉）　220g
大蒜　160g
干邑白蘭地　30cc
巴西里　8g
百里香（新鮮）　8g
百里香（乾燥）　5g
奧勒岡（oregano）（乾燥）　5g
馬郁蘭（marjoram）（乾燥）　5g
鹽　適量
胡椒　適量

製作方法

1. 將鯷魚、大蒜、巴西里、百里香的葉片切成 2mm 的碎末。
2. 奶油放置於室溫中，使其呈軟膏狀。少量逐次地添加 E.V. 橄欖油，用攪拌器攪拌。此步驟可以用攪拌機進行。
3. 將 **1** 和干邑白蘭地、乾燥百里香、奧勒岡、馬郁蘭加入 **2** 之中，充分混拌。用鹽、胡椒調味。
4. 倒入放有烤盤紙的方型淺盤中，輕敲以排出其中的空氣，平整表面，表面也覆蓋上烤盤紙。

用途・保存

可用於魚貝類的焗烤，或塗抹在麵包上烘焙。在巴黎的「Le Duc」店內，是將塗抹風味奶油並烘烤好的麵包，搭配上生魚塔塔（fish tartare）給客人享用。冷藏約可保存 3 天、冷凍約可保存 1 週。

酒精基底醬汁

Sauces à base d'alcool

白酒醬

sauce vin blanc

【白ワインのソース】

水煮（pocher）或蒸（vapeur）的魚貝類料理中不可或缺的基本款醬汁。爲了能完全展現葡萄酒風味，以高湯和鮮奶油熬煮至呈稠濃狀態，抑制奶油的用量。

材料（完成時約 300cc）

白酒　300cc
紅蔥　200g
蘑菇　200g
魚鮮高湯（→ 54 頁）　200cc
鮮奶油　500cc
奶油（提香用）　40g
黃檸檬汁　少量
鹽　適量
胡椒　適量
奶油（炒出水份用）　適量

製作方法

1. 紅蔥切碎，蘑菇切成 2mm 的薄片狀。
2. 在鍋中放入奶油，拌炒紅蔥至炒出水份。加入蘑菇稍加拌炒後，注入白酒。煮至酒精揮發。
3. 加入魚鮮高湯，以小火加熱熬煮至剩 1/3 的量。加入鮮奶油，熬煮至剩一半以下的量，液體出現濃稠狀態。
4. 以圓錐形濾杓過濾，輕輕按壓紅蔥釋出美味。再次加熱，用鹽、胡椒調味，以奶油提香，滴入檸檬汁即完成。

用途・保存

魚貝類水煮（pocher）或蒸（vapeur）的醬汁。因風味容易流失無法保存，應儘早使用完畢。

普衣－芙美白酒醬

sauce au Pouilly-Fumé

【プイイ・フュメのソース】

普衣・芙美（Pouilly-Fumé）是法國羅亞爾河上游所生產的不甜白酒。具有獨特的高雅水果香氣是其特徵。搭配簡單烹調的料理，更能直接品嚐出風味。

材料（完成時約 300cc）

普衣・芙美（Pouilly-Fumé）白酒　500cc
紅蔥　150g
粗粒胡椒（白）　適量
魚高湯（→ 56 頁）　250cc
奶油（提香用）　180g
黃檸檬汁　少量
鹽　適量
胡椒　適量
奶油（炒出水份用）　適量

製作方法

1. 紅蔥切成 2mm 的薄片狀。

2. 在鍋中放入奶油，拌炒紅蔥至炒出水份。加入普衣 - 芙美和粗粒胡椒，以小火加熱熬煮至剩的 1/5 的量。加入魚高湯，再熬煮至剩一半的量左右。

3. 用奶油提香。以圓錐形濾杓過濾，輕輕按壓紅蔥釋出美味。再次加熱，用鹽、胡椒調味。滴入檸檬汁即完成。

用途・保存

作為魚貝類的派皮焗烤或香煎白肉魚的醬汁。因風味容易流失無法保存，應儘早使用完畢。

香檳醬汁

sauce au Champagne

【シャンパンのソース】

鮭魚或鱒魚最適合搭配香檳。利用香檳熬煮鮭魚骨，製作而成奢華風味的醬汁。熬煮後更讓美味凝聚於其中。

材料（完成時約 300cc）

鮭魚骨　1kg

調味蔬菜

- 洋蔥　100g
- 紅蘿蔔　100g
- 韭蔥　50g
- 大蒜（帶皮）　2 瓣

香檳（不甜）　1.8L

番茄　2 個

平葉巴西里莖　2 枝

粗粒胡椒（白）　少量

奶油（提香用）　60g

粗鹽　少量

鹽　適量

胡椒　適量

橄欖油　適量

※ 也可以用鱒魚取代鮭魚。

製作方法

1. 用水沖洗鮭魚骨，洗去血污及髒污，切成 10cm 方塊。洋蔥、紅蘿蔔、韭蔥切成 5mm 厚的片狀，番茄汆燙去皮，對切後去籽。大蒜輕輕壓碎。

2. 在鍋中倒入橄欖油，放入瀝乾水分的鮭魚骨，煎出漂亮的金黃色澤。

3. 在另一個鍋中加入橄欖油和大蒜，待炒出香氣後加入其他的調味蔬菜，拌炒至炒出水份。加入 **2** 的魚骨，混拌全體材料。

4. 加進香檳，放入番茄、平葉巴西里莖、粗粒胡椒和粗鹽。以小火邊加熱邊撈除浮渣，熬煮約 20 分鐘。

5. 以圓錐形濾杓過濾，將液體移至鍋中熬煮至剩 250cc 左右。用奶油提香，以鹽、胡椒調味。

用途・保存

用於香煎鮭魚或鱒魚的醬汁。因風味容易流失無法保存。每次使用時才製作，並應儘早使用完畢。

索甸甜白酒醬

sauce au Sauternes

【ソーテルヌのソース】

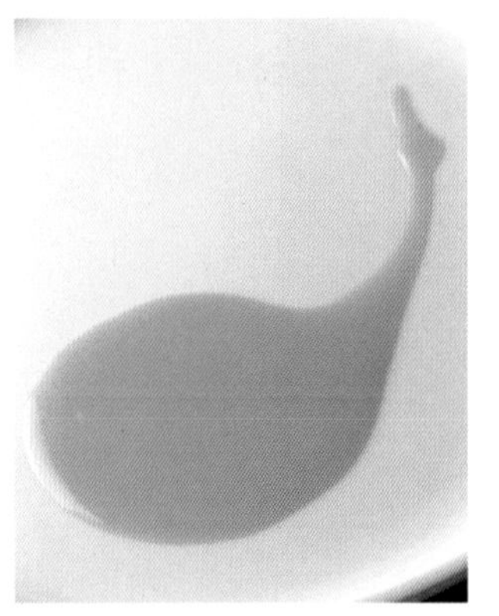

Sauternes 是法國波爾多地區的甜白酒。爲能巧妙地運用其水果般華美的香氣，所以不使用調味蔬菜，而以蛤蜊高湯熬煮而成的簡單醬汁。

材料（完成時約 300cc）

索甸甜白酒　170cc
白酒　100g
蛤蜊高湯（→ 57 頁）　100cc
番紅花　少量
奶油（提香用）　130g
黃檸檬汁　1/3 個
鹽　少量
胡椒　少量

製作方法

1. 在鍋中放入索甸甜白酒和白酒，以小火加熱至酒精揮發。繼續熬煮至剩一半的量時，加入蛤蜊高湯，持續稍加熬煮。

2. 加入番紅花，以奶油提香。以鹽、胡椒調味，滴上檸檬汁。用圓錐形濾杓過濾。

用途・保存

用於干貝、鮑魚、蝦類的香煎或網烤料理的醬汁。因風味容易流失無法保存。應儘早使用完畢。

苦艾酒醬汁

sauce au Noilly

【ノワイー酒のソース】

使用了作爲餐前酒或雞尾酒而爲人所熟知的苦艾酒（vermouth）製作而成的醬汁。獨特的藥草香氣，在熬煮後更添甘甜，能賦予醬汁溫和且深層的風味。

材料（完成時約300cc）

苦艾酒（※）　140cc

紅蔥　60g

魚鮮高湯（→54頁）　100cc

鮮奶油　300cc

奶油（提香用）　15g

黃檸檬汁　少量

鹽　適量

胡椒　適量

奶油（炒出水份用）　適量

※ 苦艾酒（vermouth）又稱香艾酒（添加藥草和香草風味的葡萄酒），代表性品牌「Noilly Prat」。

製作方法

1. 紅蔥切碎。

2. 在鍋中放入奶油，加入紅蔥拌炒至炒出水份。加入苦艾酒，以小火－中火熬煮至收乾水分。

3. 加入魚鮮高湯，再次熬煮至水分收乾。加入鮮奶油，稍加熬煮。

4. 以圓錐形濾杓過濾，輕壓紅蔥以釋出美味。添加奶油提香。再次加熱，以鹽、胡椒調味。加入檸檬汁完成製作。

用途・保存

可作為魚漿丸（quenelle）、香煎白肉魚或舒芙蕾（soufflé）的醬汁。因風味容易流失無法保存。應儘早使用完畢。

昂蒂貝醬汁

sauce à l'antiboise

【アンティボワーズ地方のソース】

昂蒂貝（l'antiboise）是南法普羅旺斯的港口小鎮。以其爲名的醬汁，添加了番茄和羅勒，帶著酸味是最大的特徵。因爲利用了奶油和橄欖油提香，口感清爽。

材料（完成時約 300cc）

苦艾酒　500cc

粗粒胡椒（白）　少量

番茄　60g

E.V. 橄欖油　25cc

巴薩米可醋　25cc

奶油　30g

鹽　適量

松露　5g

羅勒　1g

蝦夷蔥　1g

製作方法

1. 番茄汆燙去皮去籽，切成丁狀。松露、羅勒、蝦夷蔥各切成細碎狀。

2. 在鍋中放入苦艾酒，用略強的火力加熱揮發酒精成分。加入粗粒胡椒，用中火熬煮至分量剩 1/3。

3. 在 **2** 中加入番茄、E.V. 橄欖油、巴薩米可醋，加熱至沸騰後，以奶油提香。以鹽調整風味。

4. 熄火，加入切碎的松露、羅勒、蝦夷蔥。

用途・保存

可廣泛運用在白肉魚的網烤至魚貝類料理的醬汁上。因風味容易流失無法保存。應儘早使用完畢。

柑橘類醬汁

sauce agrumes

【柑橘類のソース】

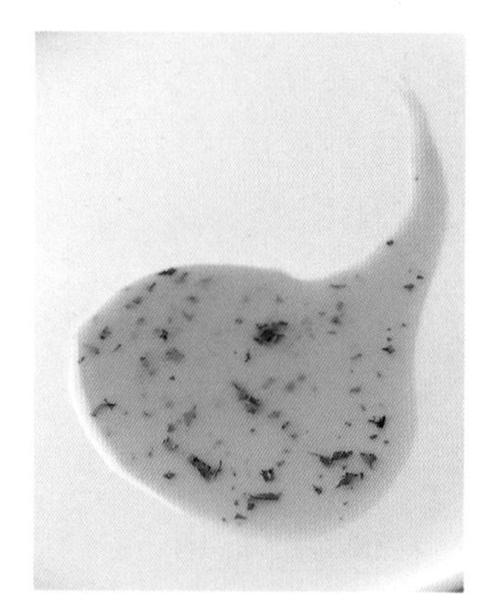

以苦艾酒和高湯爲基底，添加了柑橘果汁的醬汁。清新爽口的酸味最適合搭配帶有甜味的甲殼類料理。多添加奶油，就能做出柔和美味的口感。

材料（完成時約 300cc）

苦艾酒（※）　300cc
紅蔥　50g
香菜籽（※）　少量
柳橙汁　180cc
葡萄柚汁　50cc
魚高湯（→ 56 頁）　80cc
蛤蜊高湯（→ 57 頁）　40cc
奶油　150g
鹽　適量
胡椒　適量
香菜（新鮮）　1g
薄荷　1g
香葉芹　1g

※ 苦艾酒（vermouth）又稱香艾酒（添加藥草和香草風味的葡萄酒），代表性品牌「Noilly Prat」。
※ 香菜（coriander）的種子乾燥後製成的香料，具有甘甜清爽的香氣。

製作方法

1. 紅蔥切碎，香菜籽輕輕壓碎。香菜、薄荷、香葉芹的葉片各別切成細碎狀。
2. 在鍋中放入紅蔥、香菜籽、苦艾酒，用小火熬煮。熬煮至剩一半的量時，加入柳橙汁和葡萄柚汁，再熬煮至剩一半的量。添加魚高湯和蛤蜊高湯，再繼續熬煮至剩餘一半的量。
3. 以圓錐形濾杓過濾，輕壓紅蔥以釋出美味。再次加熱，以鹽、胡椒調味。添加奶油提香。
4. 熄火，加入切碎的香菜、薄荷、香葉芹。

用途・保存

以龍蝦、伊勢龍蝦、螯蝦為首的香煎（poêlé）料理，以至於所有的甲殼類料理都能夠廣泛使用。因風味容易流失無法保存，應儘早使用完畢。

蘋果酒風味奶油醬
sauce crème au cidre

【シードル風味のクリームソース】

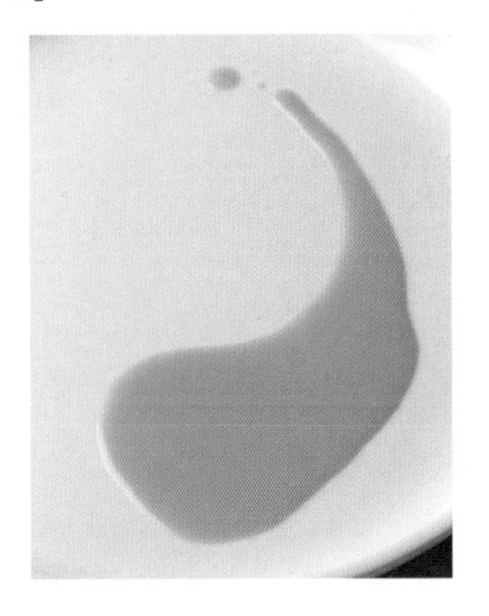

使用了諾曼地名產的蘋果酒製作出的魚類專用醬汁。也可以在製作過程中添加蘋果果泥，會更添酸甜的水果風味。適合搭配美味的鮟鱇魚等。

材料（完成時約 300cc）
蘑菇　120g
紅蔥　120g
蘋果酒（不甜 ※）　400cc
苦艾酒　200cc
蘋果酒醋（※）　50cc
魚鮮高湯（→ 54 頁 ※）　800cc
蘋果　1 個
鮮奶油　80cc
奶油（提香用）　適量
黃檸檬汁　少量
鹽　適量
胡椒　適量
橄欖油　適量

※ 蘋果酒（cidre）是蘋果汁發酵製作而成的氣泡酒。法國諾曼地地區的特產，有不甜和甜的兩種。
※ 蘋果酒醋指的是蘋果風味的醋。
※ 也可以用蛤蜊高湯取代魚鮮高湯。

製作方法

1. 蘑菇和紅蔥切成厚 2mm 的薄片狀。蘋果磨成泥狀。

2. 在鍋中放入橄欖油，加入蘑菇、紅蔥拌炒至炒出水份。加入蘋果酒、苦艾酒、蘋果酒醋，以小火熬煮至剩 1/3 的量。

3. 加入魚鮮高湯，煮至沸騰，撈除浮渣。轉為小火，加入蘋果果泥熬煮至剩一半的量。

4. 以圓錐形濾杓過濾。再度加熱液體，邊撈除浮渣邊略微熬煮。加入鮮奶油，再熬煮至剩一半的量左右，以圓錐形濾杓過濾。

5. 添加奶油提香，用鹽、胡椒調味，加入檸檬汁。

用途・保存

可用於裹上薄層麵粉炒（sauté）或香煎（poêlé）鮟鱇魚、比目魚、多利魚、干貝等。因風味容易流失無法保存。每次使用才製作，且應儘早使用完畢。

波爾多醬

sauce Bordelaise

【ボルドーの赤ワインソース】

法式料理中最具代表性的醬汁。最重要的關鍵是，紅蔥炒出水份使其充分釋出美味，確實熬煮濃縮紅酒風味等，各個步驟都必須非常仔細確實地執行。

材料（完成時約 300cc）
紅蔥　200g
紅酒　1.5L
小牛基本高湯（→ 24 頁）　360cc
香料束　1 束
奶油（炒出水份用）　30g
奶油（提香用）　30g
鹽　適量
胡椒　適量

1. 使用整瓶的紅酒。只要其中有 1 瓶狀況不佳，全部的醬汁都作廢了，因此必須一瓶瓶地進行味道的確認後，再使用。

2. 將紅酒放入銅鍋中，以大火加熱使酒精揮發。這項步驟也可預先進行，放涼備用。

3. 紅蔥切成碎末。在鍋中融化奶油，加入紅蔥確實拌炒出水份。

4. 當紅蔥變得透明，散發出香甜氣味時，注入酒精揮發後的紅酒。

5. 以小火加熱使其沸騰。產生浮渣時立刻除去。

6. 放入香料束，以煨燉（液體表面微微噗咕噗咕沸騰的程度）狀態慢慢地熬煮。期間隨時刮落沾黏在鍋壁的紅蔥，鍋邊沾附的紅酒是造成燒焦的原因，所以必須拭去。

7. 熬煮 1 小時 20 分鐘後的狀態。熬煮至水分幾乎消失為止。

8. 稍加溫熱小牛基本高湯並加入。再次煮至沸騰，除去浮起的浮渣。

9. 沸騰後轉為小火，熬煮至剩一半的量，約 30 分鐘左右。

10. 邊按壓紅蔥邊用圓錐形濾杓過濾出全部的美味成分。殘留在圓錐形濾杓外的液體也要確實刮落。

11. 完成波爾多醬的基底。不立刻使用時，可以直接冷藏，有人點菜時可以再製作成像骨髓醬汁（moelle）等各式各樣的醬汁（基底可以冷藏保存 3 天）。

12. 完成醬汁製作（簡單完成的範例）。將波爾多醬放入鍋中加熱。沸騰後放入奶油，以攪拌器充分混拌提香。

13. 用鹽、胡椒調味，以圓錐形濾杓過濾。醬汁搭配於牛腓力或里脊的香煎或網烤料理。奶油提香後的醬汁無法保存。必須立刻使用。

使用波爾多醬

煎烤腓力牛排搭波爾多醬，佐青花椰薯泥和小茴香風味紅蘿蔔

Filet de bœuf poêlé à la sauce Bordelaise,
purée de pommes de terre et de broccoli au fenouil, carotte au cumin

濃縮凝聚了奢華美味的波爾多醬，與單純的料理搭配更能充分享受到它的美味。再以奶油略略提香後，搭配網烤腓力牛排，就是最佳黃金組合。配菜用是蜂蜜和砂糖煮紅蘿蔔，充滿著小茴香的風味。馬鈴薯泥混拌著青花椰菜、山葵和小茴香籽（fennel seed）製作成清爽的配菜。培根包捲著蘆筍沾裹混入帕瑪森起司的貝奈特麵團（beignet）快速油炸。將這些盛盤裝飾，腓力牛排撒上鹽之花（fleur de sel）、粗粒胡椒，飾以西洋菜即可。

馬德拉醬汁

sauce madère

【マデラ酒のソース】

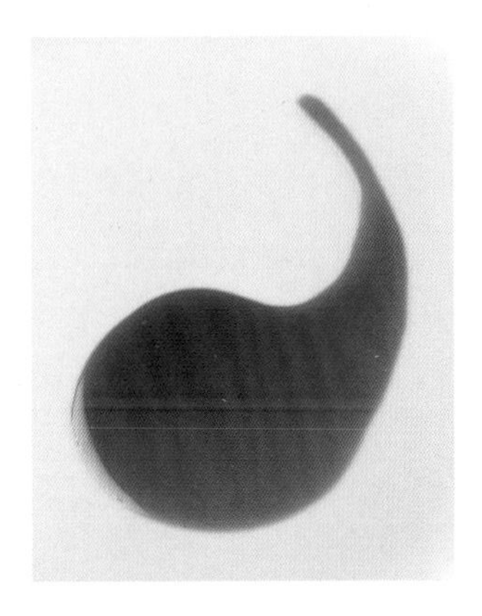

經典食譜中使用的是多明格拉斯醬汁（sauce demi-glace），但在此是利用小牛基本高湯來緩和其濃重感。用洋蔥和紅蘿蔔來增加甜度。確實熬煮完成具有光澤的醬汁。

材料（完成時約 300cc）

馬德拉酒　200cc
洋蔥　80g
紅蘿蔔　50g
小牛基本高湯（→ 24 頁）　1L
香料束　1 束
奶油（提香用）　10g
鹽　適量
胡椒　適量
奶油（炒出水份用）　少量

製作方法

1. 洋蔥和紅蘿蔔各別切成細碎狀。

2. 在鍋中放入奶油，洋蔥和紅蘿蔔碎拌炒出水份。加入馬德拉酒，轉為小火熬煮至水分收乾。

3. 加入小牛基本高湯，煮至沸騰。撈除浮渣，放入香料束，轉為小火熬煮至分量剩 1/3 略多一些。期間不斷地撈除浮渣。

4. 以圓錐形濾杓過濾，加入奶油提香。再次加熱，用鹽、胡椒調味。

用途・保存

用於網烤或香煎牛排或小牛肉腓力的醬汁。因風味容易流失無法保存。基本上完成後應儘早使用完畢。但若是進行奶油提香前的狀態，則可以真空密封地冷藏保存 2 ～ 3 天。

松露風味醬

sauce aux truffes

【トリュフ風味のソース】

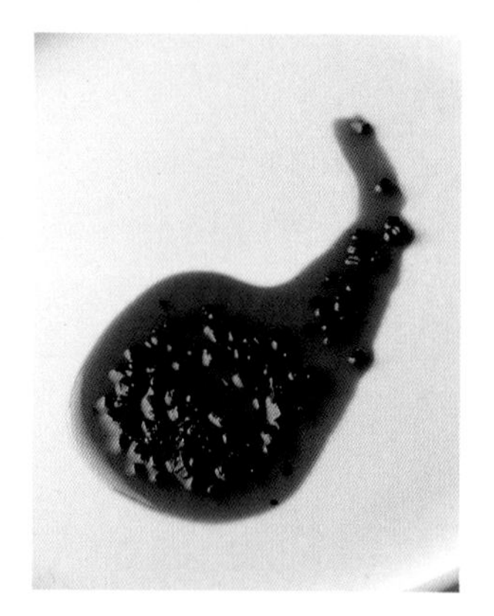

添加了松露風味的馬德拉醬汁。用奶油拌炒松露炒出水份，使香氣充分釋出後與醬汁結合。完成時再加添加松露原汁可以更提升香氣。

材料（完成時約 300cc）

松露　50g
干邑白蘭地　10cc
馬德拉酒　10cc
馬德拉醬汁（→ 171 頁）　250cc
松露原汁（市售）　15cc
奶油（提香用）　15g
鹽　少量
胡椒　少量
奶油（炒出水份用）　少量

製作方法

1. 在鍋中放入奶油，加入切成 2mm 細丁狀的松露，拌炒出水份。散發香氣後，加入干邑白蘭地點火燄燒（flambé），加入馬德拉酒，煮至酒精揮發。
2. 加入馬德拉醬汁和松露原汁，略為加熱。
3. 以奶油提香，用鹽、胡椒調味。

用途・保存

主要用於香煎牛肉的醬汁。因松露的香氣容易流失無法保存。應儘早使用完畢。

芥末風味醬汁

sauce à la moutarde

【マスタード風味のソース】

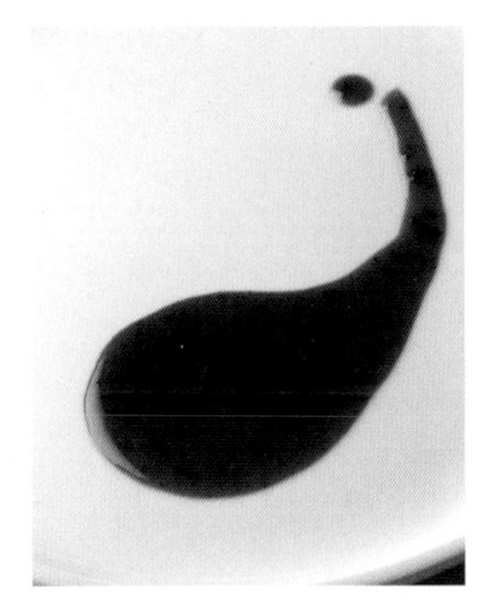

添加了黃芥末辛辣風味的馬德拉醬汁。芥末醬使用的是膏狀和粒狀兩種。顆粒狀口感和酸味更具提味效果。

材料（完成時約 300cc）

馬德拉醬汁（→ 171 頁）　250cc

第戎芥末醬（※）　15g

第戎芥末醬（粒狀 ※）　30g

奶油　15g

鹽　適量

胡椒　適量

※ 法國第戎（Dijon）地區特產的黃芥末。有著柔和的辣味和高雅的香氣，廣受歡迎。粒狀是不碾碎芥末籽，保留其形狀的成品。

製作方法

1. 在鍋中放入馬德拉醬汁，稍加熬煮。加入 2 種芥末醬，混合拌勻。
2. 用奶油提香，以鹽、胡椒調味。

用途・保存

可以使用於豬肉或小牛肉等所有的料理。因香氣容易流失無法保存。每次使用時才製作，並應儘早使用完畢。

使用芥末風味醬汁

香草風味的煎烤牛背里脊，搭配芥末醬佐焗烤馬鈴薯

Entrecôte de bœuf poêlée aux fines herbes,
sauce à la moutarde et gratin de pomme de terre

直接在整塊的牛背里脊上撒上鹽和胡椒，不時地邊靜置邊用烤箱慢慢加熱。與其說烘烤，不如說是加溫肉塊般地加熱牛肉，將肉汁封鎖在肉塊當中。肉塊的一面塗滿了混合兩種第戎芥末醬（膏狀和顆粒狀）和蜂蜜的調味料，再撒上切成碎末的蝦夷蔥。放入烤箱中稍稍加熱即散發出香氣，取出後分切成適當的厚度。在盤子上塗上芥末風味醬汁，再擺放烤牛背里脊。搭配的是焗烤馬鈴薯（gratin dauphinois）。用牛奶、鮮奶油、雞蛋、葛律瑞爾起司的醬汁，澆淋在馬鈴薯上焗烤的經典配菜。再飾以略帶苦味的美味西洋菜。

波特酒醬

sauce au Porto

【ポルト酒のソース】

濃縮了波特酒的甜味是此醬汁的最大特色。入口之際，波特酒豐富的香氣立刻飄散出來。鵝肝料理很適合搭配此濃縮甜味。

材料（完成時約 300cc）

波特酒（紅酒）　2L

雞基本高湯（→ 28 頁）　750cc

肉濃縮凍（→ 29 頁）　適量

鹽　適量

胡椒　適量

製作方法

1. 在鍋中放入波特酒、雞基本高湯，以小火靜靜地熬煮至剩 1/10 的量。此時絕不可使其沸騰。
2. 加入肉濃縮凍，略煮。
3. 以鹽、胡椒調味，用圓錐形濾杓過濾。

用途・保存

最具代表的使用方法是搭配鵝肝料理。因風味容易流失無法保存，每次使用時才製作並應儘早使用完畢。

紅酒醬汁
sauce au vin rouge

【赤ワイン風味のソース】

以基本高湯製作的肉類料理適合搭配此紅酒醬汁。完成時加入的肉濃縮凍，可依使用的料理區隔，像是羔羊料理時使用羔羊原汁、鴨料理可使用鴨原汁等。

材料（完成時約 300cc）

紅酒（※）　1.5L
紅蔥（炒出水份用）　100g
紅蔥（糖漬 confit 用）　200g
細砂糖　適量
香料束　1 束
小牛基本高湯（→ 24 頁）　350cc
肉濃縮凍（→ 29 頁）　少量
奶油（提香用）　15g
鹽　適量
胡椒　適量
奶油（炒出水份用）　30g

※ 紅酒使用的是有清新感的馮度丘（Côtes du Ventoux）。

製作方法

1. 紅蔥炒出水份用的切成碎末，糖漬用的帶皮對半切開。
2. 糖漬用的紅蔥切口上撒放細砂糖。切口朝下地擺放在烤盤上，以 180℃的烤箱加熱約 25 分鐘。
3. 在鍋中放入奶油，加入碎末狀紅蔥拌炒出水份。產生香氣後加入紅酒，煮至酒精揮發。撈除浮渣，加入香料束和 **2** 的糖漬紅蔥，以小火熬煮至水分收乾。
4. 加入小牛基本高湯，撈除浮渣地略為熬煮。用圓錐形濾杓過濾，輕壓濾杓上的紅蔥使其釋出美味。
5. 再次加熱過濾後的液體，加進肉濃縮凍。以奶油提香，以鹽、胡椒調味。

用途・保存

可用於牛肉、羔羊、鴨等所有的肉類料理。基本上製作後應儘早使用完畢，但若是在奶油提香前的狀態，以真空密封可以冷藏保存 3 天。

魚貝料理用紅酒醬

sauce au vin rouge pour poissons

【魚介料理用の赤ワインソース】

可提升螯蝦（ecrevisse）或鯛魚美味的魚料理用紅酒醬。搭配甲殼類或白肉魚的組合，更能加深其風味。為避免腥臭，在熬煮前要先確實煎炒海鮮材料。

材料（完成時約 300cc）

螯蝦　12 隻

調味蔬菜

- 紅蔥　80g
- 紅蘿蔔　50g
- 西洋芹　30g
- 大蒜（帶皮）　1 瓣

鯛魚頭　1 隻

高筋麵粉　10g

干邑白蘭地　10cc

紅酒　3 瓶（2.25L）

肉濃縮凍（→ 29 頁）　30g

平葉巴西里莖　1 枝

細砂糖　少量

奶油（提香用）　適量

鹽　適量

胡椒　適量

奶油（炒出水份用）　50g

橄欖油　適量

製作方法

1. 螯蝦帶殼縱向對切，取出泥腸和沙囊，撒上鹽、胡椒。鯛魚頭也對半切開後除去魚鰓和血污，用水沖洗。大蒜輕輕壓碎，紅蔥、紅蘿蔔、西洋芹各切成碎丁。紅酒加熱揮發出酒精成分，放置 15 分鐘煮至滾沸，以圓錐形濾杓過濾。

2. 在鍋中放入奶油和大蒜，產生香氣後加入螯蝦。待拌炒至上色後，加入其餘的調味蔬菜，拌炒至散發香味呈現煎烤色澤。撒上干邑白蘭地，使酒精揮發。

3. 在鯛魚頭表面撒上高筋麵粉，放入加有橄欖油的平底鍋內，煎至全體呈現烤色。再放入 **2** 的鍋內。

4. 加入揮發了酒精的紅酒、肉濃縮凍、平葉巴西里莖、細砂糖，加熱至沸騰，撈除浮渣。轉為小火，邊撈除浮渣邊熬煮約 20 分鐘。

5. 用圓錐形濾杓過濾，輕壓調味蔬菜使其釋出美味。加入奶油提香，再次加熱，用鹽、胡椒調味。

用途・保存

作為香煎鯛魚的醬汁或紅酒燉煮料理時。基本上製作後應儘早使用完畢，但若是在奶油提香前的狀態，以真空密封可以冷藏保存 3 天。

鴿料理用紅酒醬

sauce au vin rouge pour pigeons

【ハト料理用の赤ワインソース】

以紅酒和雞基本高湯熬煮炒過的鴿肉和調味蔬菜所製作而成的醬汁。完成時加入濃縮紅酒醋，更能品嚐出凝聚的美味。

材料（完成時約 300cc）

鴿子（帶骨） 600g

調味蔬菜

- 洋蔥 80g
- 紅蘿蔔 80g
- 韭蔥 80g
- 西洋芹 40g
- 蘑菇 40g
- 大蒜（帶皮） 1 瓣

低筋麵粉 15g

紅酒 900cc

雞基本高湯（→ 28 頁） 900cc

香料束 1 束

濃縮醬汁（reduction）（※） 25g

奶油（提香用） 15g

鹽 適量

胡椒 適量

奶油（炒出水份用） 30g

花生油 30cc

※ 濃縮醬汁是片狀紅蔥 15g、紅酒醋 120cc、粗粒胡椒（黑）3g，一起放入鍋中熬煮至水分收乾。完成後全部使用。

製作方法

1. 處理鴿子，帶骨地切成 3cm 左右的不規則塊狀。洋蔥、紅蘿蔔、韭蔥、西洋芹各切成 1cm 的骰子狀，蘑菇切成四等分。大蒜輕輕壓碎。

2. 在鍋中放入奶油和花生油，放入鴿子拌炒至上色。加入調味蔬菜，拌炒至散發香味並上色。用濾網瀝除油脂。

3. 將 **2** 放回鍋中，在表面撒上低筋麵粉，均勻混拌。紅酒分數次加入，溶出鍋底精華。加熱至沸騰，使酒精揮發，加入雞基本高湯。煮至沸騰後撈除浮渣，加入香料束。轉小火熬煮 1 ～ 2 小時。期間隨時撈除浮渣。

4. 邊輕壓鴿子和調味蔬菜，邊以圓錐形濾杓過濾。在過濾後的液體中加入濃縮醬汁，稍稍加熱使味道融合。

5. 再次以圓錐形濾杓過濾，用鹽、胡椒調味，加入奶油提香。

用途・保存

可作為烤鴿、鴿肉凍或派皮焗烤料理的醬汁。基本上製作後應儘早使用完畢，但若是在奶油提香前的狀態，以真空密封可以冷藏保存 3 天。

紅酒龍蝦醬

sauce de homard au vin rouge

【赤ワインのオマールのソース】

龍蝦的高雅香氣與紅酒是絕佳組合。與調味蔬菜同時拌炒，充分提引出美味後，再以紅酒及基本高湯一起熬煮。無論搭配哪種魚貝類都很適合。

材料（完成時約 300cc）

龍蝦　300g

調味蔬菜

- 紅蔥　100g
- 紅蘿蔔　50g
- 韭蔥　30g
- 大蒜（帶皮）　1 瓣

低筋麵粉　10g

紅酒　450cc

小牛基本高湯（→ 24 頁）　300cc

雞基本高湯（→ 28 頁）　150cc

番茄　1 個

香料束　1 束

紅酒醋　90cc

細砂糖　15g

奶油（提香用）　15g

鹽　適量

胡椒　適量

奶油（炒出水份用）　少量

製作方法

1. 龍蝦帶殼地切成 2 ～ 3cm 寬的圓筒狀。紅蔥、紅蘿蔔、韭蔥各切成丁狀，大蒜輕輕壓碎。紅酒加熱揮發酒精後備用。番茄去籽。

2. 在鍋中放入奶油，加進龍蝦拌炒至上色。取出龍蝦，在同一鍋中加入調味蔬菜，拌炒至表面呈現煎烤色澤，再放回龍蝦。在表面撒上低筋麵粉，全體均勻混拌後，放入 210 ～ 230℃的烤箱約 3 分鐘，使粉類融入。

3. 取出 **2** 的鍋子，加入揮發了酒精的紅酒、雞基本高湯，煮至沸騰。撈除浮渣，轉小火，加入番茄和香料束，靜靜地熬煮至剩一半的量。

4. 邊輕壓龍蝦和蔬菜，邊以圓錐形濾杓過濾。在過濾後的液體中加入紅酒醋和細砂糖，熬煮。用鹽、胡椒調味，加入奶油提香。

用途・保存

可用作香煎魚類或甲殼類的醬汁，或紅酒燉煮料理。基本上製作後應儘早使用完畢，但若是在奶油提香前的狀態，以真空密封可以冷藏保存 3 天。

盧昂風味醬

sauce rouennaise

【ルーアン風ソース】

盧昂地區是鴨肉的著名產地。以此爲名的醬汁，指的是結合了肝臟的紅酒醬汁。

材料（完成時約 300cc）

鴨骨架　400g

調味蔬菜

- 洋蔥　50g
- 紅蘿蔔　50g
- 西洋芹　25g
- 大蒜（帶皮）　1 瓣

高筋麵粉　少量

干邑白蘭地　20cc

紅酒（※）　750cc

香料束　1 束

紅酒醋　120cc

紅蔥　60g

粒狀白胡椒　2g

鴨血（※）　少量

雞肝（或鴨肝）泥（※）　15g

奶油（提香用）　少量

鹽　適量

胡椒　適量

奶油（炒出水份用）　30g

※ 紅酒預先加熱揮發酒精（750cc 是酒精揮發前的用量）。

※ 血是壓碎鴨骨架所取得的。

※ 雞肝泥是將雞肝用圓形網篩過濾製作而成。

製作方法

1. 鴨骨架切成 3cm 左右的塊狀。洋蔥、紅蘿蔔、西洋芹各切成 3mm 厚的片狀。大蒜輕輕壓碎。

2. 在平底鍋中放入奶油，加進鴨骨架拌炒至散發香味上色。用濾網瀝除油脂，移至鍋中。

3. 在同一平底鍋中加入奶油，放入調味蔬菜拌炒至表面呈現煎烤色澤，放入鴨骨架的鍋中。

4. 在表面撒上高筋麵粉，放入 220 ～ 240℃的烤箱。加熱約 5 分鐘，使粉類融入。取出鍋子加熱，撒上干邑白蘭地溶出鍋底精華。

5. 加入揮發了酒精的紅酒、香料束，煮至沸騰。撈除浮渣，轉小火，保持煨燉狀態熬煮約 1 個半小時。期間，隨時撈除浮渣。

6. 在另外的鍋中放入紅酒醋、紅蔥碎末、粒狀白胡椒，以小火加熱熬煮至剩一半的量。加入 **5** 當中，再繼續熬煮約 10 分鐘。

7. 邊輕壓骨架，邊以圓錐形濾杓過濾。在過濾後的液體中加入鴨血結合。加熱後，用細網目的圓錐形濾杓過濾，加入雞肝泥和奶油增添濃度。用鹽、胡椒調味。

用途・保存

可用於烤鴨或作為溫肉派（pâté）的醬汁。因其狀態容易變質，不可保存。每次使用前才製作，並應儘早使用完畢。

基本高湯與原汁製作的醬汁（魚貝類）

Sauces à base de fonds et jus pour poissons et fruits de mer

龍蝦醬汁

sauce homard

【オマールのソース】

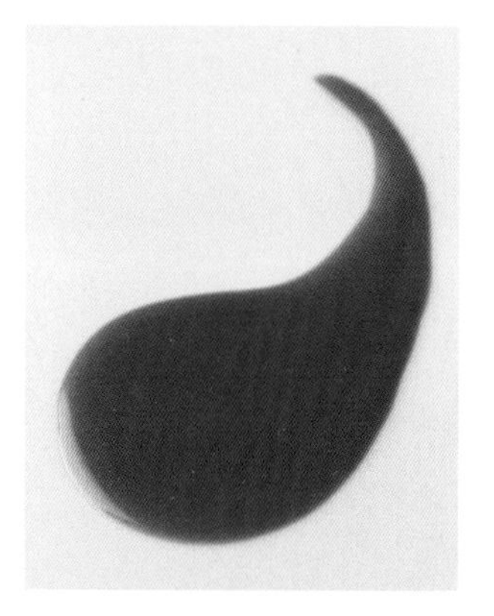

熬煮龍蝦基本高湯和番茄製作出的美味醬汁。雖然風味濃厚，但質感卻是如天鵝絨般輕盈且易於入口。以龍蝦爲首地適合搭配各種魚貝類。

材料（完成時約 300cc）

龍蝦基本高湯（→ 46 頁）　750cc

番茄　1 個

番茄糊　少量

鮮奶油　30cc

奶油　30g

干邑白蘭地　少量

鹽　適量

胡椒　適量

製作方法

1. 在鍋中放入龍蝦基本高湯、番茄（汆燙去皮去籽）切丁、番茄糊，以小火熬煮至剩 1/3 的量。

2. 加入鮮奶油稍加熬煮，放入奶油提香。

3. 用鹽、胡椒調味，淋入干邑白蘭地增添香氣。用圓錐形濾杓過濾。

用途・保存

可用於甲殼類或魚貝類的所有料理。因風味容易流失無法保存，每次使用時才製作，並應儘早使用完畢。

使用龍蝦醬汁

普羅旺斯風伊勢龍蝦、菠菜、番茄的法式鹹派佐龍蒿龍蝦醬汁

Cbausson de langouste aux épinards et tomate à la provençale, sauce homard à l'estragon

酥脆的派皮包覆著伊勢龍蝦與菠菜、番茄，搭配上大量龍蒿風味的龍蝦醬汁。伊勢龍蝦去殼分切成 30g，劃入切紋並將龍蒿夾入切紋中。塗上普羅旺斯番茄醬汁（→ 253 頁），汆燙過的菠菜葉包捲起來，再用千層派皮包覆。整形並在表面貼上香葉芹，放入 230℃的烤箱將派皮烘烤成酥脆。搭配的是加入切碎龍蒿的溫熱龍蝦醬汁。盛盤，以油炸的龍蒿和龍蝦卵裝飾。

咖哩風味龍蝦醬汁

sauce homard au curry

【カレー風味のオマールソース】

在龍蝦醬汁中加入咖哩粉，製作成辛香風味的醬汁。因爲加入了鮮奶油更添柔和口感。最後用手持式攪拌機打發使口感更加清爽。

材料（完成時約 300cc）

紅蔥　15g
大蒜　2g
咖哩粉　5g
龍蝦醬汁（→ 182 頁）　150cc
番茄醬汁（→ 254 頁）　70cc
鮮奶油　100cc
干邑白蘭地　少量
鹽　適量
胡椒　適量
橄欖油　少量

製作方法

1. 紅蔥切成碎末，大蒜除去芽芯切碎。

2. 在鍋中放入橄欖油和大蒜，以小火加熱。待產生香氣後加入紅蔥拌炒出水份。

3. 加入咖哩粉，充分混拌。加入龍蝦醬汁、番茄醬汁、鮮奶油略加熬煮。

4. 用圓錐形濾杓過濾，輕壓紅蔥以釋出美味。再次加熱，用鹽、胡椒調味，淋入干邑白蘭地增添香氣。

用途・保存

適合與運用了辛香料的甲殼類料理搭配。也可以用手持式電動攪拌機攪打。因風味容易流失無法保存，宜儘早使用完畢。

添加鮮奶油的龍蝦醬汁

sauce homard à la crème

【クリーム仕立てのオマールソース】

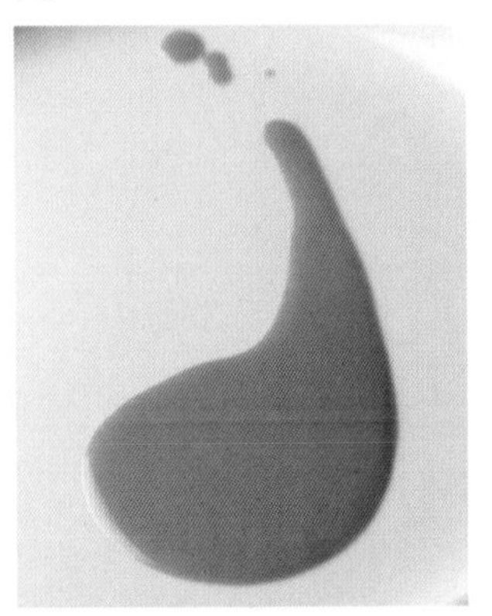

熬煮龍蝦基本高湯製作成的濃郁醬汁。可以用沙巴雍醬（→ 128 頁）取代奶油使其結合，完成時也可以添加龍蝦油（→ 261 頁）。

材料（完成時約 300cc）

龍蝦基本高湯（→ 46 頁）　600cc
紅蔥　60g
番茄糊　5g
鮮奶油　140cc
奶油（提香用）　15g
干邑白蘭地　少量
鹽　適量
胡椒　適量
奶油（炒出水份用）　少量

製作方法

1. 紅蔥切成碎末，用奶油拌炒出水份。加入龍蝦基本高湯，煮至沸騰。煮沸後轉為小火，慢慢熬煮至剩 1/3 的量。

2. 加入番茄糊和鮮奶油混拌，略加熬煮。

3. 加入奶油提香。以鹽、胡椒提味，用圓錐形濾杓過濾。完成時加入干邑白蘭以增添香氣。

用途・保存

用於比目魚等白肉魚的香煎，或甲殼類的派皮焗烤醬汁基底。每次使用前才製作，應儘早使用完畢。

普羅旺斯風味醬汁

sauce à la provençale

【プロヴァンス風ソース】

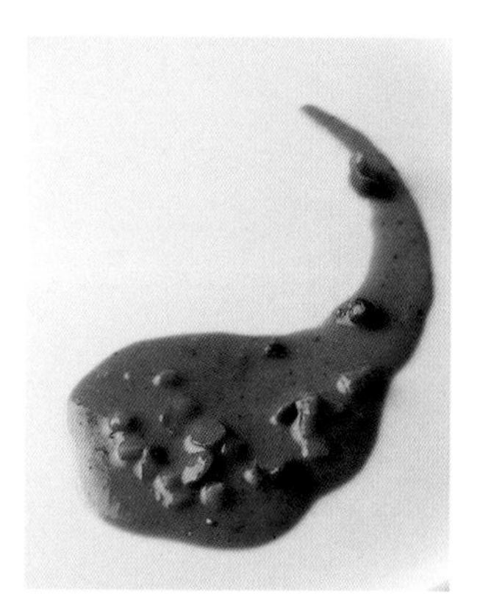

用螯蝦和龍蝦熬煮的基底，加入普羅旺斯奶油提香，撒放酸黃瓜和酸豆的南法風味。凝聚了各種美味元素，有深度的醬汁。

材料（完成時約 300cc）

螯蝦頭　6 個
龍蝦頭　1 個
調味蔬菜
- 洋蔥　25g
- 紅蘿蔔　25g
- 西洋芹　25g
- 大蒜（帶皮）　1 瓣

干邑白蘭地　15cc
白酒醋　15cc
黃芥末混合液（appaleil）（※）　620g
螯蝦基本高湯（→ 49 頁）　120cc
龍蒿　1 枝
酸黃瓜（※）　8g
酸豆（醋漬）　12g
普羅旺斯奶油（→ 155 頁）　35g
鹽　適量
胡椒　適量
橄欖油　適量

※ 黃芥末混合液是混合黃芥末 100g、番茄糊 40g、白酒 320cc 和魚鮮高湯（→ 54 頁）160cc 製成的。
※ 酸黃瓜是小黃瓜的醋漬（pickles）。

製作方法

1. 用水沖洗螯蝦頭和龍蝦頭，瀝乾水分備用。洋蔥、紅蘿蔔、西洋芹各切成丁狀。大蒜輕輕壓碎。
2. 在平底鍋中加入橄欖油和大蒜，加熱。待產生香氣後，放入螯蝦頭和龍蝦頭拌炒，至表面呈煎烤色澤。放入調味蔬菜，充分拌炒至產生香氣呈煎烤色澤為止。以濾網瀝除油脂。
3. 將 2 移入鍋中，加熱。加入干邑白蘭地點火燄燒（flambé），再加入白酒醋。放入黃芥末混合液和螯蝦基本高湯，煮至沸騰後撈除浮渣。轉為小火，加入龍蒿，保持煨燉的狀態並燉煮約 25 分鐘。
4. 用圓錐形濾杓過濾。搗碎蝦頭和調味蔬菜，確實過濾釋出其中的精華美味。加入切碎丁的酸黃瓜和酸豆，以普羅旺斯奶油提香。用鹽、胡椒調味。

用途・保存

可用於香煎白肉魚或貝類的醬汁。因風味容易流失無法保存，每次使用時才製作，並應儘早使用完畢。

石斑魚的鮮奶油醬汁

sauce "hata" à la crème

【ハタのクリームソース】

石斑是含有脂肪的高級魚。飽含美味的基本高湯，用鮮奶油稀釋成簡潔的醬汁。可以嚐出鮮奶油的柔和風味，如天鵝絨般的滑順口感。

材料（完成時約 300cc）

石班魚基本高湯　480cc

（以下材料完成的用量約為 2L。取其中的 480cc 使用。）

- 石斑魚的魚骨　2kg
- 洋蔥　100g
- 紅蘿蔔　100g
- 西洋芹　50g
- 蘑菇　200g
- 大蒜（帶皮）　1 瓣
- 白酒　200cc
- 螯蝦基本高湯（→ 49 頁）　3L
- 雞基本高湯（→ 28 頁）　1L
- 番茄　2 個
- 香料束　1 束
- 粗粒胡椒（白）　少量
- 橄欖油　少量

鮮奶油　120cc

鹽　少量

胡椒　少量

製作方法

■ 製作石斑魚基本高湯

1. 石斑魚骨用水沖洗，之後拭去水分備用。洋蔥、紅蘿蔔、西洋芹切成 2mm 的薄片狀。蘑菇切成丁狀。大蒜輕輕壓碎，番茄對半切開去籽。

2. 在平底鍋中加入橄欖油，放入石斑魚骨拌炒，至表面略呈烤色。以濾網瀝除油脂。

3. 在另外的鍋中放入橄欖油和大蒜加熱，待散發香氣後加入洋蔥、紅蘿蔔、西洋芹、蘑菇，避免上色地拌炒。

4. 將石斑魚骨加入 **3** 當中，稍稍加熱。倒入白酒煮至酒精揮發。倒入螯蝦基本高湯和雞基本高湯，加熱煮至沸騰後撈除浮渣。轉為小火，加入番茄、香料束和粗粒胡椒，保持煨燉的狀態並燉煮約 1 ～ 1 個半小時。

5. 用圓錐形濾杓過濾。

■ 完成醬汁製作

1. 在鍋中放入 480cc 的石斑魚基本高湯，熬煮至剩一半的量。加入鮮奶油略略熬煮，用鹽、胡椒調味。

用途・保存

用於香煎石斑魚的醬汁。因風味容易流失無法保存，每次使用時才製作，並應儘早使用完畢。

黑橄欖醬汁

sauce aux olives noires

【黒オリーブのソース】

添加了黑橄欖泥的魚類料理用醬汁。白酒和白酒醋的酸味更能烘托出橄欖的香氣。以青背魚爲首，可以搭配任何的魚貝類。

材料（完成時約 300cc）

紅蔥　35g
大蒜　5g
白酒　60cc
白酒醋　30cc
粗粒胡椒（白）　適量
魚高湯（→ 56 頁）　250cc
鮮奶油　180cc
黑橄欖泥（※）　15g
奶油（提香用）　12g
綠檸檬汁　少量
鹽　適量
胡椒　適量
奶油（炒出水份用）　適量

※ 黑橄欖泥是除去鹽漬黑橄欖核，放入食物調理機內攪打成泥後，再以圓形網篩過濾製成的。

製作方法

1. 紅蔥和大蒜切成碎末。

2. 在鍋中加入奶油，放入紅蔥和大蒜拌炒出水份。加入白酒、白酒醋、粗粒胡椒，用小火熬煮至水分收乾。

3. 添加魚高湯，直接熬煮至剩一半的量。添加鮮奶油混拌全體，使味道均勻滲入。

4. 用圓錐形濾杓過濾，輕輕按壓紅蔥以釋出美味成分。過濾的液體再次加熱，加入黑橄欖泥混拌，用奶油提香。加入綠檸檬汁，用鹽、胡椒調味。

用途・保存

可用於竹筴魚、鯖魚、鰆魚等，青背魚的香煎或派皮焗烤的醬汁。因風味容易流失無法保存，每次使用時才製作，並應儘早使用完畢。

魚貝類料理用綠醬汁

sauce verte pour poissons

【魚介料理用グリーンソース】

鮮艷綠色的醬汁，僅少量都能使盛盤耳目一新。利用等量的捲葉巴西里和平葉巴西里，製作出色澤風味鮮明的美味。

材料（完成時約 300cc）

濃縮魚鮮高湯（※）　300cc
捲葉巴西里葉　30g
平葉巴西里葉　30g
大蒜（帶皮）　1 瓣
奶油　60g
橄欖油　60cc
鹽　少量
胡椒　少量
鮮奶油　20cc
奶油（提香用）　15g

※ 濃縮魚鮮高湯是依照 54 頁的製作方法，將水減少成 6L 熬煮後，再繼續熬煮至剩一半分量的濃郁高湯。

製作方法

1. 在鍋中放入濃縮魚鮮高湯，煮至沸騰。
2. 將捲葉巴西里葉、平葉巴西里葉、大蒜、奶油和橄欖油，連同煮沸的濃縮魚鮮高湯，一起放入攪拌機內攪打。攪打成滑順的泥狀後，以圓錐形濾杓過濾。冷卻備用。
3. 取需要用量放入鍋內溫熱，加入鮮奶油，並以奶油提香。用鹽、胡椒調味，以圓錐形濾杓過濾。

用途・保存

可少量地搭配魚料理增加風味和色彩。因顏色和香氣容易流失無法保存，每次使用時才製作，並應儘早使用完畢。

青海苔風味醬汁

sauce aux algues

【アオサ海苔風味のソース】

能品嚐到新鮮青海苔的色澤與香氣的醬汁。味道基底的魚高湯與昆布一同熬煮，更能搭配青海苔的風味。

材料（完成時約 300cc）

魚高湯（→ 56 頁）　400cc

紅蔥　40g

昆布　5g

粗粒胡椒（白）　少量

青海苔（※）　80g

E.V. 橄欖油　20cc

奶油　10g

黃檸檬汁　少量

鹽　適量

胡椒　適量

※ 新鮮青海苔不容易購得時，可使用乾燥青海苔以水還原後瀝乾水分使用。但風味較差一些。

製作方法

1. 在鍋中放入魚高湯、切碎的紅蔥、昆布、粗粒胡椒，加熱。煮至沸騰前取出昆布，接著熬煮至剩一半的量。以圓錐形濾杓過濾。
2. 在攪拌機內放入 1 的液體、青海苔、E.V. 橄欖油、奶油一起攪打成泥狀。
3. 用鹽、胡椒、檸檬汁調味。

用途·保存

可用於蒸嫩海帶芽包捲白肉魚等，利用海草類的料理。因顏色和風味容易流失無法保存，每次使用時才製作，並應儘早使用完畢。

馬賽魚湯醬汁

sauce bouillabaisse

【ブイヤベースのソース】

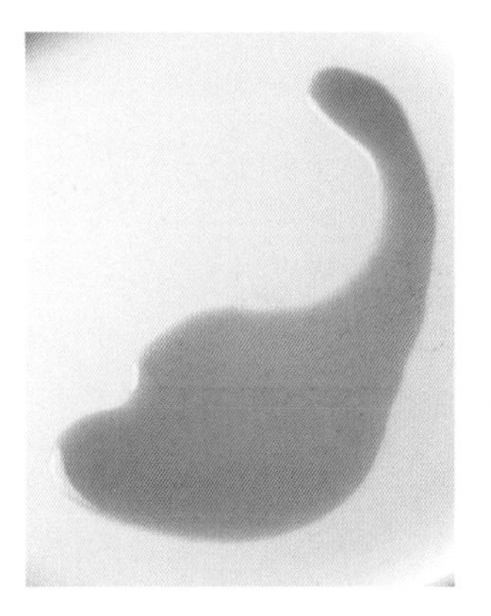

以馬賽魚湯用的蛤蜊高湯製作而成，用於魚貝類湯品或熬煮用的醬汁。能提引出主角的魚貝類風味，不需奶油提香，即可完成清新的美味。

材料（完成時約 1L）

調味蔬菜

- 洋蔥　100g
- 紅蘿蔔　100g
- 西洋芹　60g
- 韭蔥　100g
- 蘑菇　40g
- 大蒜（帶皮）　1 瓣

蛤蜊高湯（馬賽魚湯用的貝類高湯→ 60 頁）　1L

番紅花　適量

香料束　1 束

番茄（完全成熟）　2 個

鹽　少量

胡椒　少量

橄欖油（香煎用）　適量

E.V. 橄欖油　少量

製作方法

1. 洋蔥、韭蔥切成 5mm，紅蘿蔔和西洋芹切成 3mm 的片狀。蘑菇切成 2mm 的片狀，番茄汆燙去皮去籽。大蒜輕輕壓碎。

2. 在鍋中倒入橄欖油，放入調味蔬菜，避免上色地翻炒。倒入蛤蜊高湯，煮至沸騰。撈除浮渣，轉為小火並放入香料束。邊撈除浮渣邊煮至蔬菜受熱至相當程度後，加入番茄，再略略熬煮。

3. 用鹽、胡椒調味，以圓錐形濾杓過濾。加入少量優質的 E.V. 橄欖油，提引香氣。

用途・保存

可用於馬賽魚湯或龍蝦稍加燉煮的湯品中。無法保存，每次使用時才製作，並應儘早使用完畢。

馬賽醬汁

sauce Marseillaise

【マルセイユ風ソース】

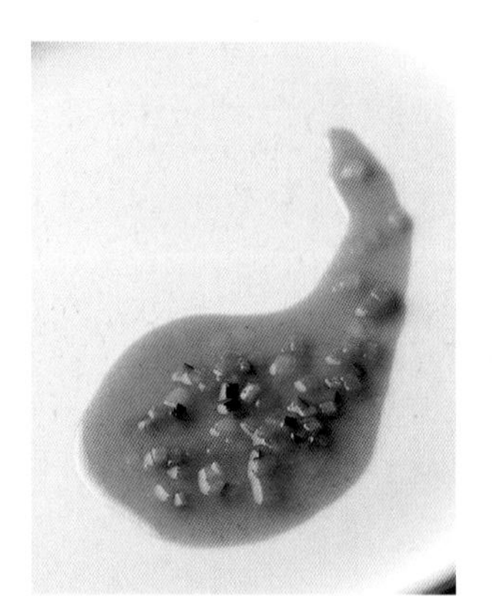

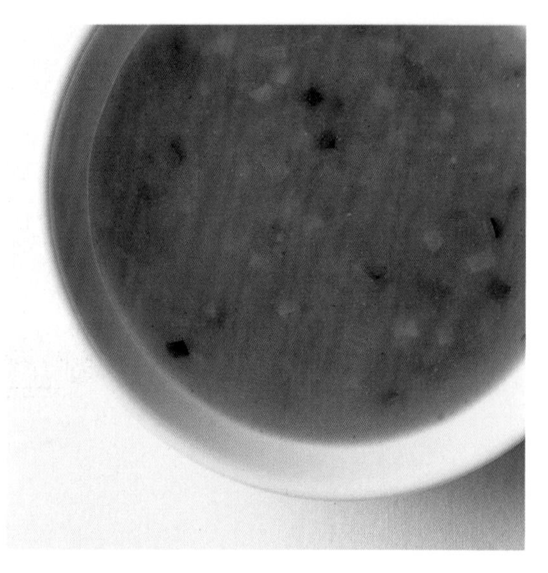

以面對地中海的馬賽爲構思，使用了甲殼類、洋蔥、茴香球莖、番茄、番紅花製作而成的醬汁。有著甲殼類和甘甜蔬菜的滋味，適合用於清淡的魚類。

材料（完成時約 300cc）

龍蝦殼　200g

調味蔬菜

- 洋蔥　30g
- 紅蘿蔔　30g
- 茴香球莖（fenouil）　20g
- 西洋芹　10g
- 蘑菇　10g
- 大蒜　1/2 瓣

干邑白蘭地　10cc

番茄　1/2 個

番茄糊　2g

馬鈴薯　50g

低筋麵粉　5g

蛤蜊高湯（→ 57 頁）　480cc

柳橙汁　120cc

番紅花　少量

香橙干邑甜酒　10cc

奶油　適量

橄欖油　30cc

完成時用的蔬菜（紅蘿蔔、茴香球莖、櫛瓜、韭蔥）　各少量

製作方法

1. 龍蝦殼切成 2cm 的不規則塊狀。洋蔥、紅蘿蔔、西洋芹各切成 1cm 的骰子狀。茴香球莖切成 3mm 的片狀，蘑菇切成四等分。番茄去籽切成四等分，馬鈴薯切成 3mm 厚的片狀。大蒜輕輕壓碎。

2. 在鍋中加入奶油，放入調味蔬菜拌炒出水份。

3. 平底鍋中放入奶油和橄欖油，放入龍蝦殼。拌炒至龍蝦殼變紅時，加入干邑白蘭地點火燄燒（flambé），再放入 **2** 的鍋中。放入番茄、番茄糊和馬鈴薯，約略拌炒。

4. 撒放低筋麵粉混拌全體。在 210 ～ 230℃的烤箱中稍加烘烤，至粉類融入。

5. 加入蛤蜊高湯和柳橙汁，煮至沸騰後撈除浮渣。轉為小火，保持煨燉的狀態至剩一半的量的程度。完成的 10 分鐘前，加入番紅花。熬煮完成後，以圓錐形濾杓過濾，並搗碎調味蔬菜確實過濾。

6. 紅蘿蔔、茴香球莖、櫛瓜、韭蔥切成細丁狀，迅速汆燙。加入 **5** 的醬汁中混拌，加入香橙干邑甜酒以增添風味。

用途・保存

可用於清淡的白肉魚料理醬汁。因風味容易流失無法保存，每次使用時才製作，並應儘早使用完畢。

大茴香醬汁

sauce à l'anis

【アニス風味のソース】

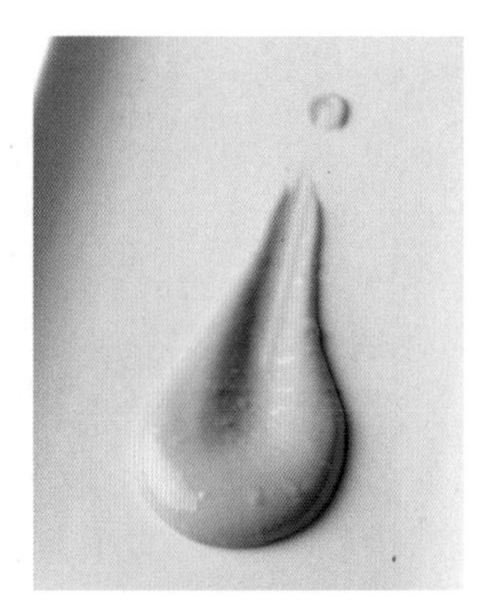

充滿異國風味的大茴香，在法國是熟悉的香味。干貝高湯的甘甜正好搭配大茴香，再添加美乃滋，更能讓口感變得溫和滑順。

材料（完成時約 300cc）

洋蔥　50g
茴香球莖（fenouil）　40g
干貝高湯（→ 61 頁）　80cc
鮮奶油　70cc
番紅花　15 根
八角茴香（star anise）　2 個
法國茴香酒（Pastis）（※）　10cc
美乃滋（→ 116 頁）　280g
鹽　適量
胡椒　適量
橄欖油　少量

※ 法國茴香酒（Pastis）是添加了茴香、甘草風味的苦甜利口酒。「Noilly」是代表性品牌。

製作方法

1. 洋蔥和茴香球莖切成 2mm 的片狀。

2. 在鍋中加入橄欖油，放入洋蔥和茴香球莖片拌炒出水份。待其受熱後，加入干貝高湯、鮮奶油、番紅花、八角茴香，以小火熬煮約 10 分鐘。

3. 以圓錐形濾杓過濾，並輕壓蔬菜和番紅花確實過濾。加入法國茴香酒，用鹽、胡椒調味。

4. 放涼後，冷卻混拌入美乃滋。

用途・保存

可作為魚貝類的凍派（terrine）或各式冷盤料理的醬汁。因風味容易流失無法保存，每次使用時才製作，並應儘早使用完畢。

基本高湯與原汁製作的醬汁（肉類）

Sauces à base de fonds et jus pour viandes

橄欖風味小牛醬汁

jus de veau aux olives

【オリーブ風味の仔牛のソース】

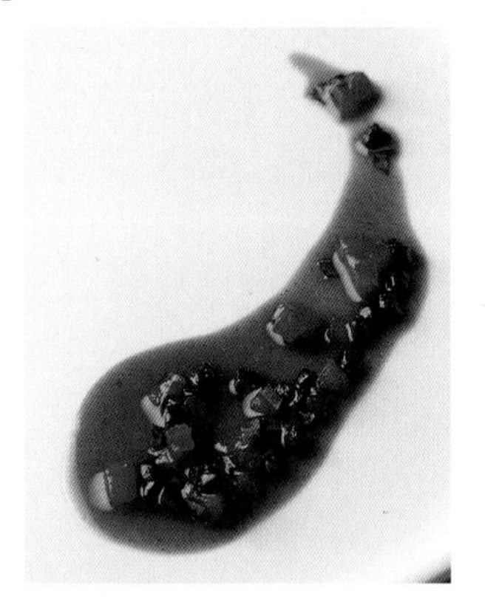

以橄欖油提香小牛原汁，加入番茄、黑橄欖、羅勒等大量食材的醬汁。橄欖的酸味和濃郁，搭配番茄和羅勒的清爽，形成多層次的美味。

材料（完成時約 300cc）

小牛原汁（→ 65 頁）　500cc
E.V. 橄欖油　25cc
鹽　少量
胡椒　少量
番茄　50g
黑橄欖（鹽漬）　30g
羅勒葉　適量

製作方法

1. 番茄汆燙去皮、去籽，和黑橄欖都切成 5mm 的丁狀。羅勒葉切成 5mm 碎末。

2. 用中火加熱小牛原汁，熬煮至剩一半的量。少量逐次地加入 E.V. 橄欖油提香，用鹽、胡椒調味。

3. 鍋子離火，加入番茄、黑橄欖、羅勒葉混拌均勻。

用途・保存

可作為小牛里脊或腓力的網烤料理醬汁。風味容易流失無法保存，每次使用時才製作，並應儘早使用完畢。

龍蒿風味牛肉醬汁

jus de bœuf à l'estragon

【エストラゴン風味の牛肉のソース】

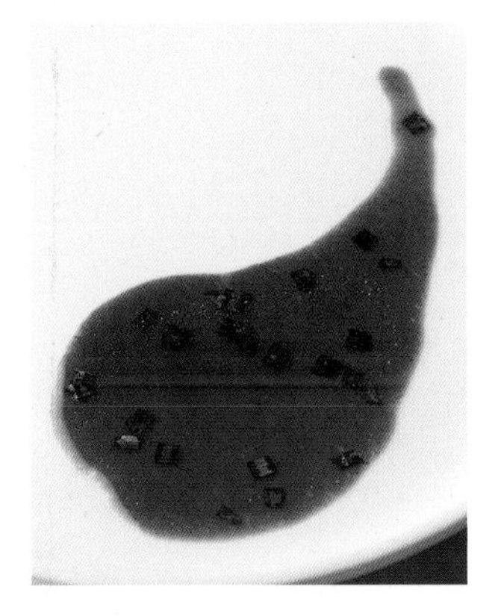

熬煮牛肉原汁，添加了龍蒿和松露原汁製作而成的醬汁。因含有大量的膠質，美味餘韻長。撒上龍蒿葉，更添清爽風味。

材料（完成時約 300cc）

牛肉原汁（→ 66 頁）　500cc

龍蒿　1 枝

龍蒿葉　3g

松露原汁（市售）　30cc

奶油　20g

鹽　適量

胡椒　適量

製作方法

1. 牛肉原汁與龍蒿用小－中火加熱，熬煮至剩一半的量。
2. 加入松露原汁，以奶油提香。用圓錐形濾杓過濾。
3. 撒上切成碎末的龍蒿葉，用鹽、胡椒調味。

用途・保存

可作為香煎牛肉或小牛肉的醬汁。風味容易流失無法保存，每次使用時才製作，並應儘早使用完畢。

苦橙醬汁

sauce bigarade

【ビガラードソース】

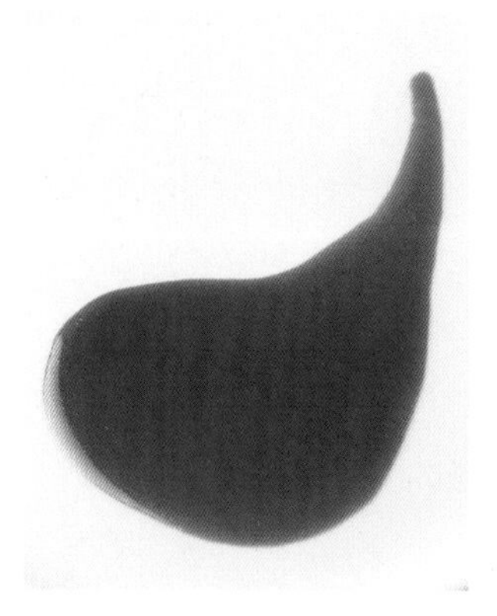

「bigarade」是帶有苦味的柳橙。發揮苦橙風味的酸甜醬汁與鴨肉的組合，是最具代表性的法式料理。在此介紹正統的製作方法。

材料（完成時約 300cc）

細砂糖　30g
水　少量
白酒醋　50cc
柳橙汁　120cc
黃檸檬汁　40cc
鴨原汁（→ 69 頁）　600cc
香橙干邑甜酒　40cc
奶油　15g
鹽　適量
胡椒　適量

製作方法

1. 在鍋中放入細砂糖和少量的水（足以濕潤全體細砂糖的程度），以中火加熱。待呈焦糖狀後，加入白酒醋、柳橙汁和檸檬汁，以小火熬煮至剩 1/3 的量。

2. 加入鴨原汁，邊撈除浮渣邊熬煮至剩一半的量。

3. 加入香橙干邑甜酒，稍加熬煮後以奶油提香。用鹽、胡椒調味，以圓錐形濾杓過濾。濃度不足時，可以加入 1 小匙玉米粉水溶液。

用途・保存

用於爐烤（rôti）或香煎鴨肉的醬汁。風味容易流失無法保存，每次使用時才製作，並應儘早使用完畢。

橙味鴨醬汁

sauce canard à l'orange

【オレンジ風味の鴨のソース】

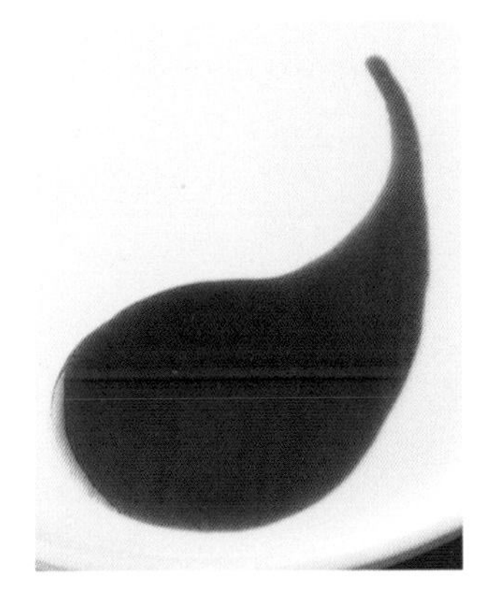

鴨醬汁的變化組合。撒上細砂糖，焦糖化的紅蔥與柳橙汁、鴨原汁一起熬煮製作而成的多層次風味。採用黑胡椒更能提味。

材料（完成時約 300cc）

紅蔥　80g

細砂糖　5g

紅酒醋　30cc

粗粒胡椒（黑）　少量

香橙干邑甜酒　75cc

柳橙汁　120cc

鴨原汁（→ 69 頁）　500cc

柳橙　1/4 個

奶油（提香用）　適量

鹽　適量

胡椒　適量

奶油（拌炒出水份用）　10g

製作方法

1. 紅蔥切成厚 3mm 的片狀，撒上細砂糖。柳橙去皮切成薄片。

2. 在鍋中加進奶油，放入撒有細砂糖的紅蔥，加熱至稍呈焦糖化。加入紅酒醋溶出鍋底精華，放入粗粒胡椒、香橙干邑甜酒（用量中的 60cc）、柳橙汁，以小火熬煮至剩 1/3 的量。

3. 加入鴨原汁、柳橙片，邊撈除浮渣邊熬煮至剩一半的量。

4. 用鹽、胡椒調味，以奶油提香。用圓錐形濾杓過濾，輕壓紅蔥和柳橙片。

5. 加入其餘的香橙干邑甜酒，稍加煮沸以提引出香氣。

用途・保存

用於鴨胸肉的香煎或燉腿肉（braiser）等料理的醬汁。風味容易流失無法保存，每次使用時才製作，並應儘早使用完畢。

覆盆子風味鴨醬汁

sauce canard aux framboises

【ランボワーズ風味の鴨のソース】

用覆盆子製作的鴨醬汁。不使用紅酒醋焦糖醬（gastrique），僅以葡萄糖漿（vincotto）烘托出覆盆子柔和的酸甜風味。不留餘韻的清爽口感。

材料（完成時約 300cc）

紅蔥　60g
紅酒醋　50cc
波特酒（紅酒）　80cc
粗粒胡椒（黑）　少量
鴨原汁（→ 69 頁）　500cc
覆盆子（整顆 ※）　60g
葡萄糖漿（覆盆子風味 ※）　40cc
奶油（提香用）　適量
鹽　適量
胡椒　適量
奶油（拌炒出水份用）　10g
覆盆子利口酒（crème de framboise）（※）　20cc

※ 如果無法買到新鮮覆盆子時，也可以用冷凍的。
※Vincotto 是葡萄壓榨汁液熬煮的糖漿。顏色和濃度近似巴薩米可醋，在義大利是作為甜度調味使用。在此加入覆盆子中使用。
※crème de framboise 指的是覆盆子利口酒。

製作方法

1. 紅蔥切碎。
2. 在鍋中加進奶油，放入紅蔥碎拌炒出水份。加入紅酒醋、波特酒、粗粒胡椒，用小－中火，熬煮至剩 1/3 的量。
3. 加入鴨原汁，覆盆子和葡萄糖漿，邊撈除浮渣邊熬煮至剩一半的量。
4. 用鹽、胡椒調味。以奶油提香，輕壓覆盆子地以圓錐形濾杓過濾。
5. 完成時加入覆盆子利口酒，稍加煮沸以提引出香氣。

用途・保存

用於鴨胸肉的香煎或爐烤、或香煎鵝肝的醬汁。風味容易流失無法保存，每次使用時才製作，並應儘早使用完畢。

黑醋栗風味鴨醬汁

sauce canard au cassis

【カシス風味の鴨のソース】

用黑醋栗完成的鴨醬汁，是與柳橙或覆盆子截然不同的風味。控制甜度地完成爽口的醬汁，不喜愛甜橙的人也能開心享用。

材料（完成時約 300cc）

紅蔥　125g
細砂糖　5g
紅酒醋　50cc
粗粒胡椒（黑）　少量
黑醋栗利口酒（crème de cassis）（※）　65cc
鴨原汁（→ 69 頁）　500cc
黑醋栗果泥（※）　25g
奶油（提香用）　15g
鹽　適量
胡椒　適量
奶油（拌炒出水份用）　適量

※Crème de Cassis 是黑醋栗的利口酒。
※ 黑醋栗果泥是新鮮黑醋栗用食物調理機攪打製成。也可使用市售品。

製作方法

1. 紅蔥切成厚 3mm 的片狀，撒上細砂糖備用。

2. 在鍋中加進奶油，放入 **1** 的紅蔥片加熱至略為焦糖化。加入紅酒醋溶出鍋底精華，加入粗粒胡椒、黑醋栗利口酒（用量中的 50cc），小火轉中火，熬煮至剩一半的量。

3. 加入鴨原汁和黑醋栗果泥，邊撈除浮渣邊熬煮至剩一半的量。

4. 用鹽、胡椒調味，以奶油提香。輕壓黑醋栗邊以圓錐形濾杓過濾。

5. 加入其餘的黑醋栗利口酒，稍加煮沸以提引出香氣。

用途・保存

用於鴨胸肉的香煎或爐烤（rôti）的醬汁。風味容易流失無法保存，每次使用時才製作，並應儘早使用完畢。

添加葡萄的鵪鶉醬汁

jus de caille aux raisins

【レーズン入りウズラのソース】

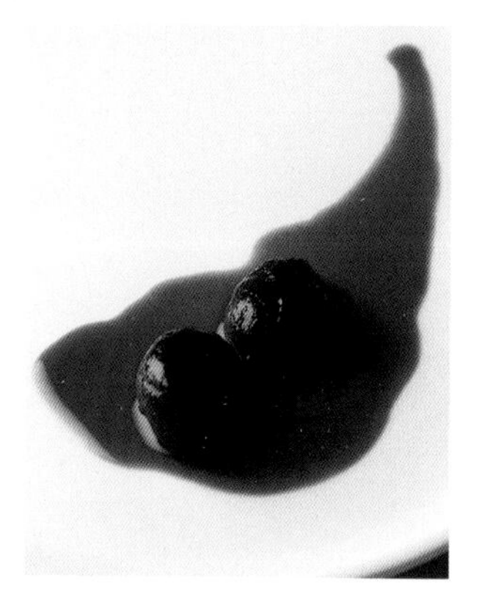

使用糖漬巨峰葡萄的醬汁。濃縮鵪鶉的纖細風味在巨峰葡萄的甜味襯托下更加爽口美味。果肉新鮮口感也是醬汁的特色。

材料（完成時約 300cc）

糖漬巨峰葡萄（※）　20 顆

糖漬巨峰葡萄的煮汁（※）　250cc

鵪鶉原汁（→ 72 頁）　500cc

奶油（提香用）　適量

鹽　適量

胡椒　適量

※ 糖漬巨峰葡萄和煮汁

（以下為方便製作的分量。取必要的量使用）

- 巨峰葡萄　40 顆
- 紅酒　400cc
- 水　150cc
- 細砂糖　30g
- 柳橙　1/2 個

製作方法

■ 製作糖漬巨峰葡萄

1. 汆燙巨峰葡萄，去皮去籽。
2. 加熱紅酒（已揮發酒精）、水、細砂糖、柳橙（片狀），以溶化細砂糖。放入巨峰葡萄，煮至沸騰後離火，放置於室溫冷卻。

■ 完成醬汁製作

1. 用小火－中火加熱糖漬巨峰葡萄煮汁，熬煮至剩 1/5 的量。加入鵪鶉原汁，邊撈除浮渣邊熬煮至剩一半的量。
2. 用鹽、胡椒調味，以奶油提香。用圓錐形濾杓過濾。
3. 完成時加入糖漬巨峰葡萄。

用途・保存

用於鵪鶉的醬汁或燉煮（燉煮時，是將表面烤過的鵪鶉與糖漬醬汁或鵪鶉原汁一起熬煮，醬汁也同時完成）。因風味容易流失無法保存，每次使用時才製作，並應儘早使用完畢。

添加羊肚蕈鵪鶉醬汁

jus de caille aux morilles

【モリーユ茸入りウズラのソース】

法國春天的風味—羊肚蕈。濃厚的香氣與濃縮鵪鶉的風味非常契合。追求羊肚蕈強烈的新鮮香氣，所以是一款僅在羊肚蕈產季才能品嚐的醬汁。

材料（完成時約 300cc）

羊肚蕈（※）　20 個

紅蔥　20g

馬德拉酒　200cc

鵪鶉原汁（→ 72 頁）　500cc

鮮奶油　50cc

奶油（提香用）　適量

鹽　適量

胡椒　適量

奶油（拌炒出水份用）　10g

※ 羊肚蕈擁有濃郁香氣，是法國的高級蕈菇。僅在春天的一段時期可購買到新鮮的羊肚蕈。也有乾燥品。本醬汁是使用新鮮羊肚蕈，在日本稱為あみがさ茸。

製作方法

1. 清理羊肚蕈的蕈傘中央，紅蔥切成碎末。
2. 在鍋中加進奶油，放入紅蔥拌炒出水份。加入羊肚蕈混拌全部材料，加入馬德拉酒。用小火熬煮至剩餘 1/4 的量。
3. 加入鵪鶉原汁煮至沸騰後撈除浮渣。轉為小火熬煮至接近剩一半的量時，添加鮮奶油，煮滾。用鹽、胡椒調味，以奶油提香。

用途・保存

用於鵪鶉的爐烤（rôti）醬汁。風味容易流失無法保存，每次使用時才製作，並應儘早使用完畢。

辛香料風味鴿醬汁

sauce pigeon aux épices

【スパイス風味のハトのソース】

鴿原汁與粗碾的辛香料、薑片一起熬煮的酸甜醬汁。添加了很適合搭配辛香料的蜂蜜，除了增添甜味也同時賦予醬汁濃郁口感及光澤。

材料（完成時約 300cc）

細砂糖　70g
水　少量
紅酒醋　150cc
香菜籽　5g
粗粒胡椒（黑）　5g
小茴香　2g
八角茴香（sar anise）　1 個
鴿原汁（→ 70 頁）　500cc
蜂蜜　25cc
薑　10g
松露原汁（市售）　15cc
奶油（提香用）　適量
鹽　少量

製作方法

1. 香菜、小茴香、八角茴香切成粗粒備用。薑切成厚 2mm 的片狀。

2. 在鍋中加進砂糖和少量的水，加熱煮至焦化。加入紅酒醋溶出鍋底精華，加入香菜籽、粗粒胡椒、小茴香、八角茴香，用小火熬煮至剩 1/3 的量。

3. 加入鴿原汁，以大火煮至沸騰後撈除浮渣。轉為小火，加入蜂蜜和薑片，熬煮至剩一半的量。

4. 加入松露原汁，用鹽調味。以奶油提香，輕壓辛香料和薑片邊以圓錐形濾杓過濾。

用途・保存

用於鴿肉的爐烤（rôti）醬汁。也適合搭配鴨或野味等風味較強的肉類爐烤。風味容易流失無法保存，每次使用時才製作，並應儘早使用完畢。

鵝肝熬煮的松露庫利

sauce aux truffes lié au foie gras

【フォワグラでリエしたトリュフソース】

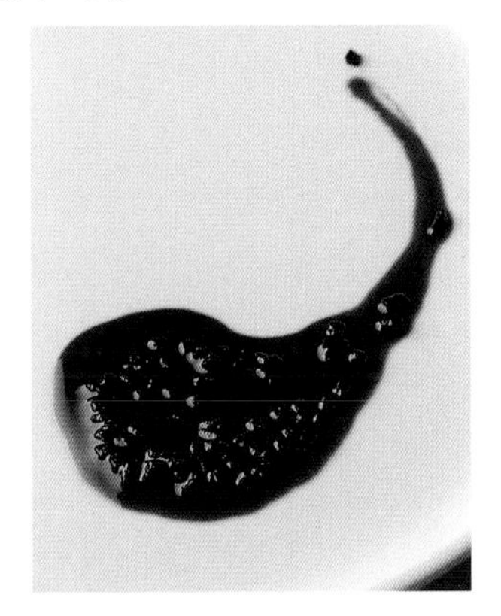

大量使用了松露和鵝肝的豐富醬汁。各別製作，最後再合併地強化風味。也可用羔羊或鴨原汁來取代鴿原汁。

材料（完成時約 300cc）

鴿原汁（→ 70 頁）　480cc

紅酒醬汁（→ 176 頁）　120cc

鵝或鴨肝　60g

松露　40g

干邑白蘭地　少量

馬德拉酒　60cc

松露原汁（市售）　20cc

奶油（提香用）　15g

鹽　少量

胡椒　少量

奶油（拌炒出水份用）　5g

製作方法

1. 鵝或鴨肝用圓形網篩過濾。松露切成 2mm 的丁狀。

2. 在鍋中加進鴿原汁和紅酒醬汁，用小火熬煮至剩 1/3 的量。

3. 離火，加入鵝肝提香。以圓錐形濾杓過濾。

4. 在另一個鍋中放進奶油，加入松露拌炒出水份。用干邑白蘭地和馬德拉酒溶出鍋底精華，加入松露原汁，稍加熬煮。

5. 將 **3** 的醬汁加入 **4** 的鍋中，混拌。以奶油提香，用鹽、胡椒調味。

用途・保存

用於包捲培根的鴿肉爐烤（rôti）或用網油（crepinette）包覆鴿肉連同松露或鵝肝的料理。風味容易流失無法保存，每次使用時才製作，並應儘早使用完畢。

柚子胡椒風味醬汁

sauce au “Yuzu-Kosyou”

【ゆず胡椒風味のソース】

熬煮小牛筋肉和小牛基本高湯爲基底，添加龍蒿以增加清爽香氣和鮮明刺激風味的醬汁。非常適合搭配爐烤（rôti）等簡單烹調的肉類料理。

材料（完成時約 300cc）
小牛筋肉　800g
紅蔥　80g
紅酒醋　60cc
粗粒胡椒（黑）　少量
紅酒　240cc
香料束　1 束
小牛基本高湯（→ 24 頁）　480cc
奶油（提香用）　15g
鹽　適量
柚子胡椒（※）　少量
奶油（拌炒出水份用）　適量
花生油　適量

※ 磨成泥狀的柚子皮混合了辣椒和鹽製成。是大分縣等九州的特產，作為調味料使用。

製作方法

1. 小牛筋肉切成 3 ～ 4cm 的不規則塊狀。紅蔥切成碎末。

2. 在鍋中加進奶油和花生油，放入筋肉拌炒出烤色。中間添加紅蔥，一起拌炒上色。當釋出大量油脂後，用濾網瀝起除去油脂，再放回鍋中。

3. 加入紅酒醋以溶出鍋底精華，加入粗粒胡椒和紅酒。煮至沸騰後撈除浮渣，加入香料束。用小火熬煮至水分收乾。加入小牛基本高湯，再熬煮至約剩 2/3 的量。

4. 邊按壓筋肉邊用圓錐形濾杓過濾。用鹽、柚子胡椒調味，以奶油提香。

用途・保存

用於牛肉或小牛背里脊的網烤、鴨或珠雞的香煎醬汁等。風味容易流失無法保存，每次使用時才製作，並應儘早使用完畢。

辣根醬汁

sauce au raifort

【西洋ワサビのソース】

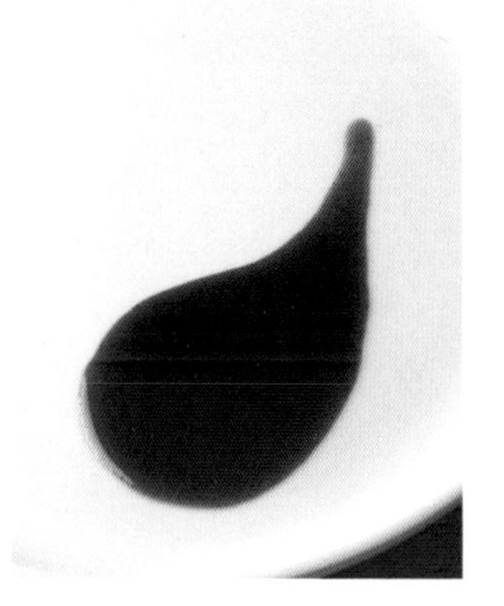

使用帶著清爽香氣與刺激風味的辣根（raifort 西洋山葵）所製作的醬汁。以烤牛肉為首，適合搭配所有簡單烹調的肉類料理。任何肉類都百搭。

材料（完成時約 300cc）

牛筋肉　1kg

調味蔬菜

- 洋蔥　80g
- 紅蘿蔔　80g
- 西洋芹　40g
- 蘑菇　10g
- 大蒜（帶皮）　1/2 瓣

紅酒　120cc

雞基本高湯（→ 28 頁）　1.5L

小牛基本高湯（→ 24 頁）　375cc

番茄　1 個

香料束　1 束

辣根（※）　10g

奶油（提香用）　15g

鹽　適量

胡椒　適量

花生油　適量

※raifort（法）horseradish（英）就是西洋山葵。

製作方法

1. 牛筋肉切成約 3cm 的不規則塊狀。洋蔥、紅蘿蔔、西洋芹切成 1.5cm 的骰子狀，蘑菇切成四等分。大蒜輕輕壓碎。番茄氽燙去皮去籽，切成丁狀。辣根於使用前磨成泥狀。

2. 在鍋中加進花生油，放入牛筋肉拌炒至表面呈現烤色。加入調味蔬菜，一起拌炒至上色。用濾網瀝起除去油脂，倒入紅酒溶出鍋底精華。

3. 將牛筋肉和調味蔬菜再放回鍋中，加入雞基本高湯和小牛基本高湯，以大火加熱。煮沸後，撈除浮渣，轉小火加入番茄和香料束。邊撈除浮渣邊持續以煨燉狀態約熬煮 1 小時。邊輕壓筋肉和調味蔬菜，邊用圓錐形濾杓過濾。

4. 再次熬煮至約剩 300cc 左右。加入磨成泥狀的辣根，以奶油提香。用鹽、胡椒調味，再用圓錐形濾杓過濾。

用途・保存

用於牛肉或豬肉的香煎或烤牛肉的醬汁。因辣根的風味容易流失，因此至步驟 **3** 為止都必須冷藏，或以真空包裝冷凍保存，僅取出所需用量磨泥後添加在溫熱醬汁裡。

鴿肉用薩米斯醬汁

sauce salmis pour pigeons

【ハト用サルミソース】

處理爐烤（rôti）過的鴿子，利用鴿骨架完成的是原本的薩米斯醬汁。最後搗碎骨架釋出美味精華，因此特徵是其濃郁的風味。利用網目較小的圓錐形濾杓過濾，就能作出入口滑順的醬汁了。

材料（完成時約 300cc）

鴿骨架　600g

調味蔬菜

- 紅蔥　60g
- 紅蘿蔔　60g
- 西洋芹　30g
- 蘑菇　40g
- 大蒜（帶皮）　1 瓣

紅酒　300cc

小牛基本高湯（→ 24 頁）　400cc

肉濃縮凍（→ 29 頁）　適量

粗粒胡椒（白）　少量

粗鹽　適量

香料束　1 束

奶油　適量

鹽　適量

胡椒　適量

花生油　適量

製作方法

1. 鴿骨架切成 2cm 的不規則塊狀。紅蔥、紅蘿蔔、西洋芹各切成 5mm 的丁狀。蘑菇切成四等分。大蒜輕輕壓碎。

2. 在鍋中加入花生油，放入大蒜和骨架拌炒。拌炒至出現烤色後，加入調味蔬菜，繼續拌炒到產生香氣且呈烤色為止。

3. 將 **2** 用濾網瀝起除去油脂，再放回鍋中，加入紅酒溶出鍋底精華。注入小牛基本高湯，煮至沸騰後撈除浮渣。轉為小火，加入肉濃縮凍、粗粒胡椒、粗鹽和香料束，再熬煮約 30 分鐘。

4. 用細網目的圓錐形濾杓過濾，邊按壓骨架邊進行過濾。過濾後的湯汁再略加熬煮，用奶油提香，以鹽、胡椒調味。

用途・保存

可作為爐烤（rôti）鴿料理的醬汁。因會損及風味和口感而無法保存，每次使用時才製作，並應儘早使用完畢。

山鶴鶉用薩米斯醬汁

sauce salmis pour perdreaux

【山ウズラ用サルミソース】

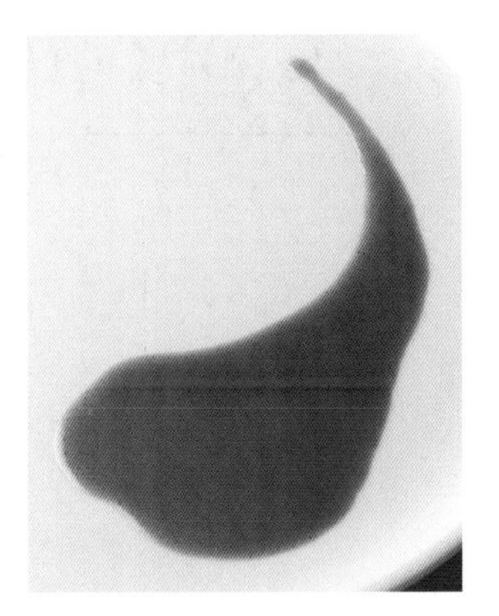

烹煮整隻山鶴鶉（perdreaux），以處理後的骨架製作的薩米斯醬汁。爲能搭配肉類的強勁風味，會用添加野味肝臟和鵝肝的奶油提香。山鷸（bécasse）也可以採同樣方式完成製作。

材料（完成時約 300cc）

山鶴鶉（包含骨、內臟）　3 隻（約 850g）

調味蔬菜

- 洋蔥　80g
- 紅蘿蔔　80g
- 西洋芹　25g
- 紅蔥　30g
- 蘑菇　45g
- 大蒜（帶皮）　1 瓣

干邑白蘭地　30cc

白酒　200cc

野味基本高湯（→ 38 頁）　600cc

肉濃縮凍（→ 29 頁）　40g

粗粒胡椒（白）　少量

添加野味肝臟的奶油（→ 157 頁）　12g

鹽　適量

胡椒　適量

花生油　適量

製作方法

1. 洋蔥、紅蘿蔔、西洋芹、紅蔥各切成 5mm 的細丁狀。蘑菇切成四等分，大蒜輕輕壓碎。

2. 整隻山鶴鶉撒鹽，放入加有花生油的鍋中。表面煎烤上色，放入烤箱，烘烤至半熟即可。

3. 切開處理山鶴鶉，胸肉和腿肉另行放置保溫（用於後續料理）。其餘的骨架和內臟（心臟和肝臟）各切成 2cm 的丁狀。

4. 在另外的鍋中加入花生油，放入骨架和心臟拌炒至出現烤色。中間加入調味蔬菜，繼續拌炒到上色為。用濾網瀝起除去油脂，再放回鍋中。加入干邑白蘭地點火燄燒（flamé），再加入白酒溶出鍋底精華。

5. 注入野味基本高湯，煮至沸騰後撈除浮渣，轉為小火。加入肉濃縮凍和香料束，邊撈除浮渣邊熬煮至剩一半的量。

6. 用細網目的圓錐形濾杓過濾，邊按壓骨架邊進行過濾。過濾後的湯汁再略加熬煮。

7. 加入野味肝臟的奶油和山鶴鶉的肝臟提香，以鹽、胡椒調味。

用途・保存

可以大量用於另行保溫的山鶴鶉胸肉、腿肉的料理。因料理和醬汁同時完成，所以無法保存。

胡椒醬汁

sauce poivrade

【ポワヴラードソース】

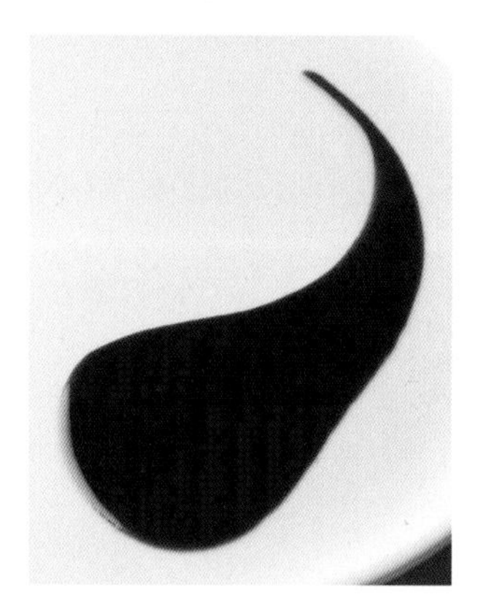

以野味高湯爲基底，胡椒風味分明的醬汁，是野味料理的基本款搭配。不輸紅肉野味的強勁力道，足以襯托具強烈風味的肉類料理。

材料（完成時約 300cc）

野味的筋肉或碎肉（※） 500g
干邑白蘭地 30cc
調味蔬菜
- 洋蔥 40g
- 紅蘿蔔 40g
- 西洋芹 15g
- 紅蔥 20g
- 大蒜（帶皮） 1 瓣

紅酒 600cc
高筋麵粉 1/2 大匙
紅酒醋 70cc
小牛基本高湯（→ 24 頁） 350cc
野味基本高湯（→ 38 頁） 350cc
百里香 2 枝
月桂葉 1 片
平葉巴西里莖 2 枝
粗粒胡椒（黑） 25 粒
奶油（提香用） 12g
鹽 適量
胡椒 適量
花生油 適量

※ 使用鳥類、野兔（lièvre）、山豬以外的野味種類。

製作方法

1. 野味的筋肉和碎肉，切成 6 ～ 7cm 的不規則塊狀。洋蔥、紅蘿蔔、西洋芹、紅蔥各切成小於 1cm 的丁狀。大蒜輕輕壓碎。

2. 平底鍋中放入奶油和花生油，放入筋肉和碎肉拌炒至表面上色。用濾網瀝起除去油脂。用干邑白蘭點火燄燒（flamé），再加入用量中的部分紅酒以溶出平底鍋底精華。過濾鍋內液體備用。

3. 在另一個鍋中加入奶油和花生油，將調味蔬菜拌炒至呈烤色。加入 **2** 的筋肉和碎肉，撒上高筋麵粉，充分混拌。放入 250℃的烤箱內約 5 分鐘左右，使粉類融入。

4. 取出鍋子，加入紅酒醋以小火熬煮至剩 1/3 的量。加入其餘的紅酒和 **2** 溶出的液體，加熱至酒精揮發，熬煮至剩 2/3 的量。

5. 注入小牛基本高湯和野味基本高湯，煮至沸騰後撈除浮渣。轉為小火，加入百里香、月桂葉、平葉巴西里莖，邊撈除浮渣邊熬煮至剩 2/3 的量。期間，放入香料束，再熬煮約 15 分鐘（若從最初就加入香料束，會導致釋出苦味）。

6. 用奶油提香，以鹽、胡椒調味。用圓錐形濾杓過濾。

用途・保存

可用於使用野味的所有料理。風味容易流失無法保存，每次使用時才製作，並應儘早使用完畢。

使用胡椒醬汁

帶骨蝦夷鹿肉排搭配胡椒醬汁佐焦糖榲桲和塊根芹泥

Côtellette de cheveruil d'Ezo poêlée avec sa sauce poivrade, coing caramélisé et purée de céleri-rave

簡單地香煎蝦夷鹿肉排（帶骨背肉），淋上大量非常適合用於紅肉野味料理的胡椒醬汁，是一道野味十足的料理。用大量奶油澆淋並緩緩香煎的蝦夷鹿肉，充分靜置後完成的肉質會更軟嫩。搭配野味料理中常見的配菜，焦糖榲桲和塊根芹泥。榲桲的酸甜風味很適合風味強烈的野味料理，而塊根芹泥的柔和風味更能烘托出野味的特色。榲桲完成時添加粗粒胡椒更能提味。在塊根芹泥中添加奶油、鮮奶油和牛奶，口感更加柔滑順口。此外，再加上以奶油香煎後放入烤箱烘烤的珍珠洋蔥（oignon nouveau）。盤上舀入大量胡椒醬汁，盛盤。胡椒醬汁，除了鹿肉之外，也很適合搭配山豬肉或牛肉。

狩獵風味醬汁

sauce grand veneur

【グラン・ヴヌール風ソース】

狩獵風味醬汁也是野味料理的代表醬汁之一。紅醋栗的酸甜，使濃醇的醬汁更易入口。有新鮮豬血時，可添加少量更能增加濃郁口感。

材料（完成時約 300cc）

胡椒醬汁（→ 210 頁） 400cc

紅醋栗果泥（※） 30g

鮮奶油 90cc

奶油 15g

鹽 適量

胡椒 適量

※ 使用的是自製紅醋栗果泥。在鍋中放入紅醋栗 250g、水 300cc、砂糖 5g，覆上鍋蓋加熱，煮至沸騰後熄火，連蓋子放置約 10 分鐘。用布巾濾出鍋內材料，冷卻自然滴落下來的液體（方便製作的分量）。

製作方法

1. 在鍋中以小－中火地加熱胡椒醬汁。煮至沸騰後放入紅醋栗果泥和鮮奶油，略加熬煮。

2. 加入奶油提香，以圓錐形濾杓過濾。用鹽、胡椒調味。

＊若有新鮮豬血時，可以在奶油提香前放入 30cc（是為使口感更加滑順，避免過度加熱）。

用途・保存

可作為鹿或野兔等野味料理的醬汁。風味容易流失無法保存，每次使用時才製作，並應儘早使用完畢。

黑醋栗風味鹿醬汁
sauce chevreuil au cassis

【カシス風味の鹿のソース】

用鹿基本高湯熬煮鹿肉，是風味強烈的醬汁。鹿肉濃縮的風味和黑醋栗相得益彰。醬汁醇厚的美味，搭配黑醋栗的香氣及酸味，更能讓人清爽地享用。

材料（完成時約 300cc）

鹿的筋肉或碎肉　500g

牛筋肉　250g

調味蔬菜

- 洋蔥　50g
- 紅蘿蔔　50g
- 西洋芹　15g
- 紅蔥　40g
- 蘑菇　30g

黑醋栗酒醋（※）　100cc

紅酒　375cc

黑醋栗利口酒（crème de cassis）（※）　75cc

鹿基本高湯（→ 41 頁）　1L

黑醋栗果泥　15g

番茄　1 個

香料束　1 束

粗粒胡椒（黑）　少量

奶油（提香用）　15g

鹽　適量

奶油（拌炒出水份用）　適量

※ 如果無法購買到黑醋栗酒醋時，可用紅酒醋代替。

※Crème de Cassis 是黑醋栗利口酒。

製作方法

1. 鹿肉的筋肉和碎肉、牛筋肉切成 3cm 的不規則塊狀。洋蔥、紅蘿蔔、西洋芹、紅蔥各切成厚 3mm 的片狀，蘑菇切成四等分。番茄汆燙去皮去籽，切成丁狀。
2. 在厚平底鍋中加進奶油，放入鹿肉和牛筋肉拌炒至表面呈現烤色。用濾網瀝起除去油脂，移至其他鍋中。同一平底鍋內加入奶油，拌炒調味蔬菜至略呈烤色。調味蔬菜也移至其他鍋中。
3. 用黑醋栗酒醋溶出鍋底精華。加入紅酒和黑醋栗酒（用量中的 60cc），煮至酒精揮發。加入放有肉和調味蔬菜的鍋內，放進鹿基本高湯和黑醋栗果泥，加熱。
4. 煮至沸騰後撈除浮渣。轉為小火，加入番茄、香料束、粗粒胡椒，邊撈除浮渣邊熬煮至剩 1/4 的量。
5. 邊按壓食材和調味蔬菜邊用圓錐形濾杓過濾。以鹽、胡椒調味，用奶油提香。完成時添加剩餘的黑醋栗利口酒，煮沸提引出香氣。

用途・保存

用於鹿肉爐烤（rôti）等料理的醬汁。風味容易流失無法保存，每次使用時才製作，並應儘早使用完畢。

野兔血醬汁
sauce lièvre au sang

【野ウサギの血入りソース】

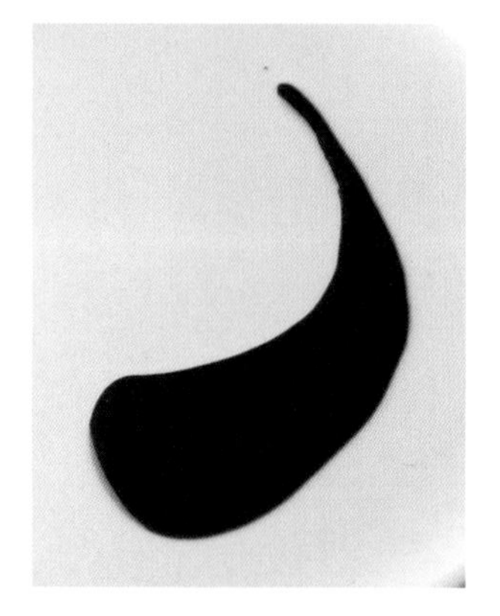

凝聚了野兔美味的醬汁。使用了足以搭配野兔濃郁風味的強烈紅酒、散發丁香和鼠尾草（sage）香氣的香料束，所完成的醬汁。

材料（完成時約 300cc）

野兔的骨、筋肉和碎肉　500g

調味蔬菜

- 洋蔥　80g
- 紅蘿蔔　80g
- 紅蔥　50g
- 西洋芹　20g
- 大蒜（帶皮）　1 瓣

紅酒（※）　200cc

野兔基本高湯（→ 44 頁）　200cc

香料束（※）　1 束

粗鹽　適量

奶油（提香用）　少量

野兔血（※）　30 ～ 40cc

鹽　適量

胡椒　適量

花生油　適量

※ 紅酒用的是法國西南地區卡奧爾（Cahors）風味強烈且色澤濃重的商品。

※ 香料束除了平常的香草之外，還多增加了鼠尾草和丁香。

※ 兔血是自骨架中擠壓出來的。

製作方法

1. 野兔的骨頭、筋肉和碎肉切成 3cm 的不規則塊狀。洋蔥、紅蘿蔔、紅蔥、西洋芹各切成厚 1cm 的丁狀，大蒜輕輕壓碎。

2. 在鍋中加進花生油，放入骨頭、筋肉和碎肉拌炒至上色。中間添加調味蔬菜，一起拌炒至上色。用濾網瀝起除去油脂。

3. 在 **2** 的鍋中加入紅酒溶出鍋底精華。溶出的精華液過濾備用。

4. 在鍋中放入 **2** 和 **3**，倒入野兔基本高湯、香料束和粗鹽，加熱。煮至沸騰後撈除浮渣。轉為小火熬煮至剩 2/3 的量，期間隨時撈除浮渣。

5. 邊按壓食材和調味蔬菜，邊用圓錐形濾杓過濾。加入少量的奶油和野兔血使其濃稠。

6. 略微加熱，沸騰後離火，以鹽、胡椒調味。用圓錐形濾杓過濾。

用途・保存

適用於所有的野兔（lièvre）料理。風味容易流失無法保存，每次使用時才製作，並應儘早使用完畢。

使用野兔血醬汁

煎烤野兔里脊佐蘋果兔血醬汁

Rôti de râble de lièvre à la pomme,
avec sa sauce au sang

提到野兔的代表性料理，大概就會想到 Civet（燉煮野味類的料理。以紅酒爲基底添加調味蔬菜等燉煮，最後用血使其產生濃稠），或 Royal（將整隻野兔與調味蔬菜及紅酒一同浸漬後，在其腹中塡入內餡，利用浸漬液或紅酒與野兔基本高湯一起燉煮的料理）。野兔的背肉或里脊肉以奶油或花生油烘烤，充分靜置後分切。野兔血醬汁，在加入血使其濃稠前，加進蘋果果醬，更可以在濃厚風味中添加柔和的甘甜。配菜是用平底鍋香煎的蘋果片，搭上蘋果果醬、蘋果脆片，以及用奶油香煎灰喇叭菇（trompette de la mort），再加上鮮奶油略煮後一起享用，能柔和料理的濃重印象。

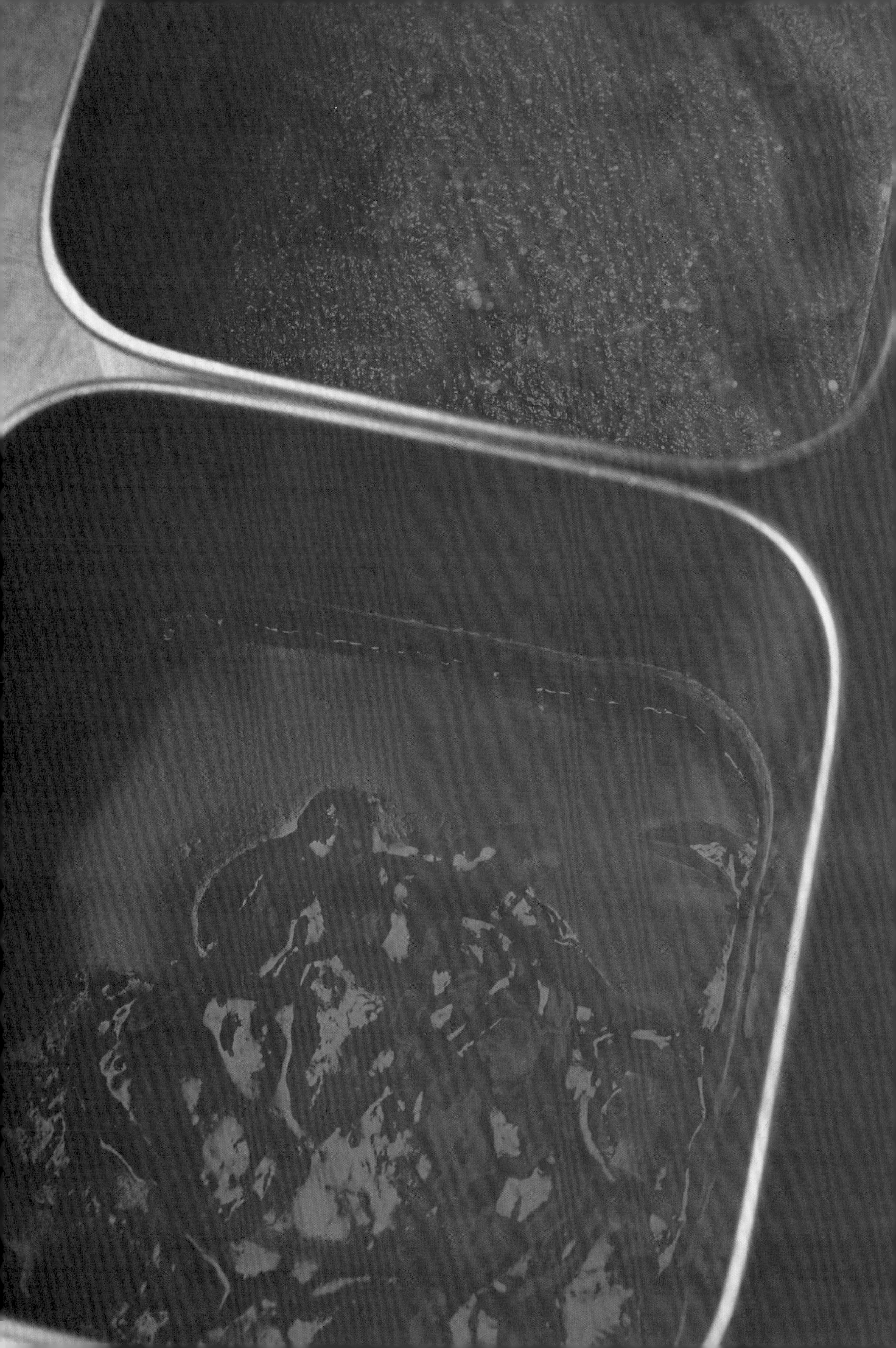

經典醬汁

Sauces classiques

貝夏美醬

sauce béchamel

【ベシャメルソース】

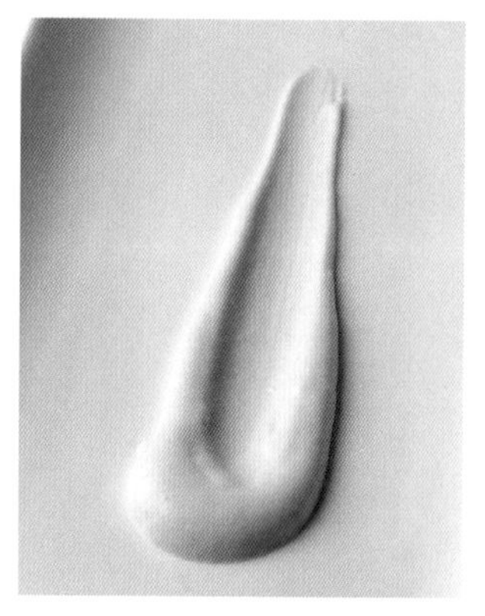

是焗烤或製作莫內醬時不可或缺的基底，用牛奶稀釋白色油糊製成的醬汁。避免燒焦地充分加熱，確保粉類完全融合是製作的關鍵。

材料（完成時約 300cc）
奶油　35g
低筋麵粉　35g
牛奶　400cc
月桂葉　1/2 片
丁香　1 顆
鹽　適量
胡椒　適量

1. 加熱鍋子融化奶油。奶油融化後放入全部的低筋麵粉（已完成過篩）。

2. 轉為小火，以木杓用力均勻混拌全體。為避免燒焦地不時地離火並持續攪拌。

3. 待粉類完全融合，成為可流動狀態時，離火墊放在冰上散熱。為能做出滑順口感，此時不能停止混拌。

4. 用攪拌器取代木杓，邊混拌邊加入牛奶（已溫熱）。

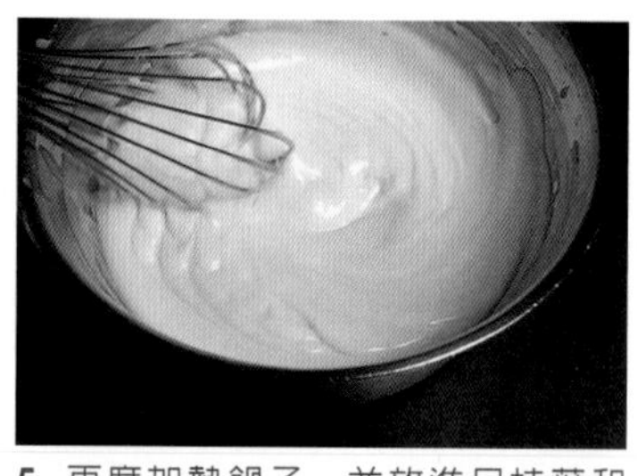

5. 再度加熱鍋子，並放進月桂葉和丁香。用網狀攪拌器充分攪拌至沸騰為止。

6. 沸騰後轉為小火，再次換回木杓充分均勻混拌，再煮至粉類完全消失。刮落沾黏在鍋壁上的醬汁。用鹽、胡椒調味。

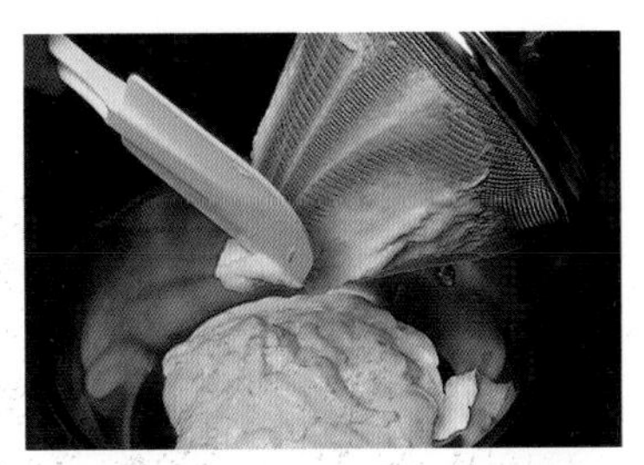

7. 趁熱以細網目的圓錐形濾杓過濾。仔細地刮落圓錐形濾杓的外側。

8. 倒入方型淺盤，平整表面。輕敲桌面使空氣排出。

9. 為防止表面乾燥地塗抹奶油。冷卻後取必要用量使用。冷藏可保存 2 ～ 3 天。

使用貝夏美醬

焗烤紅腳蝦義大利麵與蘑菇

Gratin de crevette et de macaroni aux champignons

貝夏美醬汁最基礎的運用，就是焗烤。與食材一同加熱後放入烤箱烘烤，非常具整體感的料理。製作方法是將洋蔥、蘑菇拌炒出水份，混合另外去殼煎烤過表面的紅腳蝦，加入剛燙煮好的通心麵和貝夏美醬，再放進牛奶和鮮奶油使全體材料混合均勻，用鹽、胡椒調味。放入薄薄地塗抹了奶油的焗烤盅內，撒上葛律瑞爾起司，放入烤箱烘烤至呈金黃色。完成時撒上平葉巴西里和龍蝦卵即可。此外，紅腳蝦是對蝦科的蝦子，一般也稱爲「熊蝦」。

莫內醬

sauce Mornay

【モルネーソース】

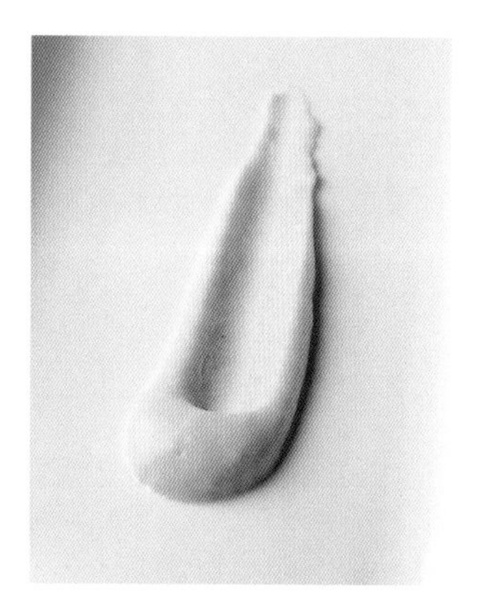

在貝夏美醬汁中加入蛋黃和葛律瑞爾起司粉製成的莫內醬。用於焗烤通心麵等，或澆淋醬汁的焗烤料理。

材料（完成時約 300cc）

貝夏美醬

- 奶油　60g
- 高筋麵粉　60g
- 牛奶　400cc

蛋黃　1 個

葛律瑞爾（Gruyère）起司　30g

肉豆蔻　少量

奶油　少量

鹽　適量

胡椒　適量

製作方法

1. 高筋麵粉過篩，將葛律瑞爾起司刨削成粉備用。

2. 使用奶油、高筋麵粉和牛奶，依 218 頁的要領製作貝夏美醬。

3. 加熱 **2** 至噗咕噗咕沸騰時，再加熱 3 ～ 5 分鐘。離火，加入攪散的蛋黃和葛律瑞爾起司粉，用攪拌器仔細地攪拌均勻。

4. 添加肉豆蔻和奶油增添風味，用鹽、胡椒調味。以圓錐形濾杓過濾。

用途・保存

用於焗烤魚貝類、蔬菜、水波蛋等。因加入蛋黃無法保存，每次使用時才製作並應儘早使用完畢。

南廸亞醬汁

sauce Nantua

【ナンテュア風ソース】

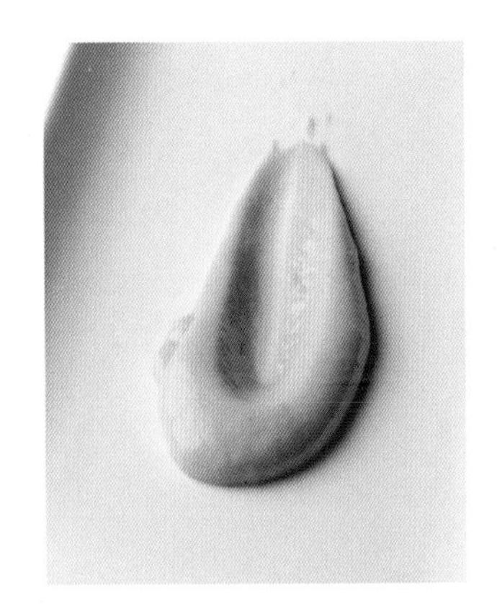

南廸亞是勃根地地區的地名。以其爲名，即是使用了螯蝦（ecrevisse）的料理。添加了螯蝦奶油（beurre d'écrevisse），更能添增甲殼類的風味及色澤。

材料（完成時約 300cc）

貝夏美醬
- 奶油　20g
- 高筋麵粉　20g
- 牛奶　500cc

鮮奶油　180cc

螯蝦奶油（→ 156 頁）　60g

黃檸檬汁　少量

鹽　適量

胡椒　適量

製作方法

1. 使用奶油、高筋麵粉和牛奶，依 218 頁的要領製作貝夏美醬。

2. 在 **1** 當中添加鮮奶油（用量中的 120cc），邊混拌邊熬煮至剩 1/3 的量。趁熱以圓錐形濾杓過濾。加入其餘的鮮奶油以攪拌器攪拌混合。

3. 再次加熱，添加螯蝦奶油提香。用鹽、胡椒調味。加入檸檬汁完成製作。

用途・保存

作為使用螯蝦料理的醬汁。風味容易流失無法保存，每次使用時才製作，並應儘早使用完畢。

蘇比斯醬汁

sauce Soubise

【スービーズ風ソース】

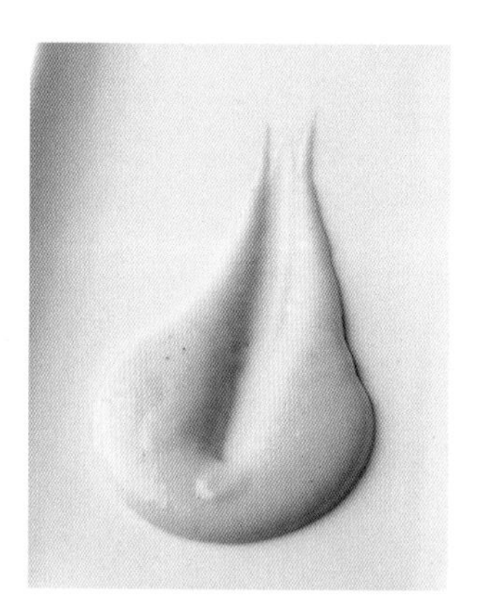

貝夏美醬混合了拌炒洋蔥，就是「Soubise」。爲使完成時的顏色能略呈白色，洋蔥會先燙煮，使其在容易釋出甜味的狀態下拌炒出水份。

材料（完成時約 300cc）

洋蔥　250g

貝夏美醬（→218 頁）　250g

鮮奶油　50cc

奶油（提香用）　40g

鹽　少量

粒狀白胡椒　少量

細砂糖　少量

奶油（拌炒出水份用）　適量

製作方法

1. 洋蔥切成 1mm 的薄片狀。

2. 先燙煮洋蔥，瀝乾水分。在鍋中加入奶油避免上色地將洋蔥拌炒出水份。

3. 在 **2** 中加入貝夏美醬、鹽、粒狀白胡椒、細砂糖，混合拌勻。放入 180°C的烤箱中，加熱至產生濃度（用直火加熱時以小火避免燒焦地經常混拌）。

4. 以圓錐形濾杓過濾。加入鮮奶油和奶油充分混合拌勻。

用途・保存

用於水波蛋、半熟蛋、烤蛋盅（cocotte）等雞蛋料理。密封冷藏時約可保存 2 天。

卡蒂娜醬汁

sauce Cardinal

【カーディナル風ソース】

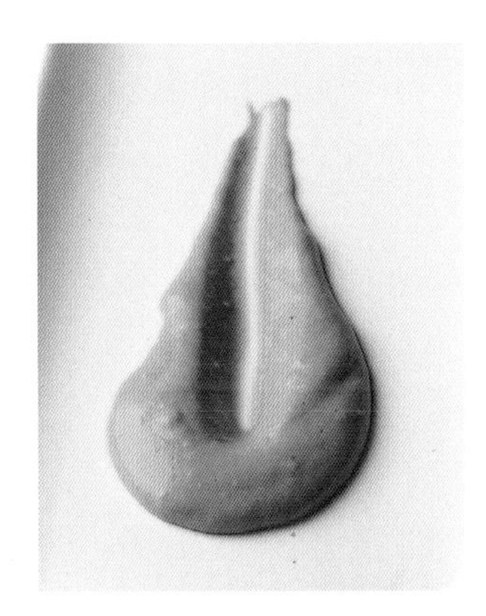

「Cardinal」是基督教樞機主教的意思。由其服裝的顏色而來，用於使用龍蝦的紅色料理。這是添加了龍蝦卵和紅色內臟的醬汁，具柔和且高雅的風味。

材料（完成時約 300cc）

魚鮮高湯（→ 54 頁） 25cc

松露原汁（市售） 25cc

貝夏美醬（→ 218 頁） 250cc

鮮奶油 50cc

龍蝦奶油（※） 35g

卡宴辣椒粉 少量

※ 龍蝦奶油是混合了龍蝦卵和紅色內臟（膏狀）20g 以機器打碎後，再用細網目的圓形網篩按壓過濾，加入等量奶油混拌過濾而成的。

製作方法

1. 在鍋中加入魚高湯和松露原汁，以小火熬煮至剩 1/4 的量。

2. 煮沸貝夏美醬，加入 **1** 和鮮奶油，充分混拌。

3. 將鍋子離火，加入龍蝦奶油混拌。完成時加入卡宴辣椒粉拌勻。

用途・保存

作為比目魚、鱸魚、龍蝦、伊勢龍蝦等的香煎或網烤料理的醬汁。風味容易流失無法保存，每次使用時才製作，並應儘早使用完畢。

牡蠣醬汁

sauce aux huîtres

【カキ入りソース】

用粉類和奶油拌炒完成的油糊（roux），製作出口感滑順的奶油醬汁。在此加入水煮的牡蠣作爲魚類料理的醬汁。有著令人懷念的西餐風味，廣受歡迎。

材料（完成時約 300cc）

牡蠣　18 個

調味蔬菜高湯（→ 53 頁）　適量

奶油　30g

低筋麵粉　20g

鮮奶油　150cc

牛奶　150cc

鹽　適量

卡宴辣椒粉　少量

製作方法

1. 牡蠣去殼，用調味蔬菜高湯燙煮熟備用。

2. 在鍋中融化奶油，加入完成過篩的低筋麵粉，用小火緩緩地拌炒至粉類消失為止。在鍋底墊放冰塊散熱。

3. 在 **2** 中加入鮮奶油和牛奶，加熱，煮沸後加撒上鹽。轉為小火，用木杓邊混拌邊熬煮約 10 分鐘。

4. 用圓錐形濾網過濾，加入卡宴辣椒粉混拌。瀝乾 **1** 的水分，加入略微加熱。

用途・保存

可用於所有魚類的燙煮料理。因狀態容易變質無法保存，每次使用時才製作，並應儘早使用完畢。

絲絨濃醬

velouté

【ヴルーテ】

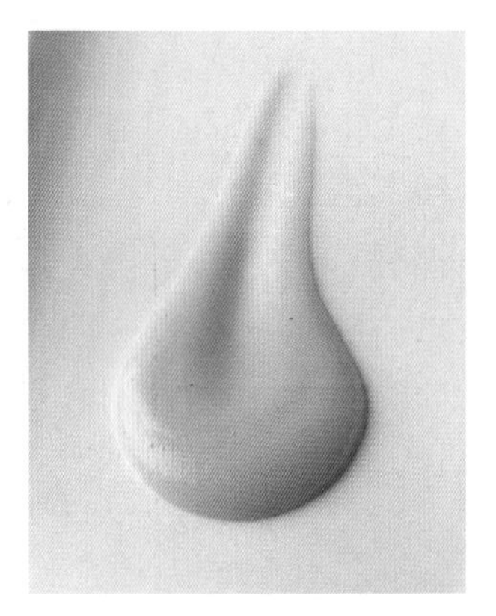

用油糊（roux）使小牛肉、雞、魚的白色湯汁變得濃稠，像絲絨（velouté）般滑順口感的醬汁。

材料（完成時約 300cc）

澄清奶油（beurre clarifie）（※）　30g

低筋麵粉　30g

白色小牛基本高湯（→ 34 頁 ※）　400cc

鮮奶油　10cc

鹽　適量

※ Beurre Clarifie 是澄清奶油。
※ 白色小牛基本高湯可以用白色雞基本高湯（→ 35 頁）、或魚鮮高湯（→ 54 頁）等其他白色基本高湯替代。

製作方法

1. 在鍋中放入澄清奶油，用小火加熱。加入完成過篩的低筋麵粉，用木杓邊混拌邊拌炒。至粉類消失為止後，在鍋底墊放冰塊散熱。

2. 煮沸白色小牛基本高湯，少量逐次地加入 1 當中，避免結塊地用攪拌器攪拌混合。全部加入後，不斷地混拌並略加熬煮。

3. 熄火前加入鮮奶油，待全體混拌後，用圓錐形濾網過濾。用鹽調味。

用途・保存

用於雞或小牛肉的燉煮（fricassée）或作於各種醬汁的基底。冷藏可保存約 3 天。

諾曼地醬汁

sauce Normande

【ノルマンディ風ソース】

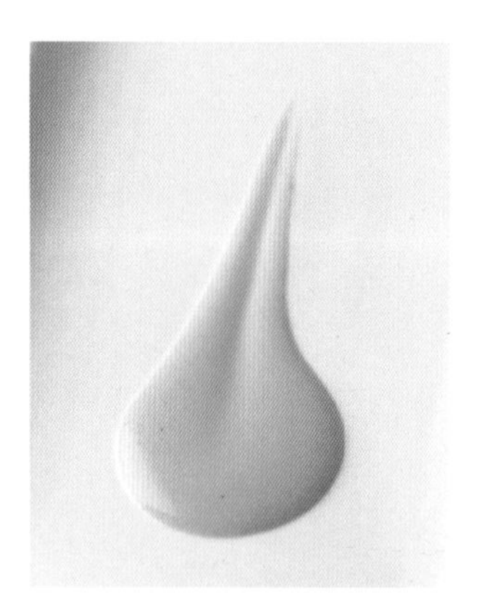

絲絨濃醬中加入魚、蘑菇基本高湯、蛋黃和鮮奶油，製作出乳霜般的醬汁。看似濃重，但口感就像沙巴雍醬汁般意外地輕盈爽口，適合所有的料理。

材料（完成時約 300cc）

絲絨濃醬（→ 225 頁 ※）　250cc
蘑菇基本高湯（→ 50 頁）　35cc
魚鮮高湯（→ 54 頁 ※）　70cc
淡菜蒸煮湯汁（moule※）　35cc
黃檸檬汁　適量
蛋黃　1 個
鮮奶油　70cc
奶油　40g
高脂鮮奶油（creme double）　35cc
鹽　適量
胡椒　適量

※ 使用的是以魚鮮高湯製成的絲絨濃醬。
※ 關於魚鮮高湯，埃斯科菲（Escoffier）所著「烹飪指南LE GUIDE CULINAIRE」中記述「萃取比目魚製成」，但在此使用的是 54 頁的魚鮮高湯。
※ 淡菜蒸煮湯汁使用的是以白酒和魚高湯，或僅以白酒清蒸淡菜時產生的液體。

製作方法

1. 在鍋中放入絲絨濃醬、蘑菇基本高湯、魚鮮高湯、淡菜蒸煮湯汁、檸檬汁混拌。
2. 用中火加熱 1 至沸騰，加入以鮮奶油打散的蛋黃混拌。以小火熬煮至剩 1/3 的量。
3. 用圓錐形濾網過濾，加入奶油和高脂鮮奶油。以鹽、胡椒調味，稍加溫熱。

用途・保存

主要用於比目魚的水煮、或使用比目魚及白肉魚料理的醬汁。加了蛋黃因而無法保存，每次使用時才製作，並應儘早使用完畢。

休普雷姆醬汁

sauce suprême

【スュプレームソース】

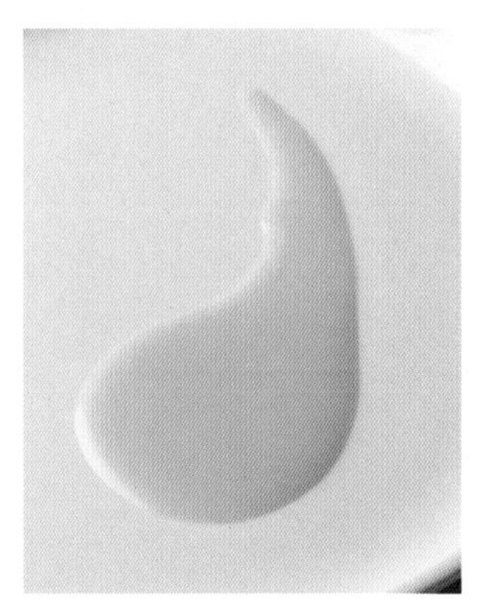

「suprême」意思是家禽的胸肉。是一款使脂肪較少的肉類也能嚐起來具潤澤口感的白色醬汁，其中飽含了雞肉和蕈菇的美味，也可以在完成時添加松露原汁。

材料（完成時約 300cc）

絲絨濃醬（→ 225 頁 ※）　300cc
雞基本高湯（→ 28 頁）　300cc
蘑菇基本高湯（→ 50 頁）　30cc
鮮奶油　60cc
奶油　25g
鹽　適量
胡椒　適量

※ 使用的是以雞基本高湯製成的絲絨濃醬。

製作方法

1. 在鍋中放入絲絨濃醬、雞基本高湯、蘑菇基本高湯，邊混拌邊以中火加熱。

2. 加熱至沸騰後，少量逐次地加入以鮮奶油並不斷地攪拌。以小火熬煮至剩 1/3 的量。

3. 用圓錐形濾網過濾，加入奶油提香。再次加熱，以鹽、胡椒調味。

用途・保存

作為雞肉的水煮或網烤料理的醬汁。在使用奶油提香前的狀態下，可密封冷藏3天左右。添加了奶油的醬汁必須當天使用完畢。

阿爾布費拉醬汁

sauce Albuféra

【アルビュフェラ風ソース】

完成醬汁時，加入紅椒奶油的香氣，令人食欲大振。使用這款醬汁的經典料理當中，包括填裝了米、鵝肝和松露的雞肉水煮料理。

材料（完成時約300cc）

休普雷姆醬汁（→227頁）　250cc

肉濃縮凍（→29頁）　50cc

紅椒奶油（※）　12g

※ 紅椒奶油是10g的紅椒用水（或雞基本高湯）燙煮後放涼，連同25g的奶油一起放入食物料理機內攪打再過濾製作而成。

製作方法

1. 加熱休普雷姆醬汁，加入肉濃縮凍混拌。完成時加入紅椒奶油混拌。

用途・保存

用於雞肉水煮或燉煮的料理醬汁。風味容易流失無法保存，每次使用時才製作，並應儘早使用完畢。

亞美利凱努醬汁

sauce Américaine

【アメリケーヌソース】

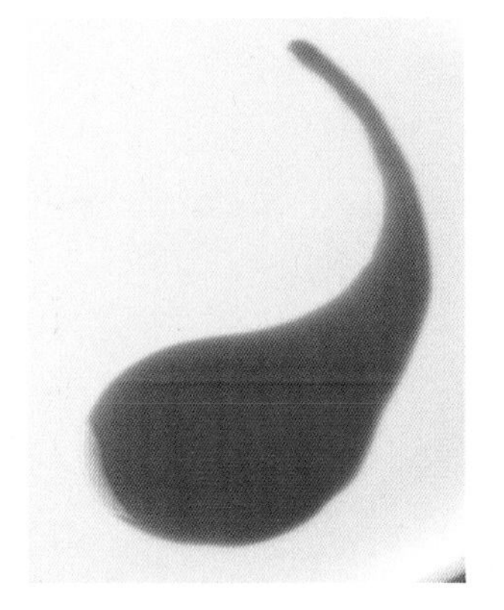

以龍蝦製作而成魚貝類的代表性醬汁，龍蝦的濃郁香氣是其特徵。埃斯科菲（Escoffier）所著的食譜當中，是用麵粉油糊（beurre manié）來濃稠醬汁，但也可以用奶油和龍蝦內臟（corail）來完成。

材料（完成時約 300cc）

龍蝦（帶殼） 1kg

調味蔬菜

- 洋蔥 100g
- 紅蘿蔔 100g
- 西洋芹 30g
- 韭蔥 40g
- 蘑菇 30g
- 大蒜（帶皮） 1/2 瓣

干邑白蘭地 少量

白酒 150cc

魚鮮高湯（→ 54 頁） 1.8L

番茄 1 個

番茄糊 少量

香料束 1 束

粗粒胡椒（白） 少量

卡宴辣椒粉 極少量

粗鹽 少量

加入龍蝦內臟的麵粉油糊（※） 70g

橄欖油 適量

※ 加入龍蝦內臟的麵粉油糊是以 30g 放置呈軟膏狀的奶油，加入 30g 的低筋麵粉、10g 的龍蝦內臟（蝦膏），混合製作而成。

製作方法

1. 龍蝦帶殼切成 3cm 的不規則塊狀，蝦頭縱向對切，除去沙囊。洋蔥、紅蘿蔔、西洋芹、韭蔥各切成 1cm 的骰子狀。蘑菇切成四等分。大蒜帶皮輕輕壓碎。番茄汆燙去皮去籽，切成丁狀。

2. 在鍋中加入橄欖油，用大火拌炒龍蝦。拌炒至外殼變紅，用濾網瀝起除去油脂，在同一鍋中加入調味蔬菜拌炒。

3. 當調味蔬菜出現漂亮上色後，將龍蝦放回鍋中。用干邑白蘭地點火燄燒（flamé），再倒入白酒煮至酒精揮發。加進魚鮮高湯，煮至沸騰後撈除浮渣。轉為小火，加入番茄、番茄糊、香料束、粗粒胡椒。邊撈除浮渣邊持續煨燉狀態熬煮約 30 分鐘。

4. 邊輕輕按壓龍蝦和調味蔬菜，邊用圓錐形濾杓過濾。以加入龍蝦內臟的麵粉油糊提香。加熱，以鹽、胡椒調味。用圓錐形濾杓過濾。

用途・保存

可作為龍蝦、其他甲殼類料理的醬汁。因為使用了內臟濃稠醬汁，所以無法保存，每次使用時才製作，並應儘早使用完畢。在使用麵粉油糊提香前的狀態下，則可冷藏保存 2～3 天。

歐利安塔魯醬汁

sauce Orientale

【オリエンタル風ソース】

應用亞美利凱努醬汁，添加了很適搭配甲殼類的咖哩粉。辛香料的刺激可以和緩亞美利凱努醬汁的濃厚感。添加鮮奶油更能製作出滑順的口感。

材料（完成時約 300cc）

亞美利凱努醬汁（→ 229 頁）　340cc

咖哩粉　2g

鮮奶油　100cc

製作方法

1. 在鍋中放入亞美利凱努醬汁加熱，煮至沸騰後加入咖哩粉充分混拌。轉為小火，熬煮至約剩 2/3 的量。

2. 離火，加入鮮奶油，充分混拌。再次加熱至沸騰。

用途・保存

用於龍蝦的爐烤（rôti）或白肉魚的網烤料理醬汁。因咖哩風味容易流失無法保存，每次使用時才製作，並應儘早使用完畢。

添加龍蝦的紐堡醬汁

sauce New-burg avec homard cru

【オマールを添えたニューバーグ風ソース】

「New-burg」取自製作出此醬汁的餐廳所在地名。是添加了龍蝦肉的亞美利凱努醬汁的華麗版。液體雖然看似清徹，但其實美味都已凝聚其中了。

材料（完成時約 300cc）
龍蝦（帶殼） 800g
干邑白蘭地 30cc
馬德拉酒或馬沙拉酒（marsala） 200cc
鮮奶油 200cc
魚鮮高湯（→ 54 頁） 200cc
卡宴辣椒粉 適量
鹽 適量
胡椒 適量
奶油（複合奶油用） 30g
奶油（拌炒出水份用） 40g
橄欖油 4 大匙

製作方法

1. 龍蝦帶殼直接切成圓筒狀。取出內臟，與奶油一同放入食物調理機內攪打，並過濾備用。蝦肉撒上鹽和卡宴辣椒粉。

2. 在鍋中加入奶油和橄欖油，用中火拌炒切成筒狀的龍蝦。拌炒至外殼變紅，用濾網瀝起除去油脂，放置備用。用干邑白蘭地點火燄燒（flamé），再倒入馬德拉酒熬煮至剩 1/3 的量。

3. 加入鮮奶油和魚鮮高湯，用小火略煮。在熄火前放回龍蝦，加熱使其至 8 ～ 9 分熟。取出龍蝦，去殼切成 1.5cm 的骰子狀。

4. 在 **3** 的液體中加入 **1** 混合了內臟的奶油，再次加熱煮沸，使內臟完全溶入其中。以圓錐形濾杓過濾，加入切成骰子狀的龍蝦肉。用鹽、胡椒調味。

用途・保存

可作為龍蝦、比目魚或其他各種甲殼類或魚料理的醬汁。因加入了內臟所以無法保存，每次使用時才製作，並應儘早使用完畢。

依思班紐醬汁
sauce Espagnole

【エスパニョルソース】

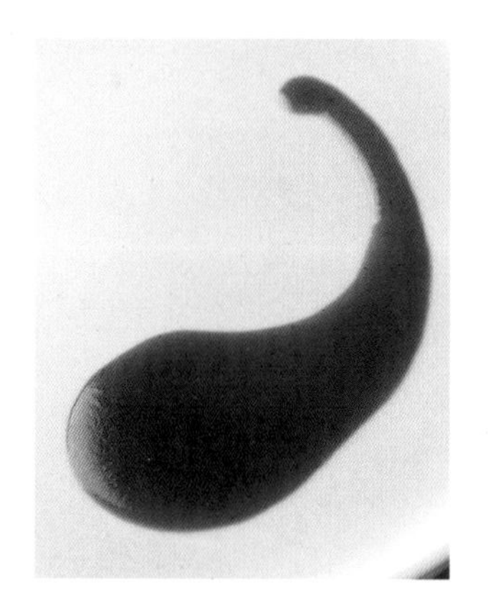

茶色的基本高湯和油糊中加入調味蔬菜或番茄熬煮而成，是褐色系醬汁的基本。由此而衍生許多醬汁。製作的機會雖然大幅減少，但還是專業料理人必須習得的一款醬汁。

材料（完成時約 300cc）

高筋麵粉　10g
豬油（※）　10g
小牛基本高湯（→ 24 頁）　500cc
雞基本高湯（→ 28 頁）　100cc
牛筋肉　120g
培根　20g
調味蔬菜
- 洋蔥　20g
- 紅蘿蔔　20g
- 蘑菇　2 個
- 大蒜（帶皮）　1 瓣

番茄　1 個
番茄糊　8g
香料束　1 束
鹽　少量
胡椒　少量
沙拉油　少量

※ 也可以用沙拉油取代豬油。

製作方法

1. 牛筋肉切成拳頭大小的不規則塊狀。培根、洋蔥、紅蘿蔔各切成 1.5cm 的骰子狀，蘑菇切成四等分。大蒜帶皮輕輕壓碎。番茄去籽切成丁狀。
2. 豬油融化在鍋中，加入完成過篩的高筋麵粉。避免燒焦地確實拌炒製作成茶色的油糊。
3. 稍稍加熱小牛基本高湯和雞基本高湯，加入 **1** 充分混拌。
4. 在平底鍋中加入沙拉油，放入牛筋肉煎燒表面。加熱至上色後放入培根和調味蔬菜，拌炒至全體確實呈現烤色，並溶出鍋底精華。
5. 將 **4** 溶出的精華加入 **3** 當中，加入番茄及番茄糊再煮至沸騰。撈除浮渣，轉為小火，加入香料束。持續煨燉狀態熬煮約 2 小時。期間隨時撈除浮渣。
6. 邊輕輕按壓牛筋肉和調味蔬菜，邊用圓錐形濾杓過濾。以鹽、胡椒調味。

用途・保存

可作肉類燉煮或肉類所有料理的醬汁基底。真空包裝可冷藏保存 3 天左右。

添加酸黃瓜的辛香醬汁

sauce piquante

【ピクルス入り辛いソース】

「piquante」是辛辣刺激的意思。熬煮紅蔥、白酒和醋的酸味與完成時添加的酸黃瓜和香草，是帶著清爽風味的醬汁。

材料（完成時約 300cc）

紅蔥　120g
白酒　180cc
白酒醋　180cc
依思班紐醬汁（→ 232 頁）　360cc
酸黃瓜（※）　2g
平葉巴西里　1g
龍蒿　1g
香葉芹　1g
鹽　適量
胡椒　適量

※ 醋漬小黃瓜（酸黃瓜）。

製作方法

1. 紅蔥切成 2mm 的碎末。酸黃瓜、平葉巴西里、龍蒿、香葉芹的葉片也切成碎末。

2. 在鍋中放入紅蔥、白酒、白酒醋加熱，熬煮至剩一半的量。

3. 加入依思班紐醬汁，再熬煮成將近剩一半的量。輕壓紅蔥地用圓錐形濾網過濾。

4. 加入酸黃瓜和香草碎，用鹽、胡椒調味。

用途・保存

可作為豬肉或牛肉的酥炸（paner）（裹上麵粉、蛋液、麵包粉後油炸），和網烤的醬汁。因風味容易流失無法保存，每次使用時才製作，並應儘早使用完畢。

多明格拉斯醬汁（半釉醬汁）

sauce demi-glace

【ドゥミグラスソース】

添加了基本高湯和馬德拉酒的優質依思班紐醬汁。曾經是法國料理醬汁主流的多明格拉斯醬汁，又稱半釉醬汁，現在也因其濃重的風味而被敬而遠之，但仍是西式料理中不可或缺的醬汁。

材料（完成時約 300cc）

蘑菇　60g
馬德拉酒　50cc
依思班紐醬汁（→ 232 頁）　450cc
小牛基本高湯（→ 24 頁）　300cc
雞基本高湯（→ 28 頁）　80cc
雪莉酒醋　10cc
鹽　適量
胡椒　適量
奶油　適量

製作方法

1. 蘑菇切成厚 2 ～ 3mm 的片狀。
2. 在鍋中放入奶油，加入蘑菇拌炒出水份。添加馬德拉酒（用量中的 40cc），熬煮至水分收乾。
3. 加入依思班紐醬汁、小牛基本高湯、雞基本高湯，用小火熬煮成剩 1/3 的量。
4. 完成時加入其餘的馬德拉酒和雪莉酒醋，用鹽、胡椒調味。輕壓蘑菇地用圓錐形濾網過濾。

用途・保存

作為雞肉、小牛肉和豬肉料理的醬汁基底。雖然依思班紐醬汁可以保存，但製成多明格拉斯醬汁後就無法保存，應儘早使用完畢。

里昂醬汁

sauce Lyonnaise

【リヨン風ソース】

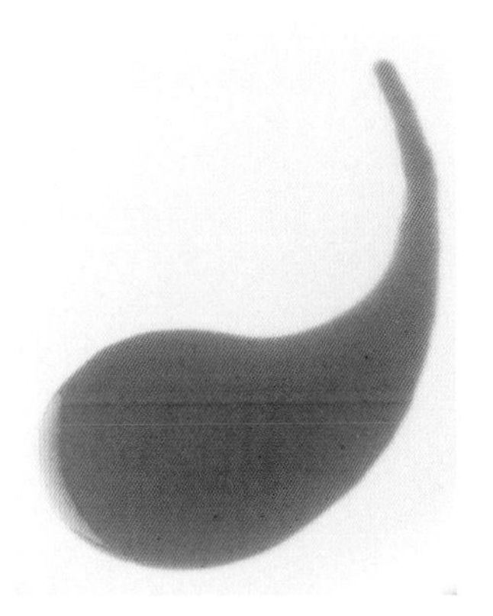

「Lyonnaise」意思是添加了確實拌炒的洋蔥。白酒醋凝聚了大量的洋蔥甜味，製作成具酸甜風味的多明格拉斯醬汁。

材料（完成時約 300cc）

洋蔥　280g

白酒　90cc

白酒醋　90cc

多明格拉斯醬汁（→ 234 頁）　340cc

奶油　適量

製作方法

1. 洋蔥切成碎末。在鍋中放入奶油，加入洋蔥拌炒，用小火炒至呈金黃色。

2. 加入白酒和白酒醋，熬煮至剩 2/3 的量。加入多明格拉斯醬汁，邊撈除浮渣邊以小火加熱 5 ～ 6 分鐘。

3. 邊輕壓洋蔥，邊以細網目的圓錐形濾網過濾。

用途・保存

作為雞肉或牛肉的煎炒或香煎料理的醬汁，每次使用時才製作，並應儘早使用完畢。

魔鬼醬汁

sauce Diable

【悪魔風ソース】

帶著辣味的醬汁，以埃斯科菲（Escoffier）先生的技法製作而成。紅蔥和辣椒拌炒提引出香氣後，以基本高湯熬煮過濾，成爲更有震撼力的味道。

材料（完成時約 300cc）

紅蔥　150g

白酒　360cc

多明格拉斯醬汁（→ 234 頁）　240cc

卡宴辣椒粉（※）　適量

鹽　適量

胡椒　適量

※ 卡宴辣椒粉的用量可依個人喜好調整。帶著些辣度更美味，所以也可以多放一點。

製作方法

1. 紅蔥切成 2mm 的碎末。在鍋中放入紅蔥和白酒拌炒，用小－中火熬煮至剩 1/3 的量。

2. 加入多明格拉斯醬汁，略加熬煮。

3. 用卡宴辣椒粉、鹽、胡椒調味。

＊埃斯科菲（Escoffier）的「烹飪指南LE GUIDE CULINAIRE」書中採不過濾地完成製作，若希望完成的醬汁入口滑順時，可以適度地用圓錐形濾杓過濾。

用途・保存

可作為以雞肉、小牛肉、豬肉為首，以至禽鳥類的野味等，各式肉類料理的醬汁。真空密封冷藏可保存約 3 天。

羅勃醬汁

sauce Robert

【ロベール風ソース】

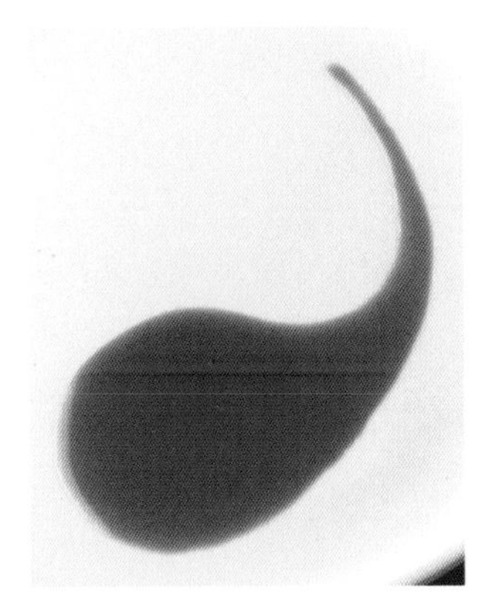

利用黃芥末和白酒醋來增添酸味，是羅勃醬汁的特徵。但因黃芥末的風味容易流失，因此務必要在熄火後添加。是非常適合搭配豬肉的醬汁。

材料（完成時約 300cc）

洋蔥　180g

白酒　120cc

多明格拉斯醬汁（→ 234 頁）　180cc

細砂糖　少量

黃芥末　10g

鹽　適量

胡椒　適量

奶油　適量

製作方法

1. 洋蔥切成碎末。在鍋中放入奶油，拌炒洋蔥至出水。

2. 倒入白酒，用小火熬煮至剩 2/3 的量。加入多明格拉斯醬汁，再熬煮約 10 分鐘。

3. 輕壓洋蔥地用圓錐形濾杓過濾。熄火，以鹽、胡椒調味。完成時添加細砂糖和黃芥末。為彰顯黃芥末的風味，在加入黃芥末後就不再加熱了。

用途・保存

可作為豬肉網烤料理的醬汁。因風味容易流失無法保存，每次使用時才製作，並應儘早使用完畢。

獵人風味醬汁

sauce chasseur

【狩人風ソース】

多明格拉斯醬汁中加入蘑菇製成的獵人風味醬汁。使用了白酒和番茄醬汁，令人懷念的美味。完成時加入香草更添清爽風味。

材料（完成時約 300cc）

蘑菇　60g
紅蔥　15g
白酒　120cc
番茄醬汁（→ 254 頁）　120cc
多明格拉斯醬汁（→ 234 頁）　80cc
奶油（提香用）　60g
鹽　適量
胡椒　適量
奶油（拌炒出水份用）　適量
香葉芹　1g
龍蒿　1g

製作方法

1. 蘑菇切成厚 3 ～ 4mm 的片狀。紅蔥切碎，香葉芹和龍蒿切成碎末。

2. 在鍋中放入奶油，拌炒蘑菇出水。加入紅蔥，再拌炒出水份。

3. 倒入白酒，用中火熬煮至剩一半的量。加入番茄醬汁和多明格拉斯醬汁，用小火略加熬煮。

4. 以鹽、胡椒調味，用奶油提香。完成時加入香葉芹和龍蒿碎末。

用途・保存

以香煎雞肉、小牛肉、豬肉為首，以至所有的肉類料理醬汁都能使用。因會損及風味而無法保存，每次使用時才製作，並應儘早使用完畢。

佩里克醬汁

sauce Périgueux

【ペリグー風ソース】

大量加入佩里克地區名產松露製作而成的醬汁。常利用在手工繁複的宮廷料理中。以多明格拉斯醬汁來製作，更能增添豐富的膠質口感及風味。

材料（完成時約 300cc）

多明格拉斯醬汁（→ 234 頁 ※）　250cc

松露原汁（市售）　50cc

松露　35g

※ 預先加熱多明格拉斯醬汁，稍加熬煮以提高其濃郁風味。

製作方法

1. 加熱多明格拉斯醬汁，溫熱。
2. 加入切碎的松露和松露原汁，略加煮沸。

用途・保存

作為肉類入模蒸烤（timbale）和派皮焗烤等料理的醬汁。因松露香氣容易流失，而無法保存，每次使用時才製作，並應儘早使用完畢。

夏多布里昂醬汁
sauce Chateaubriand

【シャトーブリアン風ソース】

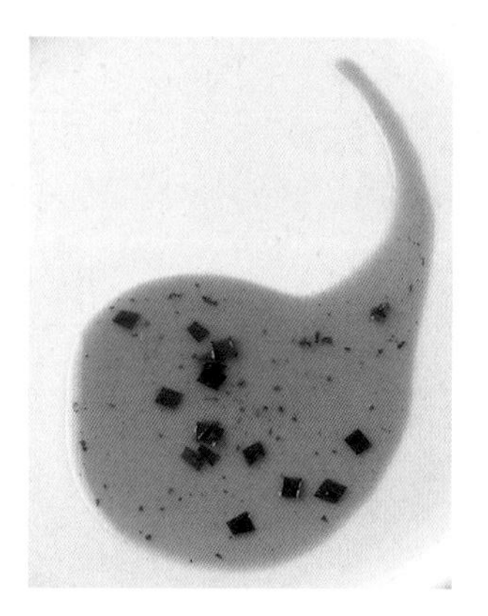

原來是指多明格拉斯醬汁般濃郁的種類，搭配白酒製作而成，但在此使用了小牛肉原汁以輕盈其口感。完成時加入龍蒿使味道更加清爽。

材料（完成時約 300cc）

白酒　240cc
紅蔥　100g
蘑菇（※）　25g
百里香　1 枝
月桂葉　1/2 片
小牛原汁（→ 65 頁）　240cc
羅勒檸檬奶油（maître d'hôtel butter）（※）
　150g
鹽　適量
胡椒　適量
龍蒿　2g

※ 蘑菇使用的是切剩或剩餘的邊緣。
※ 羅勒檸檬奶油是在放置成軟膏狀的 150g 奶油當中，添加切碎的羅勒 3g、鹽 5g、胡椒少許、黃檸檬汁 1/6 個，混拌而成。

製作方法

1. 紅蔥和龍蒿切碎。
2. 在鍋中放入白酒、紅蔥、蘑菇、百里香、月桂葉，用小火加熱，熬煮至剩 2/3 的量。
3. 加入小牛原汁，再熬煮至剩一半的量。用圓錐形濾杓過濾。
4. 加入羅勒檸檬奶油提香，以鹽、胡椒調味。最後加入龍蒿碎末。

用途・保存

用在山豬等野味或牛肉的網烤（grille）料理。因風味會散失而無法保存，每次使用時才製作，並應儘早使用完畢。

其他醬汁

Variations

香醍醬汁
sauce Chantilly

【ホイップクリームのソース】

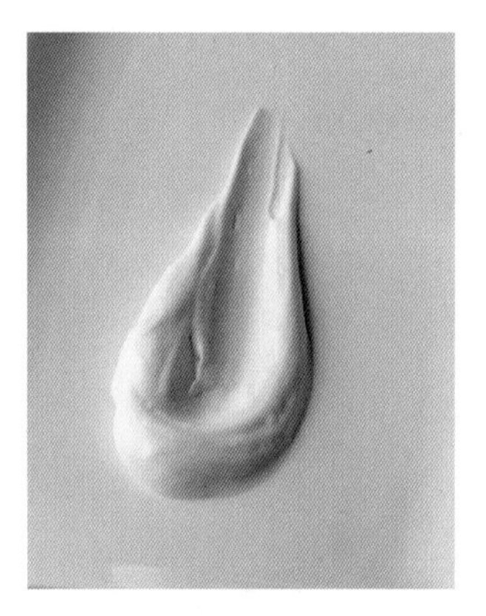

打發的鮮奶油醬汁，濃郁且色澤雪白。鹽和檸檬更能烘托出鮮奶油的香濃。以美乃滋取代橄欖油能使其不容易產生分離。

材料（完成時約 300cc）

鮮奶油（乳脂肪 47%）　290cc

E.V. 橄欖油　10cc

黃檸檬汁　少量

鹽　適量

胡椒　適量

製作方法

1. 在缽盆中放入鹽、胡椒、鮮奶油。打發至 7 分發。

2. 加入全部的 E.V 橄欖油和檸檬汁，混拌。添加檸檬汁後，過度混拌會造成分離狀態，必須多加留意。

＊完成時，也可以撒上切碎的香葉芹或龍蒿、番茄、松露、黃檸檬皮等進行各種搭配。

用途・保存

可以作為青豌豆或朝鮮薊的簡單沙拉醬。因有著乳霜般鬆滑口感，每次使用時才製作，並應儘早使用完畢。

艾格雷特醬汁
sauce aigrette

【エイグレットソース】

「aigrette」是具有酸味的意思。以鮮奶油和優格的組合為基底，再添加香草或酸豆等增添爽口風味。適合搭配魚貝類或蔬菜的料理。

材料（完成時約 300cc）
鮮奶油（乳脂肪 47%）　160cc
優格（原味）　70cc
番茄醬（ketchup）　12g
龍蒿　2g
蝦夷蔥　2g
酸豆　12g
酸黃瓜（※）　12g
黃檸檬汁　15cc
干邑白蘭地　15cc
辣椒水（tabasco）　少量
鹽　適量
胡椒　適量

※ 醋漬小黃瓜（酸黃瓜）。

製作方法

1. 龍蒿、酸豆、酸黃瓜切碎。蝦夷蔥切至細碎。
2. 鮮奶油打發至 8 分發。加入優格和番茄醬混拌。
3. 加入龍蒿、蝦夷蔥、酸豆和酸黃瓜碎，混拌。加入檸檬汁、干邑白蘭地、辣椒水，以鹽、胡椒調味。

用途・保存

可用於魚貝類的凍派（terrine）、蔬菜沙拉、燻鮭魚三明治等增添風味。狀態易於改變無法保存，每次使用時才製作，並應儘早使用完畢。

大蒜蛋黃醬

ailloli

【アイヨリ】

普羅旺斯地區的醬汁，以橄欖油乳化大蒜爲基底製作而成。一般直接使用新鮮大蒜磨成的蒜泥，但若以牛奶或高湯先行燙煮過，可以讓風味更柔和。

材料（完成時約 300cc）

大蒜　30g

牛奶　適量

蛋黃　2 個

橄欖油　240cc

黃檸檬汁　25cc

鹽　適量

胡椒　適量

製作方法

1. 大蒜縱向對切，除去芽芯。用牛奶煮至柔軟以除去其氣味，搗成細泥狀。

2. 將 **1** 放入缽盆中，加入蛋黃混拌。邊攪拌邊少量逐次地加入橄欖油，使其乳化。

3. 加入檸檬汁、以鹽、胡椒調味。

用途・保存

可搭配燙煮蔬菜、白肉魚或蝦類的水煮。因使用蛋黃所以冷藏 2 日左右就必須完全使用完畢。

魯耶醬汁

rouille

【ルイユ】

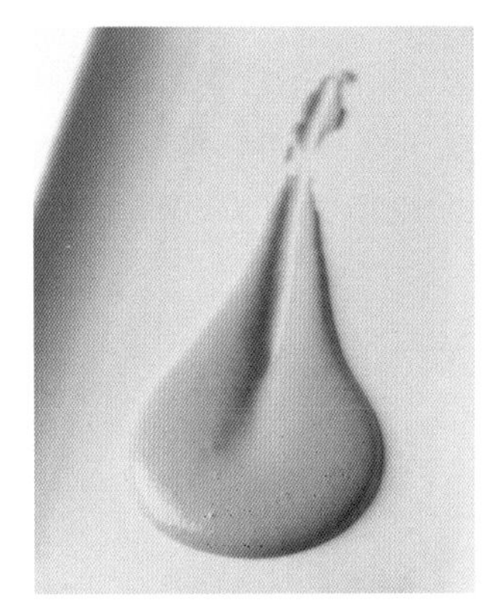

魯耶醬汁是普羅旺斯地區的醬汁，強烈的蒜香是其最大的特徵。主要搭配馬賽魚湯，溶於湯品中，或塗抹在麵包上享用，也可以作爲調味料來使用。

材料（完成時約 300cc）

大蒜　1 瓣
紅蔥　15g
鯷魚（中段）　2 條
番茄糊　18g
水煮蛋的蛋黃（※）　2 個
蛋黃　1 個
黃芥末　20g
番紅花　極少量
蛤蜊高湯（馬賽魚湯用→ 60 頁）　30cc
白酒醋　30cc
橄欖油　200cc
鹽　適量
胡椒　適量
卡宴辣椒粉　極少量
黃檸檬汁　少量

※ 也可以用馬鈴薯或吐司麵包來取代水煮蛋的蛋黃。

製作方法

1. 大蒜縱向對切，除去芽芯。用食物料理機將大蒜、紅蔥、鯷魚、番茄糊、水煮蛋的蛋黃，攪打成泥狀。用圓形網篩過濾。

2. 再次將 **1** 放入食物料理機內。添加蛋黃、黃芥末、番紅花汁（番紅花用蛤蜊高湯熬煮出的湯汁）、白酒醋，略略攪打。邊攪拌邊少量逐次地加入橄欖油，使其呈滑順狀態。

3. 以鹽、胡椒、卡宴辣椒粉調味，完成時加入檸檬汁。

用途・保存

以馬賽魚湯為首，至所有使用了魚貝類的濃郁湯品皆可使用。因風味會散失而無法保存，每次使用時才製作，並應儘早使用完畢。

貝類風味魯耶醬

rouille au clam

【貝風味のルイユ】

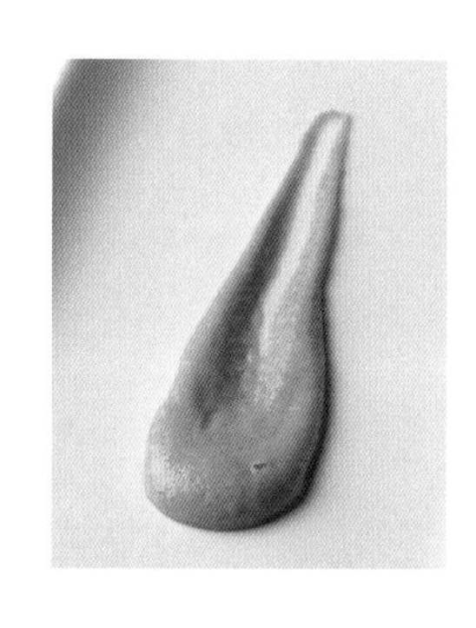

使用大量魚貝類，適合搭配強調美味的馬賽魚湯，不使用蛋黃以清爽爲重點製作出的魯耶醬。添加蛤蜊高湯使其更具滑順口感。

材料（完成時約 300cc）

麵包粉　150g

卡宴辣椒粉　5g

蛤蜊高湯（馬賽魚湯用→ 60 頁）　180cc

大蒜　60g

番紅花（粉末）　少量

鹽　適量

胡椒　適量

製作方法

1. 除了鹽、胡椒之外的所有材料放入食物料理機內，攪拌成滑順泥狀。

2. 以細網目的圓形網篩過濾，用鹽、胡椒調味。

用途・保存

可添加作為馬賽魚湯的基底提味。冷藏可保存約 2 日。

柚子胡椒魯耶醬

rouille au “Yuzu-Kosyou”

【ゆず胡椒風味のルイユ】

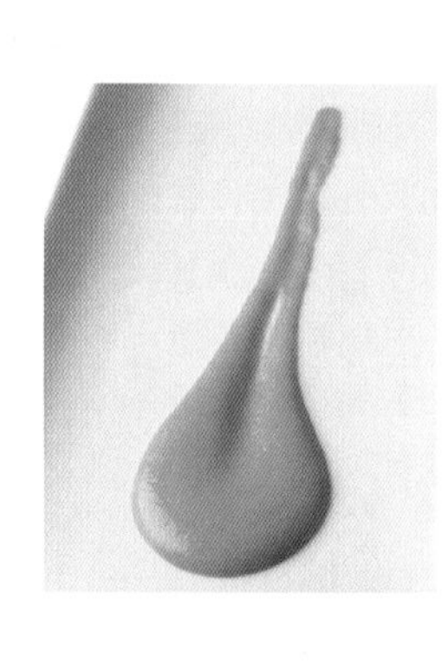

柚子胡椒是九州特產的辛香料。柚子皮加上辣椒和鹽混合而成，具有強烈香氣和辣味。

材料（完成時約 300cc）

麵包粉　120g

卡宴辣椒粉　5g

大蒜　50g

柚子胡椒（※）　20g

蛤蜊高湯（馬賽魚湯用→ 60 頁）　180cc

番紅花（粉末）　少量

鹽　適量

胡椒　適量

製作方法

1. 除了鹽、胡椒之外的所有材料放入食物料理機內，攪拌成滑順泥狀。

2. 以細網目的圓形網篩過濾，用鹽、胡椒調味。

用途・保存

可添加作為馬賽魚湯的基底提味或添加於湯品中。冷藏可保存約 2 日。

使用魯耶醬

長崎產魚貝類的馬賽魚湯

Bouillabaisse de Nagasaki

以鯛魚、鱸魚為首，石狗公、三線磯鱸、紅角蝦等，使用了大量由長崎當地捕獲的魚貝類製作的馬賽魚湯。使用蛤蜊高湯、柚子胡椒、並溶入兩種不同風味的魯耶醬在魚湯中，可以享受風味的變化。馬賽魚湯的製作方法，除了鮑魚之外的魚貝類都以橄欖油香煎，並加入拌炒過的調味蔬菜。加入蛤蜊高湯、番茄、番紅花一起熬煮，再加入鮑魚以及另外用蛤蜊高湯煮熟的馬鈴薯，再繼續熬煮。以鹽、胡椒調味。盛盤，撒上蝦夷蔥、蒔蘿、香葉芹等香草碎，建議可以搭配兩種魯耶醬享用。

酸豆橄欖醬

sauce tapenade

【タプナードソース】

橄欖、酸豆、鯷魚等磨成泥狀，以橄欖油稀釋成膏狀的醬汁。味道濃郁，經常作爲普羅旺斯料理等的調味料來使用。

材料（完成時約 300cc）

黑橄欖（鹽漬）　200g
大蒜　1/2 瓣
鯷魚（中段）　2 條
酸豆（醋漬）　40g
羅勒　4 片
百里香、迷迭香　各 1g
E.V. 橄欖油　60cc ～
卡宴辣椒粉　極少量
鹽、胡椒　各適量

製作方法

1. 將黑橄欖、大蒜、鯷魚、酸豆、羅勒、百里香、迷迭香的葉片放入食物料理機内，攪拌成滑順泥狀。

2. 添加 E.V. 橄欖油以調整其濃稠度。用卡宴辣椒粉、鹽、胡椒調味。

用途・保存

可作為魚貝、甲殼類、羔羊料理的醬汁或搭配使用。還可作為溫野菜的醬汁。密封冷藏可保存約 3 日。

酸豆橄欖慕斯

mousse de tapenade

【タプナードのムース】

在酸豆橄欖醬中添加打至 5 分發的鮮奶油，再攪打成慕斯狀的醬汁。酸豆橄欖醬的濃郁及酸味，搭配鮮奶油可以柔和風味，更易於享用。

材料（完成時約 300cc）

酸豆橄欖醬（上述）　100g
鮮奶油　200cc
鹽　適量
胡椒　適量

製作方法

1. 將酸豆橄欖醬在食物料理機内，攪拌成滑順泥狀。

2. 打發至 5 分發的鮮奶油，攪打至呈尖角直立狀，加入混合。用鹽、胡椒調味。

用途・保存

可搭配作為魚貝類或新鮮蔬菜的前菜使用。因氣泡會消失，所以每次使用時才製作，並應儘早使用完。

使用酸豆橄欖醬

香煎鮑魚與咖哩風味螯蝦，佐糖漬茴香球莖
搭配酸豆橄欖醬與番茄醬汁

Sauté d'ormeau,langoustines au curry,
fenouil confit à la tapenade et à la sauce tomate

迎接夏天的當季食材鮑魚，搭配使用番茄和茴香球莖，是充滿南法特色的一道料理。鮑魚帶殼與蘿蔔泥一起清蒸，與切成薄片的糖漬番茄交互疊放。擺放大蒜和普羅旺斯奶油（→ 155 頁），放入烤箱烘烤。螯蝦（langoustines）去殼，以鹽、胡椒調味，蝦背沾裹咖哩粉和四種綜合辛香料，用橄欖油煎烤。搭配這些菜色的醬汁，是南法香氣四溢的酸豆橄欖醬和番茄醬汁（→ 254 頁）。在盤中將醬汁交錯畫成十字形，盛放鮑魚和螯蝦。擺放撒上細砂糖香煎的糖漬茴香球莖，以新鮮平葉巴西里及撒上鮑魚肝乾燥後製成的粉末裝飾。

海味酸豆橄欖醬

sauce tapenade aux fruits de mer

【海の幸のタプナードソース】

加入鮑魚或龍蝦肝，製作成充滿海味的酸豆橄欖醬，用於魚貝類的冷盤料理。味道濃厚，因此以提味方式地少量盛盤。

材料（完成時約 300cc）

鮑魚肝　80g
龍蝦內臟（蝦膏）　80g
大蒜　2 瓣
洋蔥　10g
黑橄欖（醋漬）　20g
E.V. 橄欖油　120cc
平葉巴西里　3g
蝦夷蔥　3g
卡宴辣椒粉　少量
黃檸檬汁　1/2 個
柚子皮　1/2 個
鹽　少量
胡椒　少量

製作方法

1. 洋蔥、黑橄欖、平葉巴西里、蝦夷蔥各別切碎。大蒜（除去芽芯）和柚子皮分別磨成泥。

2. 將鮑魚肝和龍蝦內臟蒸熟或放入烤箱烘烤至全熟。以圓形網篩過濾。

3. 在缽盆中放入 **2**、大蒜、洋蔥、黑橄欖、E.V. 橄欖油、平葉巴西里、蝦夷蔥、卡宴辣椒粉混拌。

4. 用鹽、胡椒調味，加入檸檬汁和柚子皮混拌。

用途・保存

可搭配鮑魚或螺肉等貝類的冷盤料理。此外也可作為魚貝類的凍派（terrine）醬汁。密封冷藏可保存約 3 日。

青醬

sauce au pistou

【ピストゥーソース】

是普羅旺斯地區用橄欖油稀釋磨碎的羅勒和大蒜，製作成膏狀的醬汁。可以用於蔬菜湯品或義大利麵等，增添色彩又能提味。

材料（完成時約 300cc）

羅勒　35g

平葉巴西里　15g

大蒜　10g

松子（※）　15g

帕瑪森起司　5g

鯷魚（中段）　2 條

E.V. 橄欖油　240cc

鹽　適量

胡椒　適量

※ 使用烘烤過的松子。

製作方法

1. 將羅勒、平葉巴西里、松子、鯷魚一起放入磨缽中，充分研磨。大蒜（除去芽芯）磨成泥。

2. 在缽盆中放入 **1** 和磨成粉狀的帕瑪森起司，混拌。加入 E.V. 橄欖油，充分混拌。用鹽、胡椒調味。

用途・保存

作為魚貝類或甲殼類料理的提味。也可用於甲殼類義大利麵、蔬菜或甲殼類湯品。密封冷藏可保存 2 ～ 3 日。

番茄庫利

coulis de tomate

【トマトのクーリ】

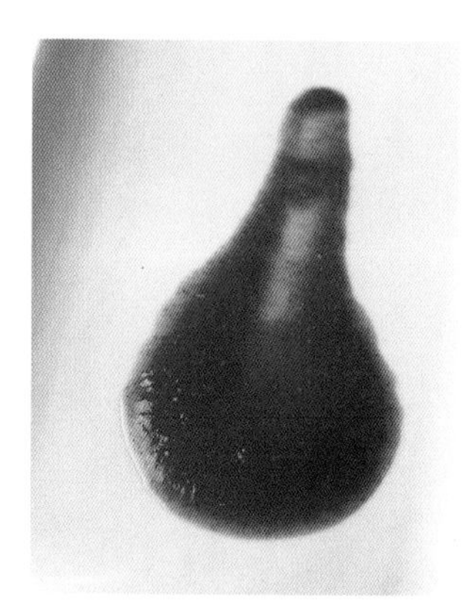

「coulis」是指蔬菜或水果汁，經過濾後的原液。多半是指以攪拌機攪打成泥後的狀態，但下述是衍生出調味過的醬汁。

材料（完成時約 300cc）

番茄（成熟）　500g

大蒜　10g

百里香　3 枝

鹽　適量

胡椒　適量

橄欖油　30cc

製作方法

1. 番茄汆燙去皮，對切去籽。在調理前才撒上鹽、胡椒。大蒜切碎。

2. 在鍋中放入橄欖油，加入大蒜拌炒。散發香氣後放入番茄，全體迅速約略混拌。加入百里香蓋上鍋蓋，用小火熬煮。

3. 煮至番茄軟爛後，用圓形網篩過濾。

用途・保存

可用於番茄慕斯、果泥基底、或醬汁。也可用於搭配番茄的所有冷盤料理醬汁。密封冷藏可保存 2 ～ 3 日。

普羅旺斯番茄醬汁

sauce tomate à la provençale

【プロヴァンス風トマトソース】

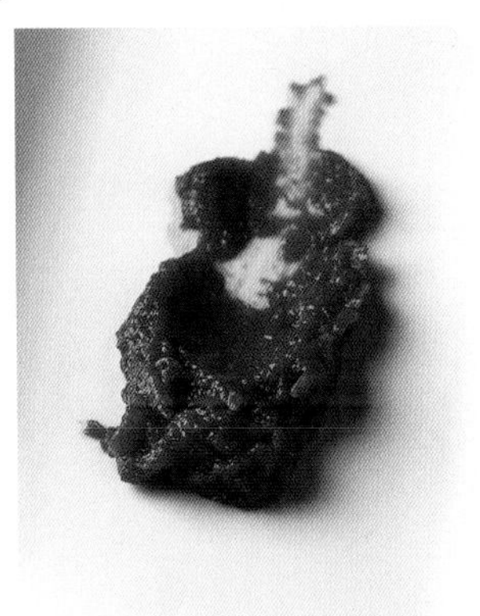

番茄煮至水分收乾，風味濃縮的醬汁。酸甜分明的醬汁風味，只要添加少量就足以有提味的效果。非常適合甲殼類或魚類料理。

材料（完成時約 300cc）

番茄（成熟）　15 個（約 2kg）
大蒜　30g
百里香　3 枝
月桂葉　1 片
鹽　適量
胡椒　適量
橄欖油　適量

製作方法

1. 番茄汆燙去皮，對切去籽。到調理前才撒上鹽、胡椒。大蒜切碎。

2. 在鍋中放入橄欖油，加入大蒜拌炒至散發香氣。放入番茄，以小火熬煮。

3. 煮至番茄軟爛後，放入百里香和月桂葉，熬煮至水分收乾。

用途・保存

如普羅旺斯風鯖魚派餅，搭配使用魚類的派餅或法式酥派（chausson）。密封冷藏可保存 2 ～ 3 日。

番茄醬汁

sauce tomate

【トマトソース】

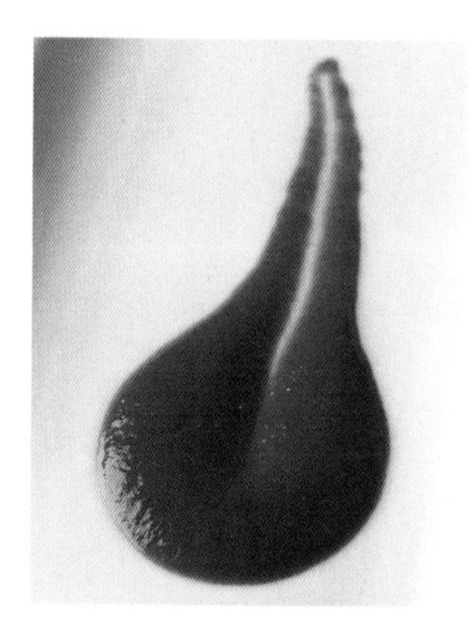

從汆燙迅速加熱以至於與蔬菜或基本高湯一起熬煮的番茄醬汁，有著各種使用法。無論哪一種重點都是巧妙地運用番茄的風味，製作出可被廣泛運用的醬汁。

材料（完成時約 300cc）
番茄（成熟） 600g
培根 60g
洋蔥 90g
大蒜 15g
番茄糊 15g
雞基本高湯（→ 28 頁） 240cc
香料束 1 束
鹽 適量
胡椒 適量
橄欖油 60cc

製作方法

1. 番茄汆燙去皮，對切去籽。培根切成丁狀。洋蔥和大蒜切碎。

2. 在鍋中放入橄欖油，加入大蒜和培根拌炒。拌炒至散發香氣後，加入洋蔥拌炒至變軟。放入番茄，撒上鹽、胡椒。

3. 暫以小火熬煮，待番茄煮至軟爛後，加入番茄糊、雞基本高湯、香料束。蓋上鍋蓋用小火燉煮。

4. 煮至番茄軟爛後，用鹽、胡椒調味。以圓錐形濾杓過濾。

用途・保存

可作為燉煮花枝的基底、義大利麵的基底，或小牛肉裹上麵包粉香煎料理的醬汁。密封冷藏可保存 2 ～ 3 日。

醋漬醬汁

sauce pour escabèche

【エスカベーシュのソース】

醃漬炸魚的「escabèche」，既可浸漬又能作爲醬汁。加上了切成細長條狀的蔬菜，兼具豐富的風味及色彩。也可以用於瀝乾水分的蔬菜料理。

材料（完成時約 300cc）

洋蔥　40g
紅蘿蔔　30g
西洋芹　20g
韭蔥　20g
紅椒　20g
大蒜　1 瓣
紅辣椒　1/2 根
細砂糖　6g
白酒　90cc
蘋果醋　60cc
白酒醋　20cc
百里香　1 枝
月桂葉　1 片
黃檸檬汁　20cc
黃檸檬（片）　4 片
橄欖油　160cc
鹽　適量
胡椒　適量

製作方法

1. 洋蔥、西洋芹、大蒜切成厚 1mm 的片狀，紅蘿蔔、韭蔥、紅椒切成 2mm 的細絲（julienne）狀。

2. 在鍋中放入橄欖油（用量中的 20cc），加入大蒜和紅辣椒，拌炒至散發香氣。加入洋蔥、西洋芹片，紅蘿蔔、韭蔥、紅椒絲，撒上鹽、胡椒，以小火拌炒至熟。

3. 加入細砂糖、白酒、蘋果醋、白酒醋，百里香、月桂葉，用大火煮至沸騰。

4. 煮沸後，轉為小火，加入檸檬汁、檸檬片，加入其餘的橄欖油，混拌全體完成製作。

用途・保存

像醋漬酥炸竹筴魚與嫩蔬菜絲佐山椒嫩葉（→ 257 頁）般，用於酥炸魚類的醋漬料理。也可以搭配切成細絲的蔬菜。冷藏約可保存 2 日。

洛克福醬汁
sauce au Roquefort

【ロックフォールチーズのソース】

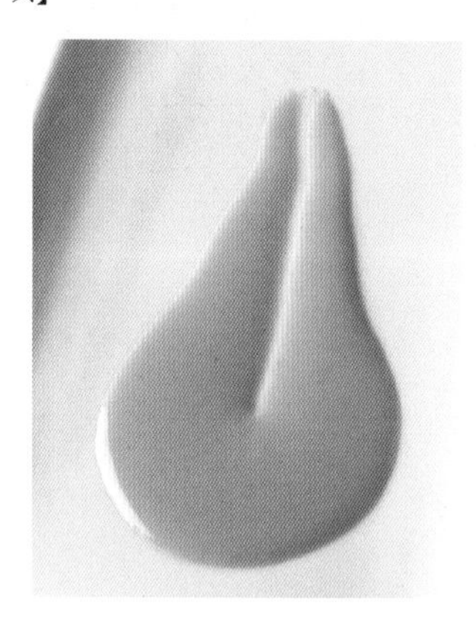

組合變化製作出當年在法國學習時，曾經嚐過用起司、蜂蜜和酒醋製作而成的醬汁。爲彰顯出洛克福起司的風味，希望能搭配清淡的食材。

材料（完成時約 300cc）

洛克福起司　150g
黃芥末　25g
巴薩米可白醋　20cc
橄欖油　150cc
胡椒　適量
綠檸檬汁　少量

製作方法

1. 洛克福起司用圓形網篩過濾。加入黃芥末和巴薩米可白醋，攪拌至呈滑順狀態。

2. 少量逐次地加入橄欖油，用攪拌器混拌。加入胡椒和綠檸檬汁，調整風味。

用途・保存

適用於雞肉或白肉魚等清淡食材的冷盤料理，也適合搭配沙拉。冷藏約可保存 3 日。

使用洛克福醬汁

醋漬酥炸竹筴魚與嫩蔬菜絲佐山椒嫩葉

Mille-feuilles de chinchard et matignon de légume parfumé à la jeune pousse "Kinomé"

醋漬酥炸竹筴魚是一道很有夏季風味的菜色。洛克福起司濃郁強烈的香氣，與酸味較強的醋漬竹筴魚是很適合的搭配。製作方法是將切成三片的竹筴魚中段，撒上鹽、胡椒和高筋麵粉油炸。將油炸魚片放入醋漬醬汁（→ 255 頁）中浸漬。在盤子上將竹筴魚和醋漬醬汁中的紅蘿蔔和紅椒等蔬菜如千層派般堆疊，周圍滴淋上洛克福醬汁。整體表面點綴上山椒嫩芽。

松露庫利
coulis de truffes

【トリュフのクーリ】

用馬德拉酒或基本高湯熬煮大量的黑松露製作而成，具光澤的醬汁。仔細地過濾使其呈現滑順口感。搭配溫熱料理更能強調出松露的香氣。

材料（完成時約 300cc）

松露　150g
干邑白蘭地　10cc
馬德拉酒　50cc
松露原汁（市售）　75cc
雞基本高湯（→ 28 頁）　180cc
鹽　適量
胡椒　適量
奶油　少量

製作方法

1. 松露切成片狀，用奶油拌炒出水份，灑入干邑白蘭地增添香氣。
2. 加入馬德拉酒熬煮至剩一半的量，再加進松露原汁和雞基本高湯，略加熬煮。
3. 待稍加放涼後，用攪拌機攪打成泥狀。用細網目的圓形網篩仔細地過濾，用鹽、胡椒調味。

用途・保存

可作為肉類或白肉魚溫製料理的醬汁。為避免香氣流失地以真空密封冷藏可保存 2 ～ 3 日。

羅勒油

huile au basilic

【バジルのオイル】

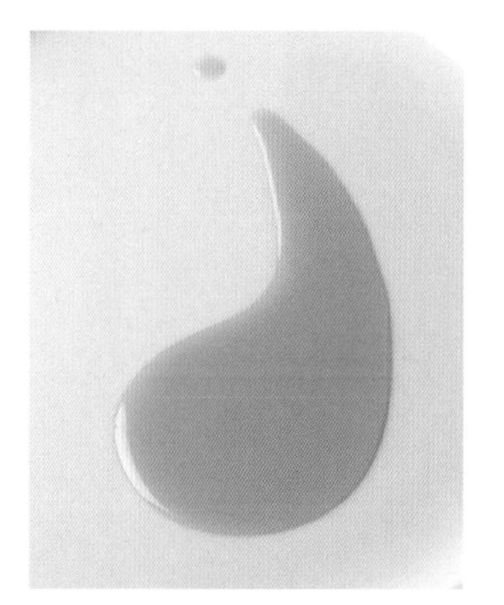

製作羅勒香氣十足的羅勒油，只要放置在 65 ～ 70℃的場所半天，就可以慢慢釋出風味了。這樣的油脂，不適用於加熱而是用於增添香氣。經得起保存，因此可以一次大量製作備用。

材料（完成時約 300cc）
E.V. 橄欖油　360cc
羅勒葉　30g
粒狀黑胡椒　約 10 粒

1. 只使用羅勒葉。用水洗淨後，充分拭乾水分。

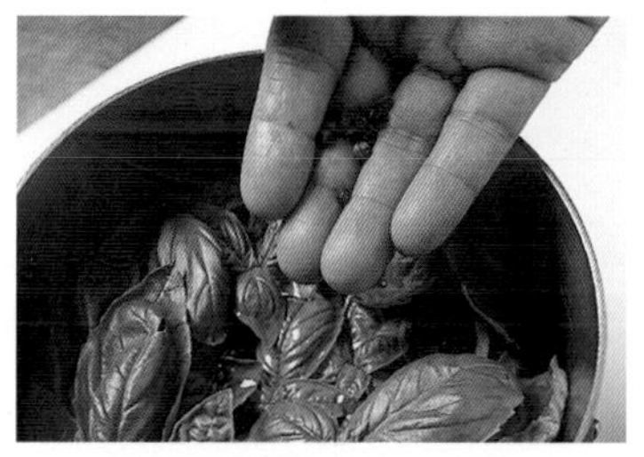

2. 將羅勒葉、橄欖油和粒狀黑胡椒放入鍋中。加入胡椒是為使油脂能略帶辛香料的香氣。

3. 鍋子放置於爐火的旁邊，不會過熱（65 ～ 70℃）的位置，放置約 12 小時，使香氣釋出。

4. 12 小時後的狀態，葉片下沉，油脂呈現綠色。移開，放於室溫下冷卻。

5. 放涼後以布巾過濾。

6. 完成時的羅勒油。可用於魚貝類的沙拉、或增添水煮或香煎魚類料理的風味。室溫下可保存約 1 個月。

香草油

huile aux herbes

【香草のオイル】

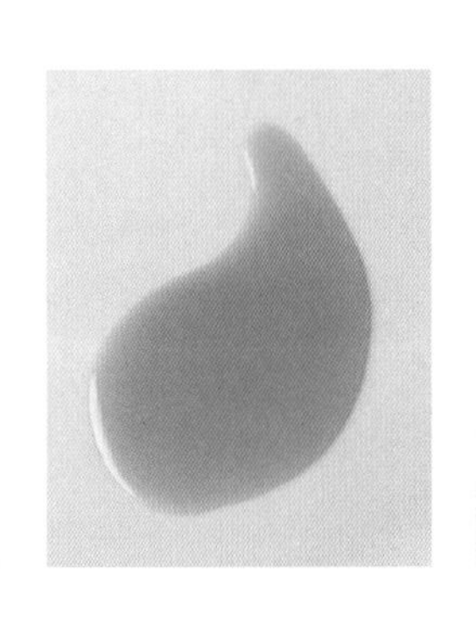

使用幾種香草增添其香氣的油脂。相較於羅勒油（→ 259 頁），更沒有特殊風味，能適用於各種料理的增色或提香。香草的種類可依個人喜好使用。

材料（完成時約 300cc）
橄欖油　300cc
大蒜（帶皮）　2 瓣
紅辣椒　1/2 根
羅勒　10g
百里香　5g
龍蒿　8g
平葉巴西里　3g
粗粒胡椒（白）　少量

製作方法

1. 香草類用水洗淨後，充分拭乾水分。將所有材料放入鍋中。放置於 70℃的熱源下 10 ～ 12 小時。

2. 待香草的風味移至油脂時，直接放置於室溫冷卻。用墊有布巾的圓錐形濾杓過濾。

用途・保存

可作為香煎青背魚的加熱油，或用於湯品、沙拉或涼拌義大麵的提味。密封下可保存約 1 ～ 2 週。

牛肝蕈油

huile aux cèpes

【セープ茸のオイル】

將蕈菇類中，最具香氣和美味成分的牛肝蕈風味移轉至油脂當中。使用的是最適合搭配的核桃油，但橄欖油也可以。用香菇來製作也不錯。

材料（完成時約 300cc）
核桃油　300cc
牛肝蕈（乾燥）　40g
大蒜（帶皮）　1/2 瓣
紅辣椒　1/2 根

製作方法

1. 將所有材料放入鍋中，放置於 70℃的熱源下 10 ～ 12 小時。

2. 待牛肝蕈的香氣風味移至油脂時，直接放置於室溫冷卻。用墊有布巾的圓錐形濾杓過濾。

用途・保存

可用於增添蕈菇類香煎、奶油燉煮、湯品等料理的香氣。也可用作蕈菇類加熱的油脂。密封下可保存約 1 ～ 2 週。

龍蝦油

huile au homard

【オマールのオイル】

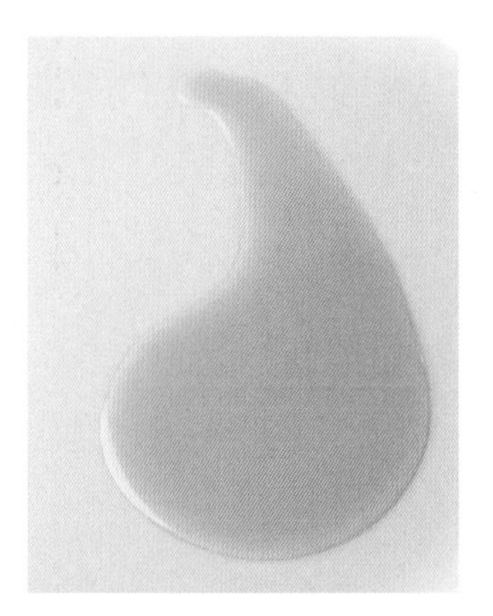

移轉了龍蝦殼香氣和鮮艷色彩的油脂。用新鮮香草中和腥味，並提引出龍蝦的美味。也可以用龍蝦以外的蝦類製作。

材料（完成時約 300cc）

龍蝦殼（※）　80g

干邑白蘭地　少量

橄欖油　350cc

大蒜（帶皮）　1/2 瓣

百里香　1/2 枝

龍蒿　1/2 枝

月桂葉　1/2 片

紅辣椒　1/2 根

※ 帶殼地進行燙煮（pocher），取出蝦肉後使用龍蝦殼。為使完成後能呈現鮮艷的顏色，僅使用紅色部分的殼。

製作方法

1. 龍蝦殼約切成 2cm 的塊狀。排放在 220℃的烤盤上，烘烤至乾燥。烘烤完成後撒上少量的干邑白蘭地以增添香氣。

2. 將 **1** 放入鍋中，倒入橄欖油。加入大蒜、香草類和紅辣椒，放置於 75 ～ 80℃的熱源下約 5 小時，使香氣移轉（infuser）。

3. 用墊有布巾的圓錐形濾杓過濾。

用途・保存

以龍蝦沙拉或湯品為首，以至所有的甲殼類料理，都可以滴淋少量以增添風味。為避免香氣流失地密封下可保存約 1 週。

使用龍蝦油

柑橘風味的布列塔尼龍蝦與季節蔬菜冷湯

Soupe froide de homard breton et de légumes de saison,
parfumée au jus dágrume

是夏季最受歡迎的冷湯。雖然清爽風味是冷湯的重點，但又不能讓風味太單調，所以滴淋上具有香氣的油脂，更具提味效果。湯品是在蔬菜高湯（bouillon de légumes）中加入生火腿，靜靜地熬煮出清澄的湯。用圓錐形濾杓過濾後放涼，因脂肪會浮出，所以要用布巾過濾。以鹽、胡椒調味，並加入搾出的酸橙汁增香。用調味蔬菜高湯（→ 53頁）燙煮的龍蝦和魚漿丸（quenelle）（以龍蝦和干貝製作而成的慕斯做成橢圓形，撒上龍蝦卵），搭配燙煮過的蘆筍、四季豆、番茄和南瓜等蔬菜，以及新鮮番茄盛盤，注入湯汁。擺放切成細絲狀的茗荷和小黃瓜，周圍滴上龍蝦油。

甜點醬汁

Sauces pour desserts

英式蛋奶醬
sauce Anglaise

【アングレーズソース】

牛奶和雞蛋的基本款醬汁。加入雞蛋後充分加熱提引出其濃郁風味。在此介紹的是適用餐廳點心製作，最後混合打發鮮奶油完成醬汁的方法。

材料（完成時約 500cc）
牛奶　250cc
香草莢（大溪地產）　1/4 根
蛋黃　4 個
細砂糖　60g
鮮奶油（乳脂肪 36%）　100cc

1. 在鍋中加入牛奶和香草莢（剖開刮出籽）、少量細砂糖，加熱。添加細砂糖是為了在鍋底形成薄膜以防止燒焦。

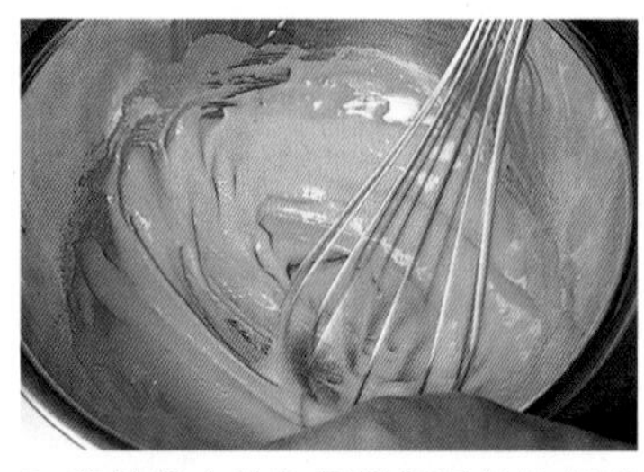

2. 在缽盆中放入蛋黃和其餘的細砂糖，摩擦般地混拌。混拌使其飽含大量的空氣是重點。空氣會成為緩衝，即使蛋黃受熱也不會立刻凝固。

3. 牛奶煮至沸騰後，少量逐次地加入 **2** 當中，充分混拌。

4. 放回鍋中，用小火加熱。不斷地用刮杓（照片中是耐熱的橡皮刮杓）攪拌並加熱至 83℃。因蛋黃的凝固作用，漸漸地會產生濃稠。

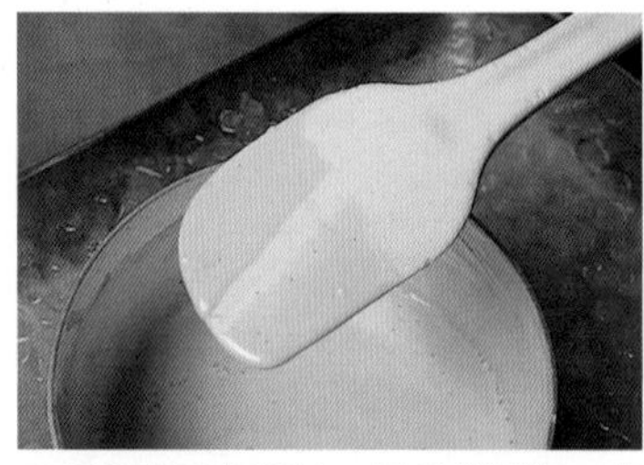

5. 用刮杓舀起醬汁，用手指劃過，若會留下痕跡就是蛋黃充分受熱並出現濃稠的證明。

6. 邊搗壓香草莢邊用圓錐形濾杓過濾，墊放冰水降溫。

7. 鮮奶油打發至 6 分發，再將 **6** 降溫後的醬汁少量逐次地加入其中，每次加入都仔細地混拌均勻。

8. 完成英式蛋奶醬。因添加了鮮奶油，所以口感輕盈，適合搭配飯後甜點。除了醬汁之外，也可應用在冰淇淋或芭芭露亞（bavarois）的基底。這種醬汁製作當日就必須使用完畢。

使用英式蛋奶醬

反烤焦糖蘋果塔佐 2 款醬汁

Tarte aux pommes caramélisées aux deux sauces anglaise et caramel

使用英式蛋奶醬作爲糕點醬汁的例子。反烤蘋果塔和冰淇淋搭配英式蛋奶醬和焦糖醬汁（→ 272 頁）的經典糕點。兩種醬汁都可以與任何糕點組合。反烤蘋果塔是將切成半月型的蘋果，用澄清奶油和香草莢香煎，再加入肉桂糖焦糖化製成。加入檸檬汁放涼後塡裝至環型模中放入烤箱烘烤。覆蓋上擀壓成薄片狀的派皮（pâte brisée）再次烘烤。插入蘋果脆片。在靠近自己的方向放置巧克力、柑橘冰沙、蘋果白蘭地酒（Calvados）風味的冰淇淋、百里香風味的蘋果果醬。醬汁上散放薄荷葉。

英式蛋奶醬（無鮮奶油）

sauce Anglaise

【アングレーズソース（クレームなし）】

不添加鮮奶油，豐富雞蛋風味和濃郁口感的基本款英式蛋奶醬。除了作爲糕點醬汁之外，還可作爲各種奶油餡或慕斯基底的基本醬汁。

材料（完成時約 400cc）

牛奶　250cc

香草莢（大溪地產）　1/4 根

蛋黃　4 個

細砂糖　60g

用途・保存

用於白雪蛋（oeufs à la neige）等各種糕點上。因為使用雞蛋所以無法保存。當日就必須使用完畢。

製作方法

1. 在鍋中加入牛奶和香草莢（剖開刮出籽）、部分用量的細砂糖，加熱。

2. 在缽盆中放入蛋黃和其餘的細砂糖，摩擦般地混拌至顏色發白。

3. 當 **1** 沸騰後，少量逐次地加入 **2** 當中，充分混拌。放回鍋中加熱。不停地攪拌並加熱至 83°C。用刮杓舀起醬汁，用手指劃過，若會留下痕跡就是蛋黃充分受熱並出現濃稠的證明。

4. 用圓錐形濾杓過濾，墊放冰水降溫。

橙香酒英式蛋奶醬

sauce Anglaise au Cointreau

【コアントロー風味のアングレーズソース】

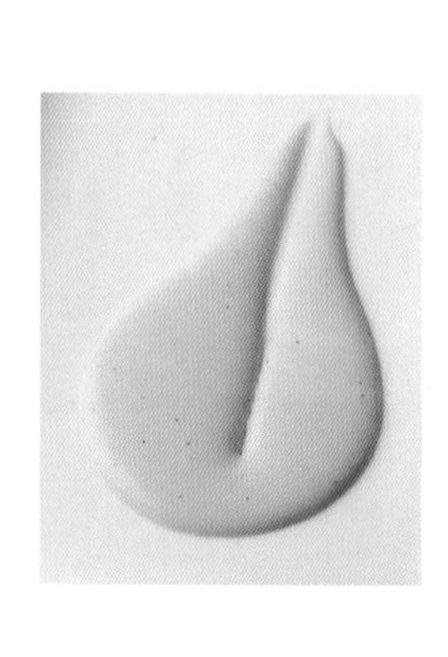

用君度橙酒（Cointreau）增添風味的英式蛋奶醬。在柔和中飄散著橙香。適合使用以柳橙爲首，柑橘類糕點的醬汁。

材料（完成時約 400cc）

英式蛋奶醬（→ 264 頁）　400cc

君度橙酒（※）　15cc

※ 法國 Cointreau 公司所生產的柳橙利口酒。

用途・保存

作為使用柑橘類的芭芭露亞、慕斯和冰淇淋的醬汁。當日就必須使用完畢。

製作方法

1. 英式蛋奶醬中添加君度橙酒，混拌使其味道融合。

咖啡英式蛋奶醬

sauce Anglaise au café

【コーヒー風味のアングレーズソース】

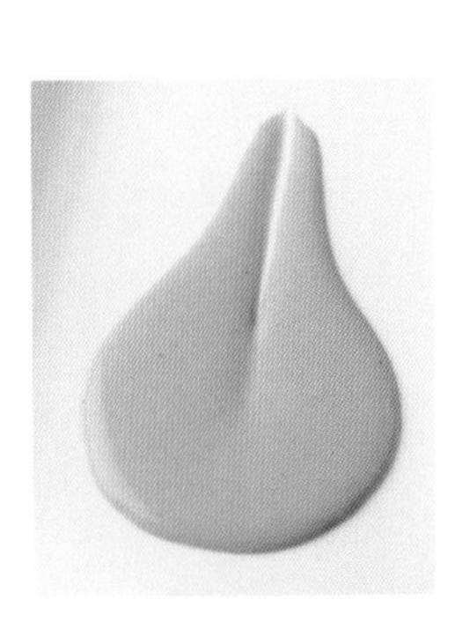

添加即溶咖啡風味，英式蛋奶醬的變化組合。完成時加入白蘭地（Eau-de-Vie）能有更深層的風味。

材料（完成時約 500cc）

牛奶　250cc

香草莢（大溪地產）　1/4 根

蛋黃　4 個

細砂糖　60g

即溶咖啡　6g

鮮奶油（乳脂肪 36%）　100cc

優質香檳干邑

（Fine Champagne Cognac）（※）　6cc

※ 法國干邑地區的優質干邑白蘭地。有纖細的香氣和豐富的味道。

製作方法

1. 即溶咖啡與蛋黃、細砂糖一起摩擦般地混拌至顏色發白。其他依照 264 頁的要領完成英式蛋奶醬。

2. 用圓錐形濾杓過濾，墊放冰水降溫，加入 6 分打發的鮮奶油和優質香檳干邑白蘭地。

用途・保存

用於芭芭露亞、慕斯、冰淇淋的基底或醬汁。當日就必須使用完畢。

紅茶英式蛋奶醬

sauce Anglaise au thé

【紅茶風味のアングレーズソース】

牛奶和香草莢加熱時，加入紅茶茶葉以增添香氣的英式蛋奶醬。使用的是充滿華麗香氣的伯爵茶，更能強調其風味。

材料（完成時約 500cc）

牛奶　250cc

香草莢（大溪地產）　1/4 根

蛋黃　4 個

細砂糖　60g

鮮奶油（乳脂肪 36%）　100cc

紅茶茶葉（伯爵茶）　5g

製作方法

1. 牛奶、香草莢（剖開刮出籽）和少量細砂糖，加熱。沸騰後加入紅茶茶葉，冷卻用圓錐形濾杓過濾。其他依照 264 頁的要領完成英式蛋奶醬。用圓錐形濾杓過濾，墊放冰水降溫。

2. 加入 6 分打發的鮮奶油混拌。

用途・保存

用於芭芭露亞、慕斯、冰淇淋的基底或醬汁。當日就必須使用完畢。

榛果醬汁

sauce aux noisettes

【ノワゼット風味のソース】

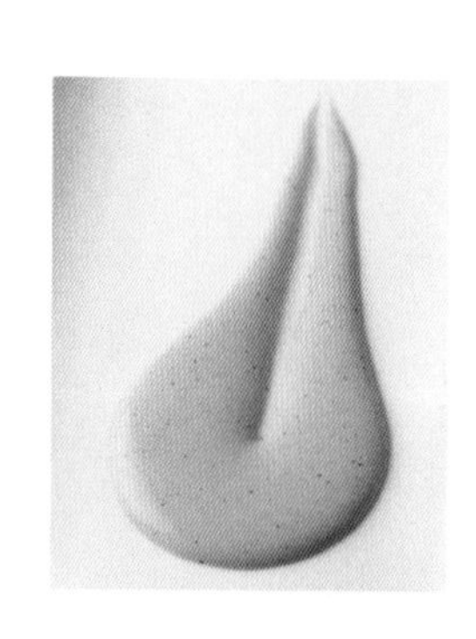

加入榛果（noisettes）膏的英式蛋奶醬。略減少蛋黃和鮮奶油以強調榛果的風味。完成時再次以圓錐形濾杓過濾使其滑順。

材料（完成時約 400cc）
牛奶　240cc
細砂糖　45g
蛋黃　3 個
榛果膏（無糖）　30g
鮮奶油（乳脂肪 36%）　40cc

製作方法

1. 用牛奶、細砂糖、蛋黃，依 264 頁的要領製作英式蛋奶醬。

2. 用圓錐形濾杓過濾，墊放冰水降溫。少量逐次地加入榛果膏混拌。用圓錐形濾杓過濾，加入 6 分打發的鮮奶油。

用途・保存

用於所有堅果類糕點的醬汁。當日就必須使用完畢。

開心果醬汁

sauce aux pistaches

【ピスタチオ風味のソース】

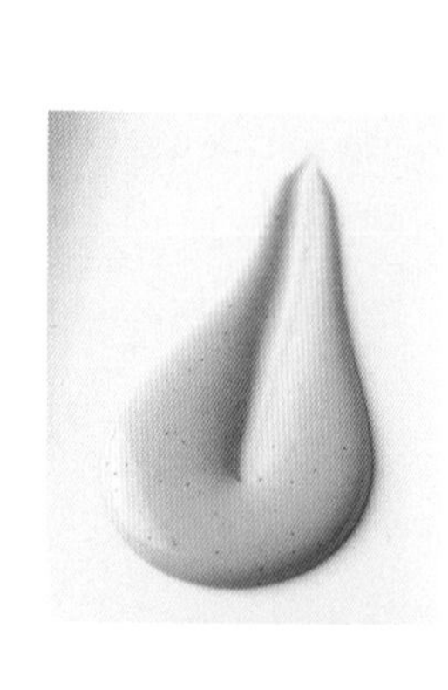

香草和開心果，不但不會相互干擾更是絕佳的組合。清爽可口的香氣和色彩，能搭配任何巧克力或莓果類食材。

材料（完成時約 500cc）
牛奶　250cc
香草莢（大溪地產）　1/2 根
蛋黃　4 個
細砂糖　60g
開心果膏（無糖）　40g
鮮奶油（乳脂肪 36%）　70cc

製作方法

1. 用牛奶、香草莢、蛋黃、細砂糖，依 264 頁的要領製作英式蛋奶醬。

2. 用圓錐形濾杓過濾，墊放冰水降溫。少量逐次地加入開心果膏混拌。用圓錐形濾杓過濾，加入 6 分打發的鮮奶油。

用途・保存

非常適合搭配巧克力或莓果類糕點。當日就必須使用完畢。

香檳醬汁

sauce au Champagne

【シャンパン風味のソース】

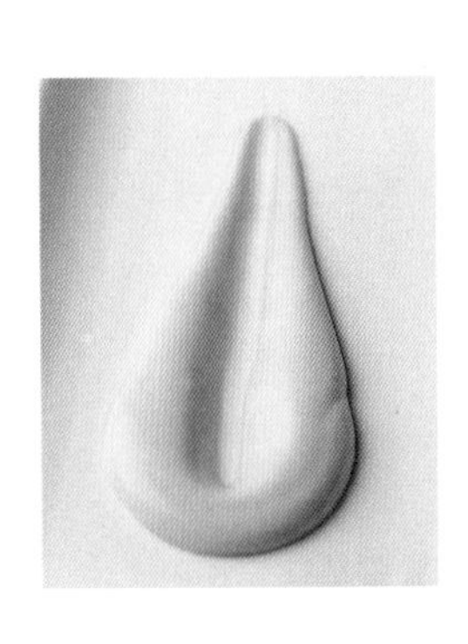

爲烘托出香檳的香氣，關鍵在於基底必須確實發揮砂糖作用。多添加打發鮮奶油，就能做出香檳般的輕盈口感。

材料（完成時約 550cc）

蛋黃　4 個
細砂糖　130g
香檳（不甜）　200cc
黃檸檬汁　20cc
鮮奶油（乳脂肪 36%）　100cc
君度橙酒　40cc

製作方法

1. 混拌蛋黃和細砂糖，香檳煮至沸騰後加入。邊混拌邊加熱至 83℃左右，待出現稠度後，墊放冰水降溫。

2. 加入檸檬汁，並加入 6 分打發的鮮奶油混合。添加君度橙酒以增添風味。

用途・保存

用於慕斯或芭芭露亞醬汁。無法保存，當日就必須使用完畢。

馬沙拉醬汁

sauce au Marsala

【マルサラ風味のソース】

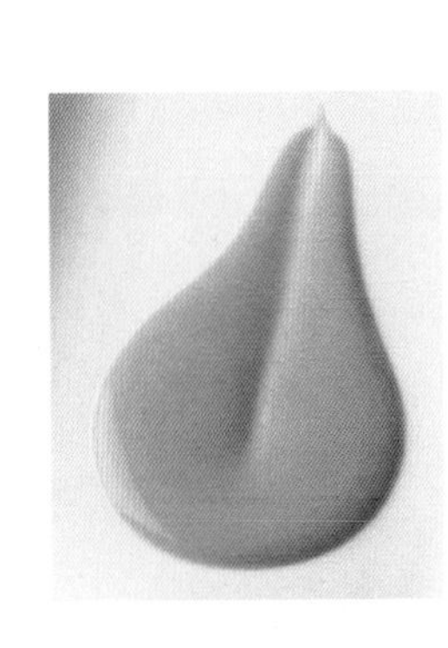

使用了義大利甜點酒—馬沙拉酒製作的英式蛋奶醬。合併白酒使用，更能增添多層次的風味。口感遠比視覺上更爲輕盈。

材料（完成時約 400cc）

蛋黃　6 個
細砂糖　90g
馬沙拉酒（※）　80cc
白酒　120cc
礦泉水　40cc

※ 是生產於義大利西西里島的甜點酒。

製作方法

1. 在缽盆中放入蛋黃、細砂糖，磨擦般地混拌均勻。

2. 一起將馬沙拉酒、白酒、礦泉水一起煮至沸騰，少量逐次地加入 **1** 當中。倒回鍋內邊混拌邊加熱至 83℃。用刮杓舀起醬汁，用手指劃過，若會留下痕跡就是蛋黃充分受熱並出現濃稠的證明。用圓錐形濾杓過濾，墊放冰水降溫。

用途・保存

適合搭配無花果烤餅（rôti）等風味紮實的甜點。當日就必須使用完畢。

白酒沙巴雍醬汁

sauce sabayon au vin blanc

【白ワイン風味のサバイヨンソース】

溫熱的攪拌蛋黃和細砂糖，以白酒稀釋後製作而成的沙巴雍醬汁。氣泡讓人感覺口感輕盈。用香檳取代白酒製成的香檳沙巴雍也廣爲人知。

材料（完成時約 900cc）

蛋黃　10 個

細砂糖　160g

白酒（※）　180cc

※ 也可以用香檳取代白酒。

製作方法

1. 在缽盆中放入蛋黃、細砂糖，磨擦般混拌至顏色發白。
2. 隔水加熱，用攪拌器邊攪拌邊使雞蛋受熱。少量逐次地加入白酒並混拌。停止隔水加熱，再以攪拌器打發。

用途・保存

可澆淋於水果上再炙燒上色（gratiner），或作為糖煮水果的醬汁，每次使用時才製作，並應儘早使用完畢。

柳橙沙巴雍醬汁

sauce sabayon à l'orange

【オレンジ風味のサバイヨンソース】

加入柳橙皮的沙巴雍醬汁。橙皮略帶苦味，更能作爲沙巴雍醬汁的提味。完成時加入香橙干邑甜酒可以讓香味更有深度。

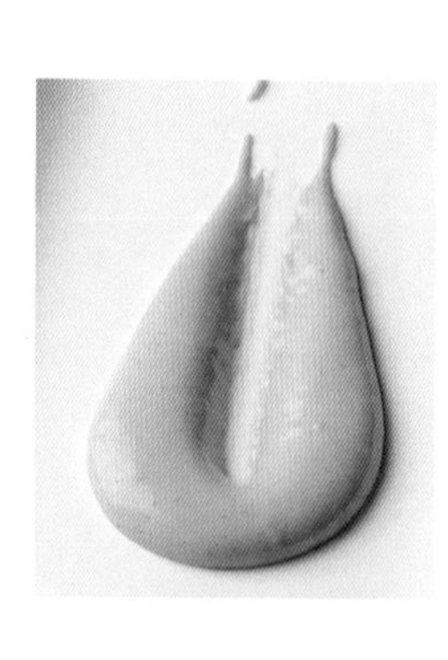

材料（完成時約 900cc）

蛋黃　10 個

細砂糖　160g

柳橙皮（※）　2 個

白酒　160cc

香橙干邑甜酒　20cc

※ 必須除去柳橙皮內側白色的中果皮，僅使用橘色部分。

製作方法

1. 在缽盆中放入蛋黃、細砂糖和磨成屑的柳橙皮，磨擦般混拌至顏色發白。
2. 隔水加熱，用攪拌器邊攪拌邊使蛋黃受熱。少量逐次地加入白酒並混拌。加入香橙干邑甜酒後，停止隔水加熱，再以攪拌器打發。

用途・保存

可澆淋於水果上再炙燒上色（gratiner），或作為糖煮水果的醬汁，每次使用時才製作，並應儘早使用完畢。

香料蛋糕醬汁

sauce au pain d'épices

【パンデピス風味のソース】

使用充滿蜂蜜和辛香料的糕點所製作而成的醬汁。令人感覺安心的辛香料風味，可以爲各種糕點提味。添加辛香料能讓香氣更好。

材料（完成時約 400cc）

牛奶　250cc

香草莢（大溪地產）　1/4 根

肉桂棒　5g

細砂糖　60g

蛋黃　4 個

香料蛋糕（pain d'épices※）　20g

法國茴香酒（Pastis）　5cc

※ 使用了大量蜂蜜和辛香料製成的發酵糕點。
使用法國第戎地區所產。

製作方法

1. 在鍋中加入牛奶和香草莢（剖開刮出籽）、肉桂棒、少量細砂糖，加熱。

2. 在缽盆中放入蛋黃和其餘的細砂糖，摩擦般地混拌至顏色發白。

3. **1** 煮沸後過濾，少量逐次地加入 **2** 當中，充分混拌。放回鍋中加熱。不斷地攪拌並加熱至 83℃。用手指劃過時，若會留下痕跡的濃稠程度。

4. 離火，添加香料糕點，用食物料理機攪拌。

5. 用圓錐形濾杓過濾，墊放冰水降溫。充分冷卻後加入法國茴香酒。

用途・保存

用於添加巧克力、蘋果、洋梨等適合搭配香料的甜點，每次使用時才製作，並應儘早使用完畢。

焦糖醬汁

sauce au caramel

【キャラメルソース】

焦化細砂糖製作的焦糖，是糕點不可或缺的醬汁。可因應個人喜好及用途調整焦化的程度，最後添加熱水完成易於使用的濃度。

材料（完成時約 400cc）

細砂糖　400g

熱水　約 160cc

製作方法

1. 在鍋中放入細砂糖，以中火加熱。
2. 成為焦糖狀，加入熱水混拌，調整濃度。

用途・保存

作為漂浮島（îles flottantes）或布丁等醬汁。冷藏可保存 2～3 天。

鮮奶油焦糖醬汁

sauce caramel à la crème

【クリーム風味のキャラメルソース】

焦化細砂糖的焦糖，不用熱水而是用鮮奶油稀釋而成的醬汁。柔和滑順的口感，若在完成時添加了香醇的干邑白蘭地，就是大人的成熟風味了。

材料（完成時約 400cc）

細砂糖　400g

鮮奶油（乳脂肪 36%）　280cc

優質香檳干邑（Fine Champagne Cognac※）　30cc

※ 法國干邑地區的優質干邑白蘭地。有纖細的香氣和豐富的味道。

製作方法

1. 在鍋中放入細砂糖，以中火加熱，製作焦糖醬。在另外的鍋中放入鮮奶油，溫熱備用。
2. 在焦糖中加入熱的鮮奶油混拌。放涼後添加優質香檳干邑。

用途・保存

用於冰淇淋或作為蘋果派的醬汁使用。冷藏可保存 2～3 天。

巧克力焦糖醬汁

sauce caramel au chocolat

【チョコレート風味のキャラメルソース】

巧克力風味的焦糖醬汁。因爲黑巧克力含有較多可可成分，使得焦糖風味較不明顯，因此使用的是牛奶巧克力。添加大量鮮奶油，口感溫和。

材料（完成時約 400cc）

細砂糖　120g

鮮奶油（乳脂肪 36%）　280cc

香草莢（大溪地產）　1/2 根

調溫巧克力（牛奶巧克力）　60g

用途・保存

用於添加巧克力的糕點或芭芭露亞的醬汁。冷藏可保存 2～3 天。

製作方法

1. 在鍋中加入鮮奶油和香草莢（剖開刮出籽），煮至沸騰。

2. 在另外的鍋中放入細砂糖，用中火加熱製作焦糖。

3. 將 **1** 加入 **2** 中，混拌均勻。

4. 將調溫牛奶巧克力（為使其易於融化地切成細碎狀）放入缽盆中，添加 **3** 混拌均勻。用圓錐形濾杓過濾。

鹹奶油焦糖醬汁

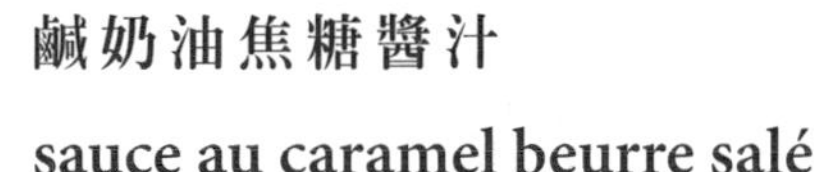

sauce au caramel beurre salé

【塩バター風味のキャラメルソース】

添加了鹽和巧克力，略帶鹹甜的鹹奶油焦糖醬汁。使用等量的細砂糖和水飴，可以更具延展性。搭配糕點令人耳目一新。

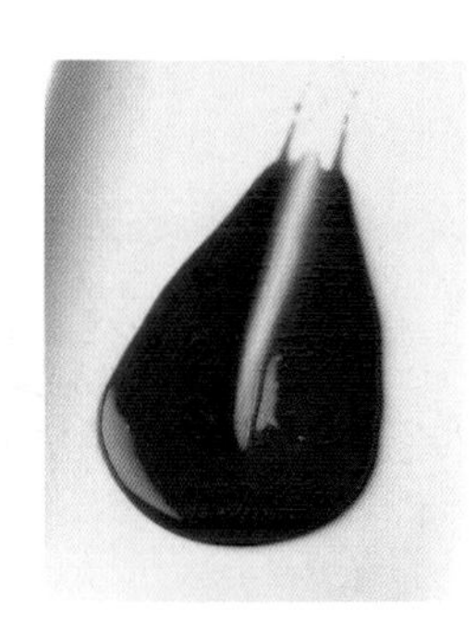

材料（完成時約 400cc）

細砂糖、水飴　各 100g

鮮奶油（乳脂肪 36%）　250cc

香草莢（大溪地產）　1/2 根

奶油　24g

鹽　1 小撮

用途・保存

用於蘋果或洋梨塔、巧克力蛋糕等。冷藏可保存 2～3 天。

製作方法

1. 在鍋中加入鮮奶油和香草莢（剖開刮出籽），煮至沸騰。

2. 在另外的鍋中放入細砂糖和水飴，用中火加熱製作焦糖。

3. 將 **1** 少量逐次地加入 **2** 中，充分混拌。用圓錐形濾杓過濾，加入鹽和奶油充分混拌。

草莓醬汁

sauce aux fraises

【イチゴのソース】

用草莓果泥製作的簡單醬汁。完成時添加櫻桃酒，更增添風味和香氣。也可以使用覆盆子或黑醋栗等個人喜好的果泥和酒類來搭配製作。

材料（完成時約 400cc）

草莓果泥（※）　400g

細砂糖　55g

黃檸檬汁　1/2 個

櫻桃酒（※）　20cc

※ 草莓果泥使用的是法國產的冷凍產品，含糖 10%。

※ 櫻桃酒是指櫻桃白蘭地。

製作方法

1. 在鍋中加入草莓果泥和細砂糖，加熱。不斷地持續攪拌加熱。

2. 沸騰後，用圓錐形濾杓過濾，墊放冰水冷卻。加入檸檬汁和櫻桃酒，調整風味。

用途・保存

作為使用草莓的慕斯、芭芭露亞、千層派、冰淇淋的醬汁。冷藏可保存 3 天。

使用草莓醬汁

橙香莓果千層與香檳泡泡

Mille-feuilles aux fraises et espumas de champagne à l'orange

草莓千層派是基本款的糕點。印象中餐廳所提供的千層派，都是搭配了新鮮水果，再妝點醬汁。千層派，是折疊派皮擀壓成薄片，底部刺出小孔壓上重石薄薄地烘烤而成。覆蓋於上方的派皮可以直接烘烤，二者同時按壓出圓形。底部派皮上擺放草莓，擠上奶油餡（卡士達奶油醬 Crème Pâtissière 和香醍鮮奶油 Crème Chantilly 中添加了櫻桃酒），上方再覆蓋上派皮。醬汁用的是草莓醬汁和香檳慕斯泡泡（→ 286 頁）兩種。草莓醬汁澆淋在新鮮草莓切片旁，醬汁濃縮的風味和新鮮爽口的草莓是絕妙的對比。香檳慕斯泡泡入口即化的輕盈口感，剎那間擴散出香檳的風味。這些搭配就足以成爲令人印象深刻的美味了。

草莓庫利
coulis de fraises

【イチゴのクーリ】

庫利是蔬菜或水果製成的稀果泥。在此不加熱地用大量新鮮醬汁完成。水分少的水果，可以用糖漿和利口酒來調整濃度。

材料（完成時約 500cc）

草莓　650g + 10 個
糖粉　70g
櫻桃酒（※）　40cc
薄荷葉　30 片

※ 櫻桃酒是指櫻桃白蘭地。法國亞爾薩斯產。

製作方法

1. 草莓 650g 打成泥後用圓形網篩過濾。草莓 10 個切成丁狀。薄荷葉切成碎末。
2. 在過濾後的草莓中加入糖粉、櫻桃酒、切成碎丁的草莓、薄荷葉混拌。待糖粉溶化後冷卻。

用途・保存

作為使用草莓的慕斯、芭芭露亞、千層派等糕點的醬汁，每次使用時才製作，並應儘早使用完畢。

紅色水果醬汁
sauce fruits rouges

【赤フルーツのソース】

紅莓果類（fruits rouges）的酸味和鮮艷色彩是這道醬汁最大的特徵。以水果隔水加熱時自然釋出的原汁來增加風味。使用冷凍水果較能做出穩定的味道。

材料（完成時約 400cc）

草莓　600g
覆盆子　240g
桑葚（mure）　240g
糖粉　40g
玉米粉　15g

製作方法

1. 在缽盆中放入草莓、覆盆子、桑葚，取其隔水加熱時釋出的原汁（取份量表中用量約 400cc。不要壓碎水果）。水果用新鮮或冷凍都可以。
2. 將玉米粉加入部分的 **1** 中，混合備用。
3. 在鍋中加入其餘的原汁和玉米粉，加熱。煮沸後加入 **2** 的玉米粉液，加熱至沸騰。用圓形網篩過濾。冷卻。

用途・保存

可作為原味慕斯或莓果類慕斯、芭芭露亞的醬汁。冷藏約可保存 3 天。

覆盆子醬汁

sauce framboise

【フランボワーズのソース】

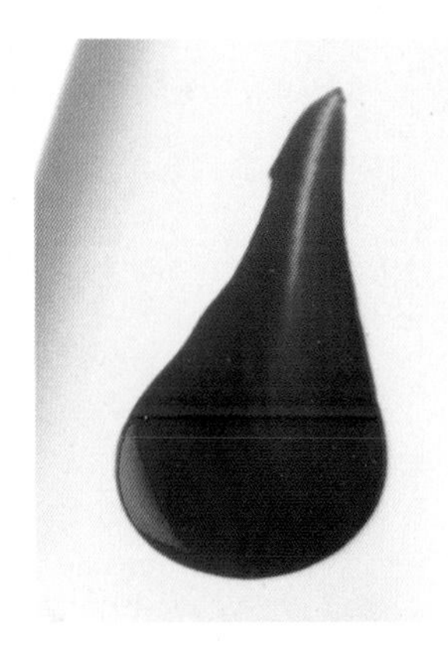

適用於各種糕點的覆盆子醬汁。材料簡單加熱後混合，並不熬煮保留新鮮果泥口感是製作重點。會留有爽口的酸味。

材料（完成時約 400cc）

覆盆子果泥（※）　290cc

細砂糖　60g

黃檸檬汁　1/3 個

礦泉水　90cc

玉米粉　6g

※ 使用的是加糖 10% 的市售品。

製作方法

1. 在玉米粉中添加少量的礦泉水，混拌備用。

2. 在鍋中放入覆盆子果泥、細砂糖、檸檬汁、其餘的礦泉水，加熱。煮沸後加入 **1** 後加熱至再度沸騰。

3. 用圓形網篩過濾，冷卻。

用途・保存

可作為水蜜桃梅爾巴（Peach Melba）或洋梨夏洛特（Charlotte）的醬汁。冷藏約可保存 2 天。

熱帶水果醬汁

sauce aux fruits tropicaux

【トロピカルフルーツのソース】

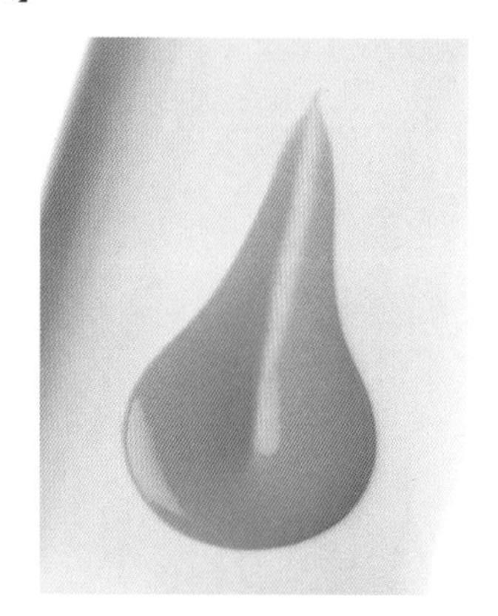

熱帶水果醬汁的特徵是鮮艷的色彩和香氣。不是單一的水果，而是數種水果的組合，更添異國風味。夏季消暑時的美味醬汁。

材料（完成時約 400cc）

鳳梨果泥（※） 110g

百香果果泥（※） 85g

芒果果泥（※） 85g

礦泉水 85cc

細砂糖 50g

玉米粉 6g

※ 果泥使用的是市售的冷凍品。依商品不同糖度也隨之而異，可以試味道後再調整細砂糖的用量。

製作方法

1. 在玉米粉中添加少量的礦泉水，混拌備用。

2. 在鍋中放入鳳梨果泥、百香果果泥、芒果果泥、其餘的礦泉水和細砂糖，加熱。

3. 煮沸後加入 **1**，充分混拌均勻。

4. 用圓形網篩過濾，冷卻。

用途・保存

作為使用熱帶水果的慕斯、芭芭露亞、冰淇淋等醬汁。冷藏約可保存 2 天。

柳橙醬汁
sauce à l'orange

【オレンジのソース】

柑橘類（mandarin）果泥爲基底，加入新鮮帶皮柳橙熬煮而成略微苦甜的醬汁。加入水飴以增添如果醬般的稠度。適用於巧克力糕點。

材料（完成時約 400cc）
柳橙　4 個
細砂糖　200g
水飴　160g
柑橘果泥（冷凍、加糖 10%）　300g
柑橘香甜酒（mandarine napoleon）
（柑橘利口酒）　60cc

用途・保存
用於巧克力系列的慕斯或芭芭露亞、可麗餅的醬汁。冷藏約可保存 4 ～ 5 天。

製作方法
1. 柳橙帶皮搓揉滾動使其變軟。切成四等分再切成厚 2mm 的薄片。
2. 在鍋中放入細砂糖、水飴、柑橘果泥、**1** 的柳橙片，加熱。煮沸後轉為中火，邊撈除浮渣邊熬煮至產生濃稠為止。
3. 冷卻後加入柑橘香甜酒，用圓形網篩過濾。

葡萄柚醬汁
sauce pamplemousse

【グレープフルーツのソース】

用葡萄柚汁稀釋製作成具光澤的醬汁。因鏡面果膠（nappage）不需要加熱，因此完成的醬汁，甜味中能感受到葡萄柚清爽的香氣。

材料（完成時約 400cc）
葡萄柚果汁　120cc
香草莢（大溪地產）　1 根
蜂蜜　48g
鏡面果膠（nappage）（透明 ※）　240g
※ 使用於增加光澤或澆淋時果醬般的質地。甜味及略酸的風味。鏡面果膠不需加熱，因此能直接表現出水果的風味。

製作方法
1. 葡萄柚汁用圓錐形濾杓過濾。劃開香草莢刮取出香草籽。
2. 在缽盆中放入葡萄柚汁、香草莢、香草籽、蜂蜜、鏡面果膠，混拌。冷卻。

用途・保存
用於柑橘系列的慕斯或芭芭露亞的醬汁。因風味容易流失而無法保存，每次使用時才製作，並應儘早使用完畢。

百里香風味青蘋果醬汁

sauce pomme vert au thym

【タイム風味の青リンゴソース】

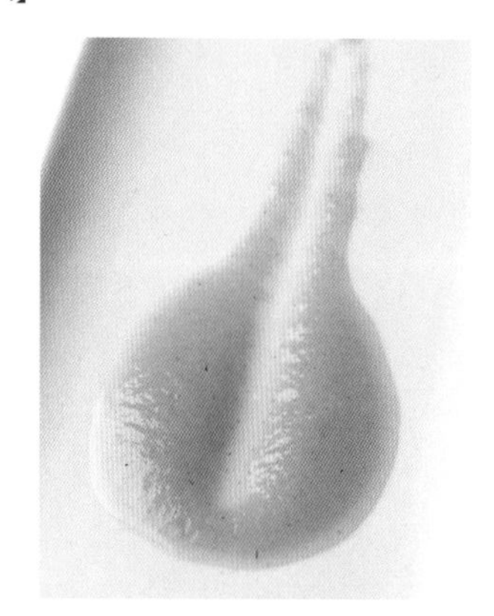

使用青蘋果果泥製作而成漂亮的綠色醬汁。因不需加熱，所以仍保有青蘋果般柔和的口感。添加百里香的風味，倍增清爽。

材料（完成時約 500cc）

細砂糖　75g
蜂蜜（槐花蜜）　17g
礦泉水　100cc
百里香（新鮮）　2g
青蘋果果泥（※）　380g

※ 使用法國產冷凍果泥。含糖 10%。

製作方法

1. 在鍋中加入細砂糖、蜂蜜和礦泉水一起加熱，製作糖漿。
2. 加入百里香，直接放涼浸泡讓香味轉移（infuser）。
3. 加入青蘋果泥，充分混合拌勻。

用途・保存

用於添加了蘋果的慕斯或芭芭露亞的醬汁。糖漿冷藏約可保存 4 ～ 5 天。醬汁因風味容易流失，應於當天使用完畢。

羅勒鳳梨醬汁
sauce d'ananas au basilic

【バジル風味のパイナップルソース】

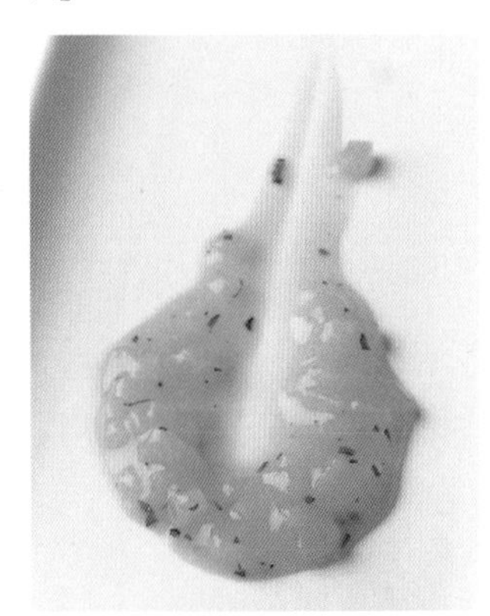

感覺享用鳳梨般適合夏季的醬汁。添加了羅勒和粗粒胡椒，完成具豪爽風味的醬汁。因鳳梨不易產生濃度，所以會添加果膠。

材料（完成時約 400cc）
鳳梨 380g
礦泉水 70cc
細砂糖 40g
果膠 2g
羅勒 2g
粗粒胡椒（黑） 少量

製作方法

1. 鳳梨用量中 130g 切成 1.5cm 的骰子狀。其餘的鳳梨用食物料理機攪打成果泥狀。
2. 果膠與細砂糖混合備用。
3. 在鍋中加入 **1** 的鳳梨和礦泉水，加熱。沸騰後加入 **2** 充分混合拌勻。
4. 離火，散熱。加入切碎的羅勒和粗粒胡椒，冷卻。

用途・保存

用作奶酪（blanc manger）或芭芭露亞的醬汁。在羅勒和粗粒胡椒添加前的狀態下，冷藏約可保存 2 天。添加後需於當天使用完畢。

含籽的覆盆子醬汁

sauce framboise-pépin

【フランボワーズのペパン】

有著覆盆子種籽顆粒狀口感特徵的醬汁。確實加熱使風味濃縮，使用時添加白蘭地（Eau-de-Vie），調整風味的同時更能增加深度。

材料（完成時約 400cc）

覆盆子（新鮮）　400g
細砂糖　230g
水飴　80g
礦泉水　30cc
果膠　16g
黃檸檬汁　25cc
白蘭地（Eau-de-Vie）（覆盆子）　適量

※ 也可以使用冷凍覆盆子。
※ Eau-de-Vie 是指白蘭地。在此使用的是覆盆子白蘭地。

製作方法

1. 果膠與細砂糖（用量中的 90g）充分混合備用。
2. 在鍋中加入其餘的細砂糖（140g）、水飴和礦泉水一起加熱至 131℃。
3. 加熱至 131℃時，加入覆盆子，混拌。加入 **1** 的果膠和細砂糖，邊混拌邊煮至沸騰。離火，放涼後加入檸檬汁。
4. 使用時以覆盆子白蘭地稀釋。

用途・保存

用於巧克力系列的慕斯或芭芭露亞。冷藏約可保存 4 天。

醋栗糖漿

sirop de groseille

【グロゼイユのシロップ】

紅醋栗（茶藨子）用糖漿略爲加熱的醬汁。酸甜中微微帶橙皮苦味的成熟風味。適合各種糕點的增色或提味。

材料（完成時約 400cc）

紅醋栗（整顆 ※）　250g

波特酒（紅酒）　83cc

細砂糖　200g

礦泉水　83cc

橙皮（※）　1/2 個

※ 使用的是冷凍品解凍的醋栗。

※ 必須除去柳橙皮內側的白色中果皮，僅使用橘色部分。

製作方法

1. 橙皮充分洗淨後，瀝乾水分。

2. 在鍋中放入醋栗、波特酒、細砂糖、礦泉水和橙皮，加熱至沸騰細砂糖也完全溶入後，熄火。

3. 用圓錐形濾杓過濾，冷卻。

用途・保存

用作慕斯或芭芭露亞的醬汁。冷藏約可保存 4 天。

八角茴香凍

gelée à l'anis etoilé

【アニス風味のジュレ】

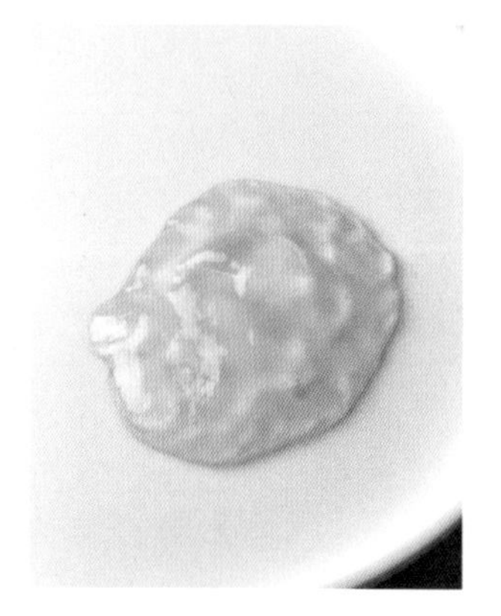

滑順入喉的八角茴香凍，也是可靈活運用的醬汁。略添加柑橘風味的淡糖漿，搭配茴香和薄荷的香氣。抑制甜味更添辛香料的爽口。

材料（完成時約 600g）

礦泉水　470cc
柳橙汁　35cc
黃檸檬汁　35cc
細砂糖　95g
八角茴香（star anise）　5g
薄荷（新鮮）　5g
板狀明膠　6g

製作方法

1. 在鍋中放入礦泉水、柳橙汁、檸檬汁和細砂糖，加熱至沸騰。

2. 沸騰後熄火，加入八角茴香和薄荷，蓋上鍋蓋放置 5 分鐘浸泡讓香味轉移（infuser）。

3. 在 **2** 中加入用水還原的板狀明膠，混拌。用圓錐形濾杓過濾，倒入方型淺盤中冷卻凝固。

用途・保存

可用於搭配糖煮水果或義式冰沙（granité）。冷藏約可保存 2 天。

柑橘凍

gelée de mandarine “SaiKai”

【ミカンのジュレ】

水果的果凍用途廣泛，是很重要的存在。凝固劑使用石花菜（agar）時，能製作出充滿水份，入喉滑順的口感。添加其他柑橘類的果汁，變化更豐富。

材料（完成時約 600g）

柑橘汁（※）　500cc

香草莢（大溪地產）　1/2 枝

細砂糖　60g

卡拉膠（carrageenan）（※）　11g

柑橘香甜酒（mandarine napoleon）
　（柑橘利口酒）　50cc

※ 柑橘預備的是濃縮了甜味的品種（在此用的是當地的「西海柑橘」）。

※ 卡拉膠是以海藻為原料製作的凝固劑。會因商品而有不同的凝固狀態，應適度調整。

製作方法

1. 在鍋中放入少量柑橘汁（1/3 左右的量）和香草莢（剖開刮出籽），加熱使其沸騰。

2. 混合細砂糖和卡拉膠，加入 **1** 當中。完全溶化後離火，加入其餘的柑橘汁和柑橘香甜酒，混拌。

3. 用圓錐形濾杓過濾，倒入方型淺盤中冷卻凝固。

用途・保存

可搭配柑橘類所有糕點的醬汁。冷藏約可保存 2 天，但請儘早使用完畢。

柳橙風味香檳慕斯泡泡
espumas de Champagne à l'orange

【シャンパンのエスプーマ、オレンジ風味】

用填裝了氣體的虹吸氣壓瓶擠出，英式蛋奶醬就會呈現鬆軟輕盈的慕斯狀。當氣泡入口即消失的瞬間，香檳和柳橙的香氣同時散發出來，是非常獨特的醬汁。

材料（完成時約 400cc）

香檳（不甜）　150cc
細砂糖　75g
蛋黃　4 個
鮮奶油（乳脂肪 36%）　150cc
柳橙汁　90cc
香橙干邑甜酒　30cc

製作方法

1. 在缽盆中放入細砂糖和蛋黃，磨擦般地攪拌至顏色發白為止。

2. 煮沸香檳，少量逐次地加入 **1** 中混拌。材料移至鍋中加熱，邊混拌邊加熱至 83℃。待產生濃稠後墊放冰水，散熱。用圓錐形濾杓過濾，放涼，冷卻製作成英式蛋奶醬。

3. 在 **2** 中加入鮮奶油、柳橙汁、香橙干邑甜酒，充分混拌。冷卻備用。

4. 將 **3** 裝入虹吸氣壓瓶中，冷卻至使用前。填裝氣體後再擠出使用。

＊虹吸氣壓瓶是注入液態氣體（一氧化二氮 N_2O），用於將液體擠出使其成為慕斯狀的工具。

用途・保存

作為柑橘或巧克力糕點的醬汁。因風味容易流失而無法保存，每次使用時才製作，並應儘早使用完畢。

蘋果白蘭地風味蘋果慕斯泡泡
espumas de pomme au Calvados

【リンゴのエスプーマ、カルバドス風味】

視覺上的體積與極爲輕盈口感有很大的落差，會帶給食用者很大的衝擊。入口時氣泡瞬間消失，取而代之的蘋果白蘭地香氣，令人印象深刻。

材料（完成時約 400cc）

牛奶　200cc

香草莢（大溪地產）　1/2 根

蛋黃　2 個

細砂糖　35g

紅玉蘋果的果泥　200cc

鮮奶油（乳脂肪 36%）　50cc

蘋果白蘭地（※）　50cc

※ Calvados 是蘋果汽泡酒蒸餾而成的白蘭地。法國諾曼第地區的特產。

製作方法

1. 在缽盆中放入細砂糖和蛋黃，磨擦般地攪拌至顏色發白為止。

2. 加熱牛奶和香草莢（剖開刮出籽）煮沸，少量逐次地加入 **1** 中混拌。

3. 將 **2** 放回鍋中，邊混拌邊加熱至 83℃左右。待產生濃稠後熄火，用圓錐形濾杓過濾。墊放冰水冷卻。

4. 在 **3** 中加入紅玉蘋果泥、鮮奶油、蘋果白蘭地，混拌均勻。充分冷卻備用。

5. 將 **4** 裝入虹吸氣壓瓶中，冷卻至使用前。填裝氣體後擠出來。

用途・保存

可用於所有添加蘋果的糕點醬汁。因風味容易流失而無法保存，每次使用時才製作，並應儘早使用完畢。

巧克力醬汁
sauce au chocolat

【チョコレートのソース】

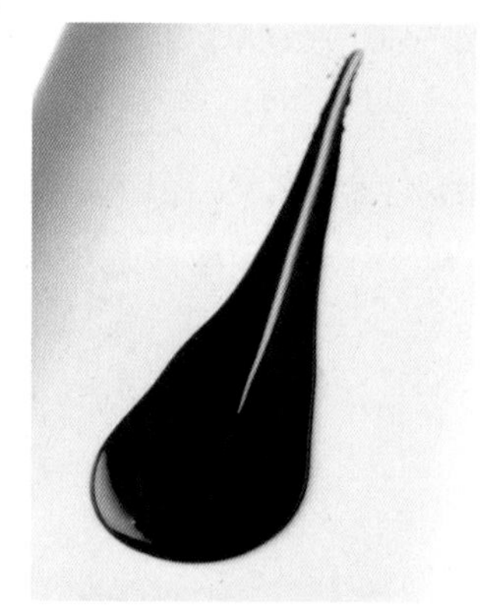

可以使用於各種場合的巧克力醬汁，是款希望能製作出來備用的種類。除了可可粉，使用調溫巧克力更能彰顯風味和醇濃。請選用優質的調溫巧克力。

材料（完成時約 400cc）
牛奶　160cc
鮮奶油（乳脂肪 36%）　80cc
細砂糖　140g
可可粉　50g
調溫巧克力（可可脂 70%）　100g

1. 在鍋中放入牛奶和鮮奶油，再加入細砂糖（一半的用量）。加熱煮至沸騰溶化砂糖。

2. 在缽盆中放入其餘的細砂糖和可可粉，用刮杓約略攪拌混合。

3. 將 **1** 全部加入 **2** 當中，立刻用攪拌器混拌，再倒回鍋中。

4. 用中火加熱鍋子，不斷地攪拌並加熱至沸騰。在這個步驟中融化調溫巧克力，目的在於增加稠度和殺菌。

5. 沸騰後用圓錐形濾杓過濾。

6. 待完成巧克力醬汁的製作。光澤和滑順的口感就是成功的判斷標準，可搭配可麗餅、巧克力泡芙塔、糖漬洋梨。因風味容易流失，所以應儘早使用完畢，但若冷藏則可保存 2 天。

使用巧克力醬汁

白巧克力輕盈乳霜與巧克力醬汁

Crème légère de chocolat blanc aux framboises et à la sauce au chocolat

白巧克力製成的白色半圓形輕盈乳霜，搭配巧克力醬汁，黑、白對比的美麗糕點。英式蛋奶醬中添加明膠和調溫白巧克力混拌，再加入打發的鮮奶油，所完成口感輕盈的白巧克力乳霜。半圓模的內側塗了白巧克力乳霜，加入整顆覆盆子和清爽的草莓果泥。覆蓋上浸泡了覆盆子白蘭地和糖漿的海綿蛋糕（biscuit Joconde）冷卻凝固。脫模後用噴槍噴覆上白巧克力，與巧克力醬汁一起裝飾盛盤。做成螺旋狀的白色與茶色巧克力裝飾。爲使餐後也能輕易地品嚐美味，關鍵就在於滑順地製作出白巧克力乳霜和巧克力醬汁。

巴薩米可醬汁

sauce au vinaigre balsamique

【バルサミコのソース】

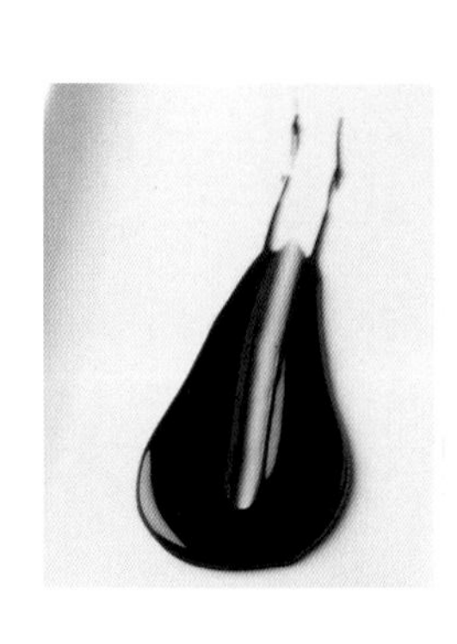

優質的巴薩米可醋與香草莢一同熬煮，製作而成的光滑醬汁。紮實濃縮的酸味和香氣是最大的特徵。搭配新鮮水果等清爽的糕點。

材料（完成時約 400cc）

巴薩米可醋（※） 420cc

香草莢（大溪地產） 1 根

蜂蜜（槐花蜜） 280g

※ 使用的是多年熟成的優質巴薩米可醋。

用途・保存

可搭配使用於新鮮莓果類或香草冰淇淋。此外也可作為甘納許的隱藏提味。冷藏可保存 4～5 天。

製作方法

1. 在鍋中放入巴薩米可醋和香草莢（剖開刮出籽），用中火加熱熬煮成剩 1/3 的量。
2. 熄火，添加蜂蜜混拌。用圓錐形濾杓過濾。

煉乳醬汁

sauce au lait condensé

【コンデンスミルクのソース】

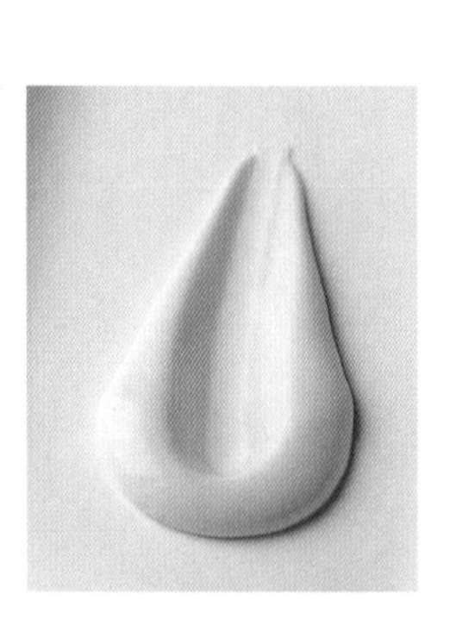

使用煉乳帶著令人懷念的滋味。打發鮮奶油使得口感輕盈，白蘭地更能增加風味的層次和深度。特徵是盛盤時的雪白顏色。

材料（完成時約 400cc）

煉乳 210g

鮮奶油（乳脂肪 36%） 210g

白蘭地（覆盆子 ※） 10cc

※ 覆盆子蒸餾酒。

用途・保存

可搭配使用於新鮮莓果類或芭芭露亞的醬汁，每次使用時才製作，並應儘早使用完畢。

製作方法

1. 鮮奶油打發至 5 分發。
2. 在缽盆中放入煉乳、鮮奶油、白蘭地，混拌均勻。用圓錐形濾杓過濾。

牛奶醬

confiture de lait

【牛乳のコンフィテュール】

牛奶加熱至 140℃以熱度凝聚風味的醬汁，具有濃稠且滑順的口感。柔和的牛奶風味，無論是哪種材料或糕點都適合。

材料（完成時約 400cc）

牛奶　500cc

細砂糖　375g

香草莢（大溪地產）　1/4 根

柳橙皮（※）　1/4 個

君度橙酒（Cointreau）　15cc

※ 必須除去柳橙皮內側的白色中果皮，僅使用橘色部分。

製作方法

1. 在鍋中放入牛奶、細砂糖、香草莢（剖開刮出籽）、柳橙皮，加熱。
2. 加熱至 104℃，煮至剩 400cc 左右，用圓錐形濾杓過濾。墊放冰水散熱。
3. 放涼後添加君度橙酒，增添風味。

用途・保存

搭配使用於新鮮莓果類或各種慕斯、芭芭露亞、義大利冰淇淋。冷藏約可以保存 4 ～ 5 天。

杏仁白醬

crème blanche aux amandes

【アーモンド風味の白いソース】

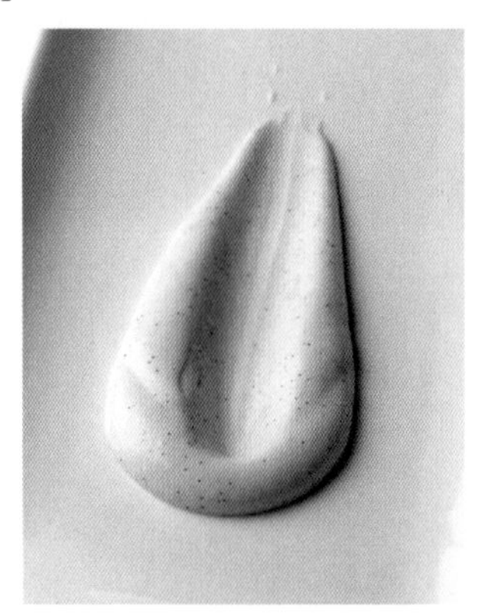

杏仁香味鮮明的醬汁。使用香草莢和柳橙皮，更能增添風味的深度。添加了玉米粉，口中餘韻持續。

材料（完成時約 400cc）

牛奶　230cc

鮮奶油（乳脂肪 36%）　200cc

香草莢（大溪地產）　1/2 枝

柳橙皮（※）　1/2 個

蛋白　60g

細砂糖　60g

玉米粉　7g

杏仁精（※）　15cc

※ 必須除去柳橙皮內側的白色中果皮，僅使用橘色部分。

※ 杏仁精使用的是 bitter type。

製作方法

1. 在鍋中放入牛奶、鮮奶油、香草莢（剖開刮出籽）、柳橙皮，加熱。

2. 在缽盆中放入蛋白和細砂糖混拌（非打發），加入玉米粉混拌。

3. 少量逐次地將 **1** 加入 **2** 當中，混合拌勻。放回鍋中再次加熱。

4. 沸騰後用圓錐形濾杓過濾。添加杏仁精，冷卻。

用途・保存

用於使用杏桃或甜桃的塔派醬汁。因風味會散失而無法保存，每次使用時才製作，並應儘早使用完畢。

椰子甜湯

soupe de coco

【ココナッツのスープ】

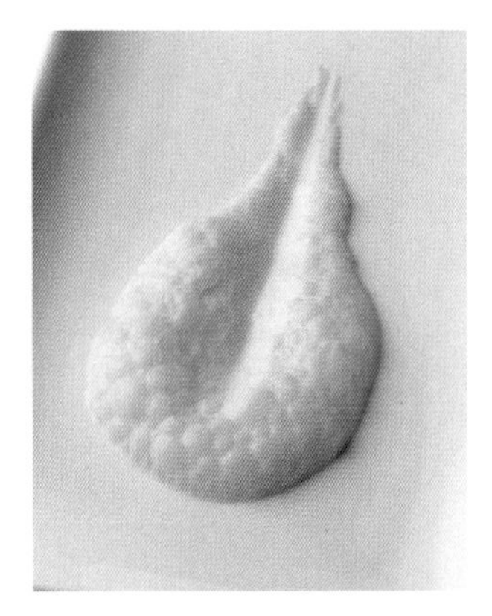

椰子風味非常適合搭配奶酪（blanc manger）或熱帶水果的糕點。使用椰漿可以品嚐到濃郁的風味。打發後使用，更能增添輕盈口感。

材料（完成時約 400cc）

鮮奶油（乳脂肪 36%）　110cc
牛奶　110cc
細砂糖　25g
椰漿（※）　170g
椰子利口酒　7cc

※ 法國產的冷凍椰漿。含糖 10%。

製作方法

1. 在鍋中放入鮮奶油、牛奶、細砂糖、椰漿，加熱。

2. 煮至沸騰後用圓錐形濾杓過濾，墊放冰水散熱。放涼後加椰子利口酒，增添風味。

3. 以手持式攪拌機打發後使用。

用途・保存

作為熱帶水果慕斯或芭芭露亞的醬汁。打發後使用，所以必須儘早使用完畢。

水果甜湯

soupe de fruits

【フルーツのスープ】

用於添加大量水果的沙拉或甜湯用的糖漿。散發著溫和的肉桂或香草等辛香料，與柑橘、薄荷的香氣。爲了烘托出水果的風味，所以會略加控制甜度。

材料（完成時約 400cc）

礦泉水　400cc

細砂糖　80g

肉桂棒　2g

八角茴香（star anise）　2 個

香草莢（大溪地產）　1/2 根

黃檸檬汁　5cc

柳橙（片狀）　2 片

薄荷葉（新鮮）　2 片

製作方法

1. 在鍋中放入礦泉水、細砂糖、肉桂棒、八角茴香、香草莢（剖開刮出籽），加熱。

2. 煮至沸騰後，熄火，加入檸檬汁、柳橙、薄荷葉。直接放置10分鐘讓香味浸泡移轉（infuser），用圓錐形濾杓過濾。

用途・保存

用於水果甜湯或沙拉。冷藏約可保存 2 天。

使用水果甜湯

夏季水果甜湯與優格冰沙

Soupe de fruits d'été
avec sorbet au yaourt

加入各種水果的水果甜湯，是清爽易於入口的甜點。健康取向，即使是飯後也能輕鬆享用，適合餐廳的一道甜點。在此使用的水果有愛文芒果、柳橙、鳳梨、木瓜、哈密瓜、葡萄和覆盆子。覆盆子不切地整顆使用、葡萄去皮、其他水果切成 1cm 的方塊。考量色彩搭配地盛盤，再注入水果甜湯。搭配上爽口的優格冰沙與口感輕盈的餅乾捲。冰沙上撒放了榛果杏仁粉。水果可配合季節調配組合，享受當季的美味。也不需要將所有的水果切成相同大小，其中混入整顆的水果，視覺和風味上的變化，更令人覺得趣意盎然。

醬汁工具介紹

Les ustensiles
pour la préparation des sauces

鍋子

長時間熬煮基本高湯或原汁時，會使用如照片般的銅鍋或直筒圓鍋。特別是銅鍋的熱傳導佳，受熱也較均勻，因此較能煮出食材的風味。要熬煮全雞時，就必須使用大容量的直筒圓鍋（marmite）。

醬汁用鍋

大多使用煎炒鍋（sauteuse），是鍋底至開口處漸廣的單柄鍋。可用來香煎，也適合使用木杓或攪拌器，因此適用於醬汁製作。當然還是以受熱傳導較好的銅鍋為最佳選擇。可準備幾種尺寸，依製作量來區隔使用。

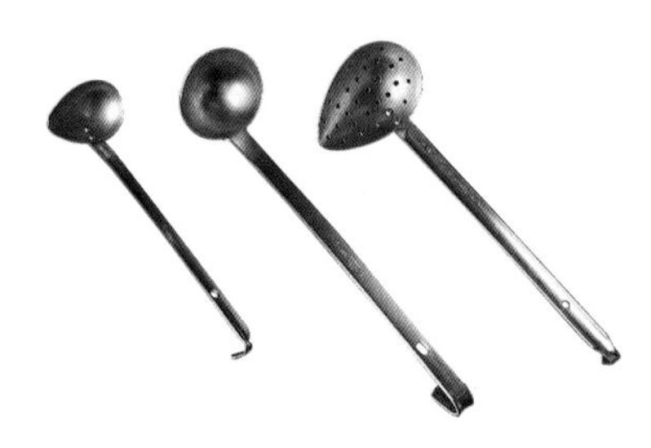

湯杓

湯杓（圓杓。法文稱為 louche），用於舀起、攪拌基本高湯或湯品，或撈除浮渣時。希望能配合鍋子的大小，同樣地準備幾種尺寸。右邊有孔洞的稱為漏杓（écumoire），用以撈除浮渣。

圓錐形濾杓

圓錐形濾杓（chinois）是金屬製倒圓錐形的過濾器。右邊是薄金屬板上鑽出細孔，中央是網子。原汁製作需要使用兩個不同網目的濾杓，因此希望至少要準備兩個不同網目的使用。左邊是茶濾網。製作分量較少時，也能方便過濾。

木杓

混拌鍋中材料、煎烤骨架或混拌調味蔬菜，倒入液體溶出鍋底精華時經常使用。可以配合鍋子大小預備幾種尺寸。法文稱之為 spatule en bois。

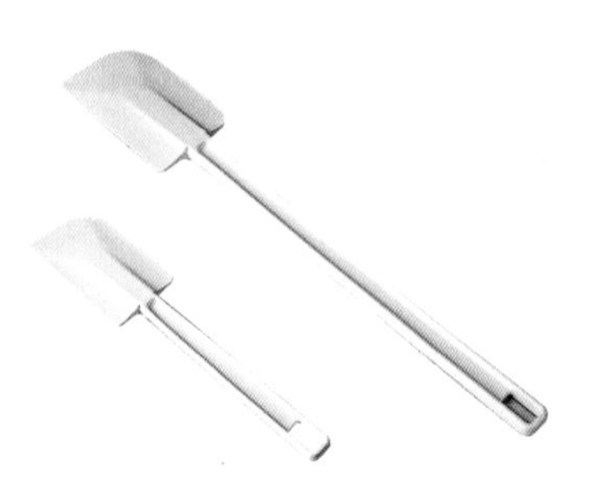

橡皮刮杓

具有彈性，可以將殘留在缽盆或攪拌機上的液體等刮落下來。適合用於混拌複合奶油或糕點用醬汁等柔軟食材時。有矽膠製品，最近也有耐熱加工品。maryse。

攪拌器

用於乳化醋和油、醬汁或油醋般用力打發以製作氣泡時，是醬汁製作不可或缺的器具。特別是在以奶油提香時，鍋子與攪拌器的大小必須是相適的。這關乎是否能順利地完成攪拌，以及完成時的滑順程度。fouet。

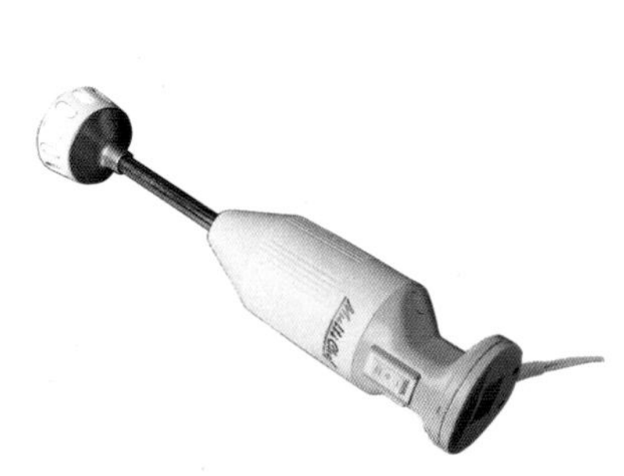

手持電動攪拌器

用於將醬汁打發時。因打發能營造出輕盈口感，所以即使是濃重的醬汁也會變得易於食用。此外，也能強制地乳化黏度較高或難以結合的材料，藉以排出多餘的油脂，也是其優點。

虹吸氣壓瓶

在瓶中裝入液體，藉由注入氣體（一氧化二氮）使其成為慕斯狀的工具。獨特鬆軟的口感，讓料理更令人印象深刻。本書當中是用於 286 ～ 287 頁的醬汁。作成慕斯狀時，液體當中必須含有因油脂或膠質等所產生的黏度。

用語解說

Lexique

■ **hacher**
切碎。
■ **appareil**
預先準備好的材料混合而成的麵團或食材。
■ **arroser**
在煎烤過程中為防止乾燥而用煎烤汁液或油脂澆淋材料。
■ **infuser**
萃取以釋出風味。
■ **vapeur**
蒸。
■ **vinaigrette**
調味汁 dressing。
■ **émincé**
薄切片。
■ **eau-de-vie**
水果等製作的白蘭地（蒸餾酒）。
■ **gastrique**
紅酒醋焦糖醬，砂糖中添加酒醋或檸檬汁熬煮成焦糖狀。
■ **caraméliser**
使其成焦糖色。
■ **quartier**
切成四等分。切成半月狀。
■ **quatre-épices**
四種綜合辛香料：胡椒、肉荳蔻、丁香、薑等混合而成的辛香料。
■ **coulis**
庫利，蔬菜或水果的過濾汁液。或是較稀的泥狀。
■ **quenelle**
橢圓形的丸子，用雞蛋結合絞碎的食材整型製作而成。
■ **glace**
熬煮成凝固狀的高湯。或冰淇淋。
■ **gratiner**
焗烤。以上火烤香。
■ **granité**
低糖度冰品。冰沙。
■ **clarifier**
清澄的液體。Beurre Clarifie 指的是澄清奶油。
■ **griller**
網烤。
■ **corail**
甲殼類的內臟。
■ **concasser**
丁狀。
■ **consommé**
清湯，增加白色基本高湯或蔬菜基本高湯的美味，清澄的湯汁。
■ **confit**
油封，以低溫油脂製作。低溫烤箱確實加熱而成。
■ **confiture**
果醬。
■ **compote**
糖煮水果。
■ **salmis**
野味（野鳥）稍加烤過後燉煮的料理。或使用薩米斯醬汁的料理。
■ **ciseler**
切成碎末。
■ **chinois**
圓錐形濾杓。
■ **gibier**
野禽、野畜類的總稱。

■ champignon de Paris
蘑菇。champignon 是蕈菇類的總稱。
■ julienne
切成細長條狀。
■ gelée
高湯凍、果凍。果凍狀般凝固之物質。
■ chausson
法式酥派，中間填入內餡的半月型派餅。
■ sirop
糖漿。
■ suer
藉由加熱逼出食材的水分（像流出汗一般）。
■ suc
鍋底精華，沾黏在鍋底的肉或蔬菜的美味精華。
■ sauter
拌炒。香煎。
■ tamis
圓形網篩，磨泥過濾器。
■ dé
骰子狀方塊。
■ déglaçage
déglacer 的意思，或是指溶出鍋底精華後的液體。
■ déglacer
去漬，溶出鍋底精華。在煎烤肉類或魚類後的鍋中注入液體，將沾黏在鍋底的美味精華溶出。
■ dégraisser
除去多餘油脂。
■ nage
用蔬菜基本高湯燙煮魚類或甲殼類，再將汁液製作成醬汁一起完成料理。
■ passer
過濾使其成為細碎狀態。
■ pâté
絞肉用雞蛋等結合烘烤而成。
■ purée
膏狀物。
■ farce
填充。
■ bouillabaisse
馬賽魚湯，普羅旺斯地區的魚湯。
■ feuilletage
折疊派皮麵團。
■ filet
去骨魚片中段。肉類的腓力部分。
■ bouquet garni
香料束，西洋芹、百里香、月桂葉等香草綁成束狀。
■ beurre
奶油。
■ beurre manié
麵粉油糊，添加了麵粉的奶油。
■ blanchir
預先燙煮食材。或是將蛋黃和砂糖以磨擦混拌方式攪打至顏色發白。
■ flamber
點火燄燒。撒上酒精，點火使其揮發。
■ fricassée
使用絲絨濃醬等白色醬燉煮雞肉或小牛肉。
■ fruit rouge
指莓果類等紅色水果。Fruit 是指全部的水果。
■ brunoise
2～3mm 左右的細丁狀。
■ braiser
燉煮。
■ pocher
溫度保持在即將沸騰狀態的液體中，加熱食材。
■ poêler
用平底鍋煎烤肉或魚片。
■ mariner
醋漬，以酒精或醋等液體或調味蔬菜、辛香料等浸漬。
■ mijoter
煨燉，以極小的火力加熱食材。
■ mignonnette
粗碾的粒狀胡椒。
■ mirepoix
調味蔬菜，洋蔥、紅蘿蔔、西洋芹等具香味的蔬菜。或將其切碎。
■ mousse
慕斯。使用蛋白製作出含有氣泡的料理或糕點。
■ monter
提香。慕斯完成時添加奶油等混拌，以增加濃度、風味或光澤。
■ lier
增加液體中的濃稠，結合。
■ rissoler
使食材呈現烤色。
■ roux
油糊，用奶油拌炒麵粉。也可用於結合醬汁。
■ réduction
熬煮。濃縮液體。
■ rôtir
肉塊用烤箱烘烤。

醬汁名稱一覽表

La liste des sauces

【11～15 劃】

【16 劃以上】

■ 參考文獻

『烹飪指南 LE GUIDE CULINAIRE』 奧古斯特・埃斯科菲 Georges-Auguste Escoffier　柴田書店

『LES SAUCE SYNTHÈSE DES GOÛTS』綠川廣親著　柴田書店

『月刊專門料理』　1998 年 6 月號、2005 年 10 月號　柴田書店

『法國飲食事典』　日法料理協會編　白水社

Easy Cook

書 名／法式料理醬汁聖經 Tout sur les sauces de la cuisine française
作 者／上柿元 勝
出版者／大境文化事業有限公司
發行人／趙天德
總編輯／車東蔚
文 編／編輯部
美 編／R.C. Work Shop
翻 譯／胡家齊
地 址／台北市雨聲街77號1樓
TEL／(02)2838-7996
FAX／(02)2836-0028
二 版／2024年9月
定 價／新台幣 880元
ISBN／9786269849482
書 號／E137

讀者專線／(02)2836-0069
www.ecook.com.tw
E-mail／service@ecook.com.tw
劃撥帳號／19260956大境文化事業有限公司

SAUCE FRANCE RYOURI NO SAUCE NO SUBETE

國家圖書館出版品預行編目資料
法式料理醬汁聖經 Tout sur les sauces de la cuisine française
上柿元 勝 著;初版;臺北市
大境文化，2024[113] 304面;
19×26公分 (EASY COOK；E137)
ISBN／9786269849482（精裝）
1.CST：調味品　2.CST：食譜
427.61　113012528

美術編輯／成澤 豪（なかよし図工室）
設計／成澤 豪・成澤宏美（なかよし図工室）
撮影／大山裕平
法文校正／髙崎順子
編集／鍋倉由記子

Printed in Taiwan